LES VOLCANS

ET

LES TREMBLEMENTS DE TERRE

PAR

K. FUCHS

Professeur à l'Université de Heidelberg.

Avec 36 figures dans le texte et une carte en couleurs.

QUATRIÈME ÉDITION

PARIS

ANCIENNE LIBRAIRIE GERMER BAILLIÈRE ET Cⁱᵉ

FÉLIX ALCAN, ÉDITEUR

108, BOULEVARD SAINT-GERMAIN, 108

1884

BIBLIOTHÈQUE
SCIENTIFIQUE INTERNATIONALE

PUBLIÉE SOUS LA DIRECTION

DE M. ÉM. ALGLAVE

XXI

BIBLIOTHÈQUE
SCIENTIFIQUE INTERNATIONALE
PUBLIÉE SOUS LA DIRECTION
DE M. ÉM. ALGLAVE
Volumes in-8, reliés en toile anglaise. — Prix : 6· fr.

DERNIERS VOLUMES PARUS :

J. Lubbock. Les fourmis, les abeilles et les guêpes. 2 vol. avec 60 fig. dans le texte et 13 planches hors texte, en noir et en couleurs. . . . . 12 fr.

Young. Le soleil, avec 85 figures. 1 vol. in-8. . . . . . . 6 fr.

Alph. de Candolle. L'origine des plantes cultivées. 1 vol. in-8. 2e édit. . . . . 6 fr.

James Sully. Les illusions des sens et de l'esprit. 1 vol. . . 6 fr.

Charlton Bastian. Le cerveau et la pensée. 2 vol., avec 184 figures dans le texte . . . . 12 fr.

De Saporta et Marion. L'évolution du règne végétal. *Les cryptogames.* 1 vol., avec 85 figures dans le texte . . . . 6 fr.

O.-N. Rood. Théorie scientifique des couleurs et leurs applications à l'art et à l'industrie. 1 vol. in-8, avec 130 figures dans le texte et une planche en couleurs . . . . 6 fr.

De Roberty. La sociologie. 1 vol. in-8. . . . . 6 fr.

Th.-H. Huxley. L'écrevisse, introduction à l'étude de la zoologie, avec 82 figures. 1 vol. in-8. . . . . 6 fr.

Herbert Spencer. Les bases de la morale évolutionniste. 1 volume in-8. 2e édition. . . . . 6 fr.

R. Hartmann. Les peuples de l'Afrique. 1 vol. in-8, avec 93 figures dans le texte. 2e édit. . . . . 6 fr.

Thurston. Histoire de la machine à vapeur, revue, annotée et augmentée d'une Introduction par *J. Hirsch.* 2 vol., avec 140 figures dans le texte, 16 planches tirées à part et nombreux culs-de-lampe. 12 fr.

A. Bain. La science de l'éducation. 1 vol. in-8. 3e édition. . 6 fr.

N. Joly. L'homme avant les métaux. Avec 150 figures. 3e édition. 6 fr.

Secchi. Les étoiles. 2 vol. in-8, avec 60 figures dans le texte et 17 planches en noir et en couleurs, tirées hors texte. 2e édition. . 12 fr.

Wurtz. La théorie atomique. 1 vol. in-8, avec une planche hors texte. 4e édition . . . . 6 fr.

Bruoko ot Holmholtz. Principes scientifiques des beaux-arts, suivis de L'optique et la peinture. 1 vol., avec 39 figures. 3e édition. 6 fr.

Edm. Perrier. La philosophie zoologique jusqu'à Darwin. 1 vol. in-8.
6 fr.

VOLUMES SUR LE POINT DE PARAÎTRE :

Mantegazza. La physionomie et l'expression des sentiments, avec figures.

Stallo. Les théories de la physique moderne.

Semper. Les conditions d'existence des animaux. 2 vol., avec 106 fig.

De Saporta et Marion. L'évolution du règne végétal. *Les phanérogames.* 2 vol., avec nombreuses figures.

Romanes. L'intelligence des animaux.

Coulommiers. — Imprimerie P. Brodard et Cie.

PRÉFACE

On ne trouverait pas facilement en géologie un sujet ins-
pirant un intérêt aussi universel que les volcans et les phénomènes volcaniques. Il ne faut point de réflexions profondes ni d'œil très-exercé, pour diriger l'attention sur ces
phénomènes. Partout où ces manifestations de la nature
déploient leur activité, elles s'imposent à notre attention
sans qu'on les recherche, et elles ont une influence énorme
sur la vie totale de la nature.

Il y a peu de sujets scientifiques se prêtant aussi bien
à une exposition destinée à être répandue dans les cercles
les plus divers de la société ; les conférences que j'ai été
amené à faire, à plusieurs reprises, pendant l'hiver dernier
(à Nice, à Méran, etc.), devant un public de nationalités
diverses, ont encore fortifié ma conviction à cet égard. En
admettant que la beauté des sites de ces contrées fasse
naître dans les esprits de tous le désir de conversations
sérieuses et instructives, il faut cependant que j'attribue
au sujet même une force d'attraction toute particulière
pour expliquer son succès.

Ces considérations firent naître en moi l'idée de rendre

accessible, au public qui s'occupe du développement des sciences naturelles, un sujet auquel j'ai consacré toute mon activité pendant un grand nombre d'années et sur lequel les progrès obtenus par les nouveaux moyens d'observation, ont, dans ces derniers temps, apporté bien des changements essentiels à nos connaissances.

Je n'ai point l'intention de fournir au public un ouvrage destiné à une simple lecture et à une distraction passagère. Supposant que le lecteur poursuit un but plus sérieux, je chercherai à expliquer toute cette partie de la géologie, avec la précision scientifique nécessaire, mais dans un langage que toutes les personnes instruites puissent comprendre.

Comme je ne pouvais supposer que tous mes lecteurs fussent familiers avec les diverses sciences auxiliaires de la géologie, je n'ai pu donner à toutes les parties de mon sujet l'extension qu'exigeait leur importance. Je ne crois pas cependant avoir dépassé la limite permise, même dans la description pétrographique des laves et des réactions chimiques qui les produisent : je crois toutefois avoir relaté tous les faits essentiels qui sont si nécessaires pour comprendre exactement le volcanisme.

Je me suis toujours placé à un point de vue aussi réaliste que possible. J'ai rarement parlé d'hypothèses et, dans ce cas, j'ai toujours séparé avec soin les faits scientifiques constatés des hypothèses qui reposent sur une plus ou moins grande probabilité. Les phénomènes volcaniques ont toujours été le terrain où l'hypothèse géologique prenait le mieux toutes ses aises, et où les descriptions, surtout les descriptions populaires, offraient à l'imagination le champ le plus illimité.

Afin de ne pas interrompre la marche de l'exposition, j'ai dû me borner à la citation d'un petit nombre d'exemples pour expliquer les volcans : le lecteur n'est donc pas suffisamment renseigné sur tous les faits. C'est pour ce motif que j'ai cru nécessaire de donner une description géographique des volcans, tout à fait indépendante de l'exposition des phénomènes, et d'en faire le sujet d'un livre particulier. Ce livre, sous une forme abrégée, comprend probablement l'énumération la plus complète des volcans, et tient compte de toutes les découvertes et de tous les événements récents. Le lecteur a donc la possibilité de s'instruire sur les faits qui lui paraissent intéressants, ou de se servir de ce livre pour faire des recherches.

Puisse cet ouvrage atteindre le but que je me suis proposé ! C'est par *la forme de l'exposition* que j'ai essayé de rendre l'étude des volcans accessible à toutes les personnes instruites, et je pense en même temps avoir fourni, *pour le fond*, un ouvrage utile au cercle plus restreint de mes confrères en géologie.

K. Fuchs.

VOLCANS

ET

TREMBLEMENTS DE TERRE

INTRODUCTION

C'est pour nous conformer au langage ordinaire que nous réunissons sous le nom de *phénomènes volcaniques*, les volcans proprement dits, les tremblements de terre, les volcans boueux et les geysers.

La géologie d'autrefois avait déjà considéré ces phénomènes naturels comme étant simplement *des réactions de la matière ignée et fluide de l'intérieur du globe contre la croûte terrestre consolidée ;* par conséquent elle avait non-seulement signalé l'étroite parenté qui relie ces phénomènes entre eux, mais elle avait aussi exprimé en même temps sa croyance à une même cause productrice de tous ces phénomènes. La tendance de la science à envisager la multiplicité des phénomènes volcaniques à un point de vue élevé, et à simplifier ainsi l'étude de la nature, semblait avoir reçu sa complète expression, et cependant cette hypothèse explicative avait précédé de beaucoup les recherches exactes de la science. A l'époque où l'on imagina cette théorie, on connaissait à peine l'histoire de quelques éruptions volcaniques remarquables et l'on n'avait que de bien minces notions géographiques sur la distribution des volcans.

Nous ne pouvons plus, dans l'état actuel de la science, donner des volcans, des tremblements de terre et des geysers, une explication aussi simple ni aussi attrayante que celle qui a été formulée plus haut ; nous ne pouvons même plus, comme on le faisait autrefois, admettre des relations aussi intimes entre ces divers phénomènes naturels. Nos connaissances scientifiques actuelles nous apprennent en effet que les phénomènes compris sous le nom de *phénomènes volcaniques* ne sont pas, comme on l'admettait naguère, *des effets divers d'une cause fondamentale unique, mais que ce sont, au contraire, le plus souvent, des effets semblables produits par des causes très-diverses.*

C'est surtout dans les tremblements de terre que ce fait apparaît de la manière la plus nette et la plus étonnante. Les manifestations des tremblements de terre sont tellement identiques (lorsqu'on fait abstraction de leur violence respective et des effets produits), que l'on est facilement amené à considérer tous les tremblements de terre comme étant les effets d'une même cause ; et cependant ces phénomènes sont produits par des causes extraordinairement variables.

Un certain nombre de tremblements de terre n'ont pas la moindre relation avec les volcans, tandis qu'un certain nombre d'autres sont entièrement sous la dépendance de l'activité volcanique. Ces deux classes de tremblements de terre ne se laissent distinguer par aucun caractère extérieur remarquable. C'est ainsi que, malgré des différences partielles intimes, nous sommes obligés d'admettre une liaison nécessaire et inséparable entre les phénomènes volcaniques, et ce n'est qu'en étudiant, à tous les points de vue, tout ce groupe de phénomènes que l'on peut parvenir à la connaissance complète de chaque phénomène isolé.

Tous les phénomènes volcaniques présentent certains caractères communs : d'abord, leur origine, située dans les profondeurs insondables de l'intérieur du globe terrestre, puis une certaine violence dans leurs manifestations. C'est à ces deux caractères surtout qu'est dû le vif intérêt que ces phénomènes excitent en nous. Ce sont, sans contredit, les phénomènes les plus grandioses de la nature, ceux qui doivent produire l'impression la plus vive sur notre esprit. L'homme se voit exposé, impuissant, aux forces destructives de la nature qui fondent à l'improviste sur lui et qu'il ne peut maîtriser malgré tous les efforts de sa puissance intellectuelle. Mais ces épouvantables phénomènes sont marqués d'une beauté si sublime et d'une grandeur si imposante qu'il ne peut se refuser à les contempler avec admiration. Des tableaux riches de coloris et de contrastes comme celui que nous offre le volcan Erèbe qui, au milieu du désert liquide de la mer polaire du Sud, s'élève à plus de douze mille pieds de hauteur et, dont les torrents de lave incandescente s'écoulent sur ses pentes couvertes de glaces et de neiges éternelles, ou comme celui du volcan Ambil qui, comme un phare gigantesque, éclaire l'entrée de la baie de Manille et découvre au marin émerveillé tous les charmes d'un paysage tropical sous un éclairage féerique, ces tableaux, dis-je, réveilleront, en toutes circonstances, des impressions profondes. Et si les tremblements de terre ne nous offrent aucun attrait par la splendeur de leurs phénomènes, s'ils étendent à l'improviste leurs ravages sur de riches et florissantes contrées, l'immense destruction qui marque leur passage nous inspire une vive admiration.

Si nous considérons encore tout ce que ces phénomènes naturels présentent de mystérieux et d'imprévu, on comprendra sans peine que l'imagination de l'homme a dû en être frappée, dès la plus haute antiquité. Outre les mythes se rattachant à ces phénomènes, l'antiquité nous a encore fourni des documents sur des faits réels. Il n'y a point, en effet, dans tout le domaine des sciences naturelles, d'observations ni d'énumérations aussi antiques (si ce n'est toutefois pour les étoiles), et l'histoire des volcans et des tremblements de terre a pu être établie, en majeure partie, au moyen de ces documents, après qu'on a eu soin de séparer les faits véritables de tout l'attirail fabuleux et indécis qui s'y rattache. Quelques-uns des peuples civilisés les plus anciens, Japonais, Grecs, Romains, furent victimes eux-mêmes de ces phénomènes, à cause du voisinage de régions volcaniques. Il est vrai que les contrées les plus volcaniques de la terre, comme l'Archipel au sud-est de l'Asie et les Andes de l'Amérique du Sud, n'ont fait que très-tard leur apparition dans l'histoire, de sorte que les phénomènes volcaniques les plus importants sont perdus pour la science. Malheureusement, ces pays où les forces volcaniques jouent un rôle si important, comptent encore aujourd'hui parmi les contrées les moins connues.

Quoique les volcans et les tremblements de terre aient déjà attiré l'attention de l'homme depuis des milliers d'années, leur exploration vraiment scientifique était réservée à nos contemporains. Même pendant la première partie de ce siècle, lorsque toutes les autres branches des sciences naturelles étaient en plein épanouissement, on se contentait encore de la description naturelle des volcans et des tremblements de terre, à laquelle on rattachait, tout au plus, un certain nombre d'explications hypothétiques. Les difficultés extraordinaires attachées à de pareilles recherches ont probablement effrayé les savants. D'un autre côté on peut encore admettre, pour expliquer le développement tardif de cette partie de la science, que le sujet agissait avec trop de puissance sur l'imagination et que les hypothèses d'hommes ingénieux semblaient si complétement satisfaisantes, — le lecteur naturaliste n'a qu'à se rappeler la théorie des soulèvements — que l'on ne sentait pas le besoin de véritables recherches scientifiques.

C'est seulement depuis quelques dizaines d'années que l'on a commencé à appliquer à l'étude des volcans et des tremblements de terre les ressources que nous fournissent la physique, la chimie, la microscopie, etc. Quoique nous soyons obligés de reconnaître que la cause fondamentale des éruptions volcaniques et de certains tremblements de terre n'a point encore été trouvée, et quoique notre ignorance même nous ait été principalement démontrée par ces recherches, nous avons cependant fait des progrès si importants et si décisifs dans la connaissance des phénomènes chimiques qui se produisent pendant les éruptions, sur la nature de la lave, des volcans boueux et des geysers et même des tremblements de terre, que ces progrès nous procurent une satisfaction complète et nous engagent à persévérer dans la voie où nous sommes entrés. Ce sont de véritables conquêtes de la science et non des hypothèses : l'avenir pourra les rectifier et les compléter, mais il ne saurait les renverser.

LIVRE PREMIER

LES VOLCANS.

STRUCTURE ET HAUTEUR DES VOLCANS.

Un volcan consiste essentiellement dans la formation d'une communication entre un foyer volcanique, situé à une profondeur incommensurable dans l'intérieur de la terre, et la surface du sol : cette communication se produit à la suite d'une éruption de gaz, de vapeurs et de fragments de roches échauffées et souvent incandescentes. L'éruption se fait par une ouverture en forme d'entonnoir qui se forme à la surface du sol et que l'on nomme *cratère*. C'est pour ce motif que le cratère devient le signe caractéristique des volcans, et c'est à ce signe qu'on peut les reconnaître le plus certainement, même pendant leurs périodes de repos.

Les cratères sont souvent situés dans des pays de plaine, ou sur des collines peu élevées ; le plus ordinairement cependant on les rencontre sur des montagnes plus ou moins hautes et même au sommet de celles qui comptent parmi les plus élevées de la terre.

Il est donc inutile de se représenter, comme on le fait habituellement, un volcan sous la forme d'une montagne, qui émet constamment ou périodiquement des vapeurs et des roches incandescentes. Les éruptions volcaniques peuvent se produire dans des pays de plaine, et partout où le volcan prend la forme d'une montagne, cette montagne est le *produit* de l'activité volcanique et elle s'est exhaussée peu à peu. C'est pour cela que la hauteur d'une montagne de ce genre peut jusqu'à un certain point servir à déterminer la plus ou moins grande importance du volcan : mais la structure de cette montagne est tout à fait particulière ; elle diffère complétement de celle de toutes les autres montagnes.

Lorsque, par exemple, il doit se former un volcan en un point quelconque de la terre, les vapeurs nées dans le foyer volcanique sous-jacent s'efforcent de se créer une issue. Elles se font jour à travers la croûte solide de la terre en un endroit où celle-ci offre le moins de résistance, soit parce qu'il y existe des fissu-res, soit parce que les roches y sont moins compactes. Comme dans toute explosion (qui consiste, comme on sait, dans l'expul-sion violente d'un obstacle par la dilatation de gaz ou de va-peurs), les débris de rochers sont lancés en l'air pour retom-ber bientôt dans le voisinage de l'ouverture par où l'éruption s'est faite. Les vapeurs entraînent aussi, de leur lieu d'origine, une grande quantité de scories incandescentes et de cendres volcaniques lancées elles-mêmes dans l'air, et qui, suivant les lois de la pesanteur, retombent aussi tout autour de l'ouverture d'éruption. Si alors, comme cela arrive quelquefois, mais pas toujours, la lave en fusion est elle-même soulevée et entraînée par les vapeurs, elle sort du volcan, se répand sur la masse des scories et s'épanche comme un torrent sur les terres voisines jusqu'au moment où elle se condense en une masse solide et rocheuse.

C'est ainsi qu'il se forme un petit cône, composé de couches alternantes de scories, de cendres et de lave, au sommet du-quel se trouve l'ouverture d'éruption ou cratère.

Dans la grande région volcanique, aujourd'hui complétement inactive, de l'Eifel, dans la province rhénane prussienne, pres-que tous les volcans, qui y sont très-nombreux, présentent un cône aussi simple que celui que nous venons de décrire. Par-tout les cendres, la lave et les scories se sont accumulés en petits cônes autour des cratères, et parmi ces matériaux on rencontre encore des fragments de roches détachés de la sur-face terrestre au moment de la première éruption. Ce sont principalement des fragments de schistes argileux et de grès appartenant au terrain devonien, terrain qui apparaît partout entre les cônes que l'on trouve ainsi inclus dans les scories ou mélangés avec elles.

Les environs d'Auckland, dans la Nouvelle-Zélande, ressem-blent complétement à la région de l'Eifel. Sur un petit espace comprenant 450 kilomètres carrés, on rencontre 61 cônes de scories dont les altitudes varient de 90 à 150 mètres; le plus élevé d'entre eux, le Rangitoto, atteint 275 mètres. Chacun de ces cônes est le produit d'une seule éruption, et se compose soit uniquement de cendres volcaniques et de scories, soit de ces produits et de grands courants isolés de lave.

La plupart des volcans de l'Auvergne possèdent des cônes éruptifs simples, quoique souvent très-considérables. En Italie, où un grand nombre des volcans de la Campagne romaine et des champs phlégréens appartiennent à cette classe, on a vu, à une époque relativement récente (en 1538), le Monte Nuovo, près de Pouzzoles, former, à la suite d'une seule éruption, un cône de scories haut de 130 mètres.

Les *Maars* (cratères à lacs de l'Eifel) ont une grande ressemblance avec les volcans simples et les cratères; ils diffèrent cependant essentiellement des vrais cratères. Ceux-ci sont

Fig. 1. — Volcan de Waitomokia, dans la Nouvelle-Zélande.

situés au milieu de produits accumulés par leur propre activité, tandis que l'on appelle Maars, dans l'Eifel, des bassins cratériformes *que l'on ne rencontre, il est vrai, que dans les terrains volcaniques, mais qui sont creusés dans des roches qui n'ont point une origine volcanique.* Beaucoup des Maars de l'Eifel se trouvent dans des schistes argileux; d'autres sont, il est vrai, situés dans le tuf volcanique; mais il est démontré, d'après la situation de ce tuf, qu'il date d'une époque plus reculée que la formation du Maar. Quelques Maars se distinguent des autres par la formation, sur leurs bords, d'un cercle ou plutôt d'un bourrelet circulaire de scories; ils acquièrent ainsi graduellement la structure et la forme d'un véritable cratère. Le plus souvent, de l'eau s'accumule dans ces

cavités et forme ainsi de petits lacs ; dans d'autres Maars, le
sol est recouvert par de la tourbe ; d'autres enfin présentent
un fond complétement sec. (Fig. 2 et 3.)

Les plus connus des Maars de l'Eifel sont : le Pulvermaar,
l'Ulmermaar, les Maars de Daun, de Meerfelden, etc. On peut
encore considérer comme de vrais Maars les petits lacs connus
sous le nom de gouffre de Tazenat, lac de la Godivel et lac de
Pavin, situés dans la France centrale, et les beaux lacs d'Albano et de Nemi, situés sur les montagnes d'Albano, près de
Rome. Les Maars sont surtout très-nombreux à Java, autour
des volcans de Lamongang et de Salak, puis dans la Nouvelle-
Zélande et aux îles Canaries.

On n'a pas encore eu, jusqu'ici, l'occasion d'observer le mode
de formation d'un Maar. De toutes les hypothèses émises à
l'effet d'expliquer ce curieux phénomène, la plus plausible est

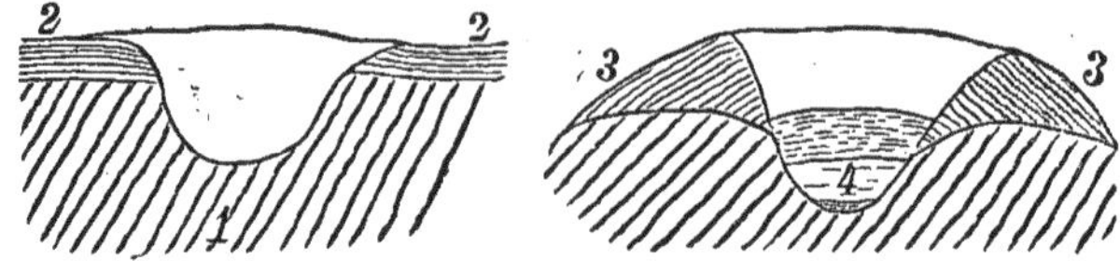

Fig. 2 et 3. — 1. Schiste argileux. 2. Couches de tuf ancien. 3. Couches de tuf récent. 4. Eau.

celle qui attribue la formation des Maars à des effondrements du
sol produits par l'écroulement de cavernes souterraines. Dans
une contrée où des masses aussi considérables de roches fondues sont rejetées de la terre par l'action volcanique, il peut
très-bien se former, sous la surface, des excavations dont le
plafond s'écroule plus tard, pour donner ainsi naissance à des
Maars. Il est tout aussi facile de comprendre que ces Maars,
une fois formés, peuvent se convertir en un véritable cratère,
car les produits volcaniques éruptifs se font jour avec plus de
facilité dans un endroit où il existe déjà une excavation. Il pourra
donc s'accumuler autour du Maar un bourrelet de débris de
roches non volcaniques, puis du tuf et enfin un cône de scories
jusqu'à ce que le Maar se soit transformé en cratère véritable.

Parmi les Maars qui sont devenus plus tard des cratères actifs,
il faut citer le lac de Laach, si remarquable par ses beautés pit-
toresques. Ce lac présente une surface ovale d'environ 9 ¹⁄₃ kilomètres carrés. Ses bords escarpés sont constitués par du schiste
argileux devonien et par de l'argile à lignites de l'époque tertiaire. Au-dessus de ces roches, on rencontre, en divers endroits,
des couches de tuf et de scories mélangées avec d'autres roches

volcaniques remarquables par leur richesse minéralogique.

Le Vandama, dans l'île de Gran-Canaria, se rapproche du plus grand des Maars, le lac de Laach, par son étendue, puisque le diamètre de ce lac est de 3750 mètres. Le Pupakisee, dans la Nouvelle-Zélande, présente cet état intermédiaire entre le Maar et le cratère que le lac de Laach et le Vandama nous ont déjà présenté. Il est situé au centre d'un grand nombre de petits Maars véritables et est entouré d'un cône de tuf d'environ 30 mètres d'élévation.

On connaît encore beaucoup d'autres districts où l'action volcanique semble s'être épuisée par la formation d'un grand nombre de volcans, comme dans l'Eifel, en Auvergne et dans la Campagne romaine, et où chacun de ces volcans est resté à la première période de sa formation. Dans toutes les contrées volcaniques étendues où se trouvent des montagnes élevées, on rencontre, à côté de ces grandes montagnes, des cônes isolés et à l'état le plus simple.

Le même cratère peut donner naissance, après des intervalles plus ou moins longs, à des éruptions répétées. Chacune de ces éruptions rejette de nouvelles laves et de nouvelles masses de scories et de cendres qui se superposent couche par couche, en alternant un grand nombre de fois, et finissent par transformer le petit cône primitif en une montagne élevée. La hauteur et la circonférence d'une montagne volcanique peuvent donc, jusqu'à un certain point, témoigner de l'activité prolongée du volcan ou de la violence de ses éruptions.

Le tableau suivant nous donne la hauteur des volcans les plus connus :

NOM DU VOLCAN	HAUTEUR au-dessus de la mer	NOM DU VOLCAN	HAUTEUR au-dessus de la mer
	mètres		mètres
Lago d'Agnano	6	Awatscha	2738
Tinakura (îles Sᵗᵃ-Cruz)	84	Tengger	2915
Tanna (Nouv.-Hébrides)	144	Schewelutsch	9300
Taal	290	Etna	3400
Volcano (îles Lipari)	408	Pic de Teyde (Ténériffe)	3803
Isalco	659	Erèbe	3900
Stromboli	925	Pasto	4207
Rocca monfina	1025	Mauna Loa	4303
Vésuve	1240	Pichincha	4980
Xorullo	1343	Kliutschewskaja Sopka	5014
Hekla	1654	Sangay	5360
Tuxtla	1706	Popocatepetl	5568
Guntur	2034	Cotopaxi	5904
Tongariro	2166	Gualatieri ou Sahama	6990
Volcan de Bourbon	2503		

Les chiffres contenus dans ce tableau ne peuvent nous donner exactement la mesure de l'importance des volcans. Ils expriment en effet la hauteur du sommet de la montagne au-dessus du niveau de la mer, mais ils ne nous disent pas si la base du cône éruptif est située sur un haut plateau ou sur une montagne non volcanique. On comprend facilement que pour juger de l'importance d'un volcan, son altitude relative, c'est-à-dire la hauteur comprise entre sa base et son sommet a seule quelque importance. Malheureusement nous ne possédons qu'un très-petit nombre de mensurations exactes de ce genre et cependant le rang relatif des volcans devient tout différent par ces mensurations, comme on peut s'en assurer en jetant les yeux sur cet autre tableau :

NOM DU VOLCAN	HAUTEUR relative	HAUTEUR absolue
	mètr.	mètr.
Monte Nuovo	143	143
Puy de Parioux	250	1338
Puy de Dôme	302	1390
Xorullo	493	1343
Tuncuragua	524	3357
Ceboruco	528	1677
Ngaruhuœ (cône éruptif le plus élevé du Tongariro)	534	2167
Monte Ferru (Sardaigne)	677	1076
Guntur	1310	2034
Tangkuban Prahu	1334	2010
Gualatieri	1500	6990
Cotopaxi	2900	5904
Etna	3200	3400
Kliutschewskaja	5014	5014

Les puissantes montagnes volcaniques des Andes qui atteignent près de 7,000 mètres d'altitude n'occupent donc pas, d'après ces calculs, le premier rang parmi les volcans. Le plus haut des volcans est au contraire le Kliutshewskaja Sopka, dans le Kamtschatka, qui s'élève, sur le bord de la mer, à une altitude de 5,014 mètres et est entièrement composé de matériaux volcaniques. L'Etna est aussi un des volcans les plus puissants. Libre de tous côtés, il s'élève à une hauteur de 3,400 mètres; il dépasse ainsi tout le fouillis des montagnes siciliennes et semble dominer toute l'île. Sa base repose sur cette côte favorisée où la végétation la plus luxuriante s'épanouit, même en hiver, et son sommet se dresse dans ces régions froides d'où la glace et la neige ne disparaissent jamais. Cette hauteur colossale, si riche en contrastes, peut être embrassée d'un seul coup d'œil lorsqu'on est en mer, et il n'existe peut-être pas sur la terre une autre montagne d'un aspect aussi imposant.

Il est facile de concevoir, d'après la façon dont nous avons expliqué la structure de ces montagnes, que les volcans en activité depuis des milliers d'années, auraient peu à peu formé des montagnes d'une hauteur incommensurable, si de temps en temps ils n'avaient détruit en partie leur ouvrage de plusieurs siècles.

En général, une activité volcanique modérée et égale augmente la hauteur des montagnes, parce que les produits éruptifs solides s'accumulent à leur sommet et sur leurs flancs. Mais les volcans qui se font remarquer par des alternatives de repos et d'éruptions puissantes, détruisent souvent partiellement et bouleversent la structure régulière de la montagne. Dans ces cas, le canal d'éruption (la cheminée volcanique) se bouche habituellement pendant la période de repos, de telle sorte que les vapeurs ne peuvent pas s'échapper lorsqu'une éruption se prépare. Elles s'accumulent donc dans les profondeurs de la terre jusqu'à ce que leur force devienne assez considérable pour vaincre l'obstacle qui s'oppose à leur sortie. Elles s'échappent alors, dans une explosion terrible, en projetant dans l'air la masse rocheuse qui les surmontait.

C'est pour ce motif que la hauteur d'un volcan à activité irrégulière est sujette à des oscillations. Le Vésuve nous fournit le meilleur exemple de ce genre. Le cône actuel, qui est en activité depuis les temps historiques, est, tantôt plus, tantôt moins élevé que les restes du cratère préhistorique connu sous le nom de Somma. Pendant ce siècle, en 1832, il avait 1,170 mètres (Hoffmann), sa moindre élévation ; il s'éleva en 1855 à 1,318 mètres (Schiavone) et retomba vers la fin de l'éruption à 1,267 mètres (J. Schmidt). En novembre 1867 il atteignit la plus grande hauteur qu'il ait jamais possédée, 1,424 mètres (Schiaparelli), mais qu'il n'a point conservée non plus.

Cependant on connaît des exemples de changements bien plus considérables que ceux du Vésuve. En 1845 l'Hekla s'abaissa de 170 mètres, à la suite d'une éruption. — On rencontrait autrefois dans l'île de Timor un volcan dont l'activité était presque continue, mais qui fut complétement détruit à la suite d'une éruption, en 1638. La cavité qui en résulta est actuellement occupée par un lac. — Le Tumboro, situé dans l'île de Sumbava et qui a 2,830 mètres de hauteur, avait, dit-on, avant la grande éruption de 1815, l'une des plus formidables que nous connaissions, plus de 1,300 mètres de plus. Cette catastrophe a donc détruit une masse aussi considérable que la plus haute des montagnes du Schwarzwalp (ou des Vosges).

FORME ET CONFIGURATION DES VOLCANS.

Lorsqu'on déverse sur le sol des matières désagrégées telles que du sable, du gravier, de la terre, etc., ces matières forment des accumulations coniques. C'est pour ce motif que la forme conique est la forme naturelle et caractéristique des volcans. Chez les petits volcans on la rencontre presque exclusivement, mais on la trouve aussi, fréquemment, avec une

Fig. 4. — Pic d'Orizaba.

régularité remarquable, chez des volcans élevés et puissants, et cette forme fait souvent reconnaître de loin la nature volcanique d'une montagne. Charmé par la beauté et l'aspect insolite qu'offre la forme conique régulière du Cotopaxi, Alexandre de Humboldt a donné autrefois une brillante description de cette montagne et a ainsi vulgarisé le nom de ce volcan. Le Pichincha, le Pic d'Orizaba (fig. 4.), Kasbeck, etc., malgré leur hauteur considérable, fournissent d'autres exemples de volcans à forme conique régulière.

La plupart des grands volcans ont cependant perdu cette dernière forme. On voit combien certains d'entre eux peuvent différer de leur forme primitive en considérant les sommets aplatis et allongés du Schewelutsch, du Gelungung, du Tangkuban-Prahu, ou la crête de l'Hekla couverte de nombreux mamelons.

Mais la forme d'un volcan est toujours déterminée par son genre d'activité volcanique et, grâce à cette forme, on peut approximativement établir son histoire.

La transformation commence habituellement par celle du cratère. A l'état de repos, le canal qui sert à l'expulsion des matières volcaniques produites dans le foyer, est toujours bouché par des scories et des cendres. Le cratère primitif ressemble, par conséquent, à un entonnoir sans tuyau d'écoulement. Lorsque l'action volcanique est vive mais un peu irrégulière, l'entonnoir s'élargit et se transforme en une dépression, en un grand bassin. Lorsqu'une partie des matériaux, qui constituent l'intérieur de la montagne sous le plafond du cratère, est rejetée par une éruption, les parois s'effondrent peu à peu dans l'intérieur du cratère, de sorte que celui-ci, tout en conservant encore sa forme caractéristique, s'élargit en un cirque très-étendu, comme on peut le voir sur la figure 7 représentant le Hverfjall en Islande.

Ces grands cratères offrent les meilleures occasions d'étudier la structure des montagnes volcaniques. Pendant que les produits les plus récents recouvrent toujours les plus anciens sur le flanc externe de la montagne, les parois internes du cratère, très-escarpées et souvent perpendiculaires, mettent à nu une coupe transversale à travers les couches alternantes de lave, de tuf et de scories, et nous permettent ainsi de reconnaître, jusqu'à de grandes profondeurs, la structure véritable de la montagne.

La grandeur des cratères n'est pas toujours en proportion avec la hauteur de la montagne; elle en est complétement indépendante; elle dépend, au contraire, du genre d'activité du volcan. Tandis que le Sindoro, qui a 3,227 mètres de hauteur, présente un cratère qui n'a que 100 mètres de diamètre, l'Etna, de 3,400 mètres de hauteur, nous montre un cratère de 500 mètres et le Raon, de 3,460 mètres d'altitude, en possède un de plus de 3,000 mètres.

Ce que l'on désigne sous le nom de Caldera dans l'île de Palma n'est autre chose qu'un cratère remarquable par son étendue et surtout par sa profondeur considérable. Ce cratère forme un bassin très-étendu ayant près de 7,000 mètres de diamètre, dont les parois s'élèvent à plus de 2,000 mètres de hauteur. La partie inférieure de ce bassin (haute de 1,370 mètres) est moins escarpée que la partie supérieure et se compose d'une roche non volcanique, la diabase : elle est traversée par de nombreux filons ascendants de lave. Ces filons occupent les canaux par lesquels se faisaient autrefois les éruptions. La

Fig. 5. — Sangay.

partie supérieure du bassin (haute de 700 mètres environ et tout à fait perpendiculaire) se compose, jusqu'au sommet, d'innombrables couches de scories, de tuf et de lave. On trouve là toute la structure d'une montagne volcanique et la Caldera de Palma nous donne une image si complète de sa constitution interne jusqu'au-dessous de la montagne volcanique, qu'il serait difficile de trouver sur terre un autre exemple aussi frappant.

L'eau des pluies se rassemble dans les anciens cratères inactifs, et, s'écoulant impétueusement le long des parois escarpées, elle en entraîne des fragments et contribue à élargir encore plus le bassin. Les parois de la Caldera sont ainsi sillonnées par un grand nombre de ravins étroits qui se rejoignent sur le bassin. Il peut même arriver, et c'est le cas pour la Caldera, que toute la masse des produits volcaniques, accumulés à la surface, soit ainsi découpée et que le bassin pénètre jusque dans la roche de la montagne fondamentale. Les eaux qui s'y sont rassemblées cherchent une issue et leur pression seule suffit souvent pour briser le rebord friable qui les entoure et pour amener ainsi leur écoulement naturel. Un ravin profond, nommé Barranco de las Angustias, relie, vers l'ouest, la Caldera au rivage, et permet d'étudier encore plus complétement la structure du volcan puisqu'il découpe la montagne dans toute sa largeur. Des « Calderas » semblables se rencontrent sur le Curral de Madère, au Val del Paso Alto à Ténériffe

Fig. 6. — Cratère du volcan d'Arequipa.

et comme les « Barrancos » du Gedeh, du Pangerango et du Tengger, ils sont d'une grande importance pour l'étude de la structure intime des volcans.

Le fameux Val del Bove sur l'Etna a la même importance. Ce val commence sur la pente est de l'Etna, à une hauteur de près de 3,000 mètres, par un bassin immense dont le diamètre est de près de 5.000 mètres et qui est entouré d'un rebord de plus de 1,000 mètres de hauteur. Partant de ce bassin, un vallon étroit et creusé profondément dans les flancs de la montagne, descend le long de sa pente. On a reconnu que le Val del Bove est un ancien cratère, élargi par des éboulements et déchiré par un vallon ressemblant au « Barranco. » Quoique, récemment, de puissants torrents de lave se soient, à diverses reprises, épanchés dans le Val del Bove et en aient recouvert le sol, on peut encore parfaitement apercevoir, sur ses parois élevées et perpendiculaires, les diverses couches de scories et de lave dont se compose l'Etna, et qui y sont encore suffisamment à découvert.

La Caldera de Palma est aussi un cratère complétement éteint qui doit son étendue et surtout sa profondeur laquelle, traversant toute la masse des produits volcaniques, arrive jusqu'aux roches fondamentales, à l'action érosive des eaux. Mais il existe aussi des cratères encore en activité et de même étendue, dans la formation desquels l'eau n'a point joué un rôle essentiel.

On rencontre, par exemple, sur les pentes du Mauna Loa, dans l'île Havaï, un cratère très-remarquable, nommé Kilauea, dont le diamètre longitudinal est de 4,930 mètres et le diamètre transversal de 2,475 mètres. Le plus grand cratère des volcans encore en activité, se trouve sur le Tengger à Java. Il a plus de 5,000 mètres de diamètre; son fond constitue une vaste plaine couverte de sable volcanique et de cendres. Comme le sable du désert, ces cendres ténues sont soulevées par le vent en nuages denses, et retombent alors en différents points de cette vaste plaine cratérique pour former de petites collines qu'un autre coup de vent disperse de nouveau.

Dans certains cas ces cratères gigantesques sont probablement formés par la réunion de deux cratères voisins, parce que, pendant leur accroissement continu, la paroi qui les séparait a été peu à peu détruite. Le remarquable cratère double du Tangkuban Prahu nous offre un exemple de ce mode de formation. Le grand cratère de ce volcan est divisé, par une crête très-étroite, en deux bassins presque circulaires : le bassin occidental, nommé Kawa-Ratu, est complétement nu et les roches qui le forment sont décomposées et friables par suite de l'action des vapeurs acides qui s'en échappent. En 1846 il y eut une éruption à travers ce cratère et l'on peut supposer qu'une des prochaines éruptions détruira complétement cette paroi intermédiaire qui n'a plus aujourd'hui qu'une trentaine de mètres de hauteur. Dans ce cas les deux cratères se trouveront réunis et formeront un bassin d'au moins 2,000 mètres de diamètre.

L'ouverture du canal éruptif n'a point de place fixe dans un grand cratère : on rencontre même fréquemment plusieurs ouvertures sur divers points d'un cratère, et ces ouvertures peuvent devenir actives, simultanément ou isolément, dans diverses éruptions.

Lorsque le cratère possède une étendue considérable, les scories et les cendres d'une éruption retombent nécessairement, en partie du moins, dans son intérieur et se rassemblent, comme dans la formation d'un nouveau volcan, tout

Fig. 7. — Hverfjall, près du lac des Mouches.

autour de l'ouverture d'éruption [1], sous forme d'un petit cône.
(Fig. 8.)

Comme ces cônes centraux ne sont habituellement composés
que de matières très-meubles, il arrive fréquemment qu'ils
sont détruits par des éruptions subséquentes. Cependant, dans
des circonstances favorables, ils s'accroissent de plus en plus
en hauteur et en largeur et deviennent alors le véritable centre
de l'activité volcanique. Le volcan est alors constitué par un
grand cône principal à large cratère, contenant un petit cône,
siége presque exclusif de l'activité volcanique. Lorsque ce cratère interne a atteint une certaine dimension, il arrive parfois
qu'un troisième cône vient s'y superposer (fig. 9), ou bien, lorsque le grand cratère principal et primitif possède une assez
grande étendue, il peut se former avec le temps dans son intérieur deux ou plusieurs cônes secondaires placés à côté les uns

Fig. 8. — Ile de Barren dans le golfe du Bengale.

des autres. Le cratère du Tengger contient ainsi quatre cônes
éruptifs, qui, s'ils n'apparaissaient point comme cônes secondaires sur cette gigantesque montagne, pourraient être considérés comme des montagnes remarquables, car l'un d'entre eux,
nommé Batok, a plus de 334 mètres de haut. Le plus petit de ces
quatre cônes, le Bromo, est le seul qui soit encore en activité.

La montagne prend une structure beaucoup moins régulière
lorsque l'éruption ne se fait pas au centre, mais sur les bords
du cratère ou, à plus forte raison, lorsqu'elle se fait sous la
ceinture de rocs qui l'entoure. L'explosion, par laquelle débute l'éruption, détruit alors en partie cette ceinture de rocs.
C'est en ce point que se forme le nouveau cône d'éruption.
Une montagne de ce genre, vue de loin, n'apparaît plus sous
la forme d'un cône simple, elle présente au contraire deux
sommets. Le reste de l'ancienne ceinture cratérique constitue
l'un des sommets, le nouveau cône forme le second et entre

---

1. En Italie, on appelle l'ouverture d'éruption *Bocca*, nom qui est
maintenant généralement adopté dans le langage scientifique.

les deux se trouve le fond, non recouvert, de l'ancien grand cratère.

Ce cas s'est présenté fréquemment dans les anciens volcans, et l'exemple le plus rapproché de cette forme nous est donné par le Vésuve. Jusqu'au commencement de notre ère, cette montagne était formée par un cône volcanique simple. Ce volcan était éteint depuis si longtemps que les plus anciens auteurs grecs et romains ignoraient complétement sa nature. En l'an

Fig. 9. — Sommet du Vésuve en 1774.

79 après J.-C. son activité se réveilla : il en résulta une éruption, la plus violente de ses éruptions historiques, qui détruisit les villes de Pompéi, Herculanum et Stabies. L'éruption débuta par la projection en l'air de la partie nord-ouest de la ceinture cratérique : et ce sont les débris de cette ceinture qui ont, en grande partie, recouvert Pompéi. A la place qu'occupait autrefois la partie détruite de la ceinture se dresse aujourd'hui le nouveau cône éruptif où toute l'activité volcanique s'est concentrée depuis. Le reste de l'ancienne ceinture cratérique s'appelle aujourd'hui Monte Somma. Entre le Monte Somma et le nouveau cône éruptif se trouve une vallée semi-circulaire très-renommée sous le nom d'Atrio del Cavallo, et qui est la partie non détruite du grand cratère préhistorique (fig. 10). A plusieurs reprises, et même dans ces dernières années, un

troisieme cône tendait à se former, mais son existence fut de courte durée.

Parmi les nombreux volcans qui, comme le Vésuve, ont produit un nouveau cône éruptif à la place d'une partie détruite de l'ancienne ceinture, et chez lesquels le nouveau cône est entouré semi-circulairement par le reste de l'ancien cratère, il faut citer le Pic de Ténériffe, l'Irazu, et l'Antuco.

Les éruptions ne réussissent pas toujours à se faire à travers l'ancien cratère. Les cheminées volcaniques sont quelquefois si complétement bouchées par la lave, qu'une éruption posté-

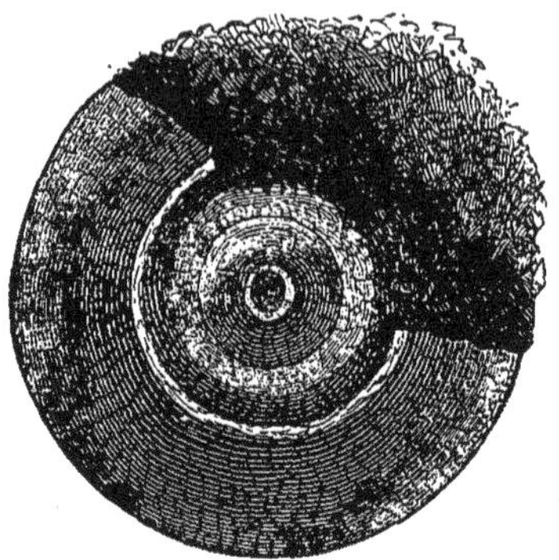

Fig. 10. — Cratère en forme de cirque à moitié détruit, avec cône éruptif central.

rieure peut se faire plus facilement sur un point plus faible de la montagne ou même à sa base. Le nouveau cône se formera alors sur la pente ou au pied du volcan, et ce fait pourra se répéter aussi souvent que les éruptions trouveront le canal éruptif bouché. C'est surtout l'Etna, dont le pourtour est, il est vrai, très-considérable, qui se distingue par une quantité considérable de ces cônes adventifs latéraux. Sur une zone occupant à peu près la moitié de la hauteur de la montagne, on rencontre ainsi plusieurs centaines de cônes secondaires. Parmi ces cônes secondaires, on distingue le Monte Rossi, produit par l'éruption de 1669, qui a plus de 334 mètres de hauteur et qui ne paraît insignifiant que comparé à la masse colossale de l'Etna, mais qui, isolé, passerait pour une montagne remarquable.

Lorsque la hauteur de ces cônes secondaires comparée à celle du volcan principal est assez considérable et lorsqu'il s'en groupe plusieurs autour de lui, le volcan simple est remplacé par un groupe ou une petite chaîne de montagnes, présen-

Fig. 11. — Vésuve et Somma.

tant les formes les plus variées et différant considérablement
de la forme primitive, la forme conique régulière.

Un fait remarquable, que l'on observe surtout sur les volcans de Java et qui ne produit point de changements sensibles dans le contour des montagnes, c'est la formation de côtes. Au sommet de ces cônes volcaniques qui sont ordinairement élevés et réguliers, comme le Sumbing, le Tengger, le Semeru, le Tjermaï, etc., naissent des cannelures profondes qui, augmentant peu à peu de largeur, s'étendent jusqu'à la base de la montagne. Celle-ci se trouve de la sorte régulièrement découpée par des ravins tellement rapprochés qu'ils ne sont séparés entre eux que par des côtes étroites et aiguës et que la montagne prend l'aspect d'une monture de parapluie. Cette particularité se fait remarquer surtout sur des cônes

Fig. 12. — Merbabu.

composés de matériaux légers, peu cohérents et que la lave n'a point agglutinés : l'eau des pluies, celle surtout qui tombe pendant les averses tropicales, se creuse alors rapidement des canaux d'écoulement dans les flancs de la montagne. La régularité de ces ravins et des côtes qui les séparent dépend de la régularité de la forme conique du volcan. Or, comme les volcans de Java se distinguent par la régularité de leur forme et par l'absence de lave, c'est sur eux que l'on rencontre ce genre de ravinement dans sa plus grande perfection. Les mêmes causes produisent partout les mêmes effets. C'est pour cela que l'on rencontre aussi des côtes sur certains volcans de l'Amérique centrale, sur le Fuego, en Guatemala; sur le Votos à Costarica, et sur le Turrialva : on en rencontre aussi, mais offrant moins de régularité, sur de petits volcans comme par exemple le Coup d'Aysac, en France (Vivarais).

Lorsque l'un de ces ravins pénètre plus profondément que les autres dans les flancs de la montagne, il peut arriver, comme c'est le cas pour le Tengger et le Merbabu (fig. 12), que l'enceinte du cratère soit rompue, de façon qu'un ravin profond s'étende depuis cette ouverture jusqu'à la base de la montagne.

Les éruptions volcaniques ne se font point toujours sur la terre ferme; beaucoup ont lieu au fond de la mer. Les phénomènes qui amènent le développement d'une montagne volcanique se répètent aussi dans ces éruptions sous-marines; le résultat en est cependant modifié, en partie, par la mobilité des eaux de la mer. Les cendres et les scories se répandent sur le fond de la mer et s'accumulent en partie autour de la bouche d'éruption. Lorsque le cône atteint une hauteur convenable, son sommet apparaît au-dessus du niveau de l'eau sous la forme d'une île. Une île volcanique consiste donc dans la partie supérieure d'une montagne dont la base repose, quelquefois à de grandes profondeurs, sur le fond de la mer. C'est pour cette raison aussi que ces îles présentent souvent des cratères très-grands et hors de proportion avec un rebord peu élevé.

Un amoncellement de produits éruptifs peu cohérents, comme celui qui constitue un grand nombre d'îles volcaniques, ne peut offrir une longue résistance aux mouvements d'une mer agitée ou aux brisants qui l'attaquent : les flots emportent les scories et les cendres, et détruisent, souvent en peu de temps, la nouvelle formation. Depuis les temps historiques on a eu fréquemment l'occasion d'observer la formation de semblables îles volcaniques qui, après une courte existence, furent ainsi détruites. On connaît même des endroits où des volcans sous-marins ont, à différentes reprises, créé des îles, mais sans résultat permanent.

Au voisinage de l'île San-Miguel, dans les Açores, apparut, en 1638, une petite île qui disparut peu de temps après : une autre île qui se montra en 1720, à la même place, et qui atteignit presque 135 mètres de hauteur, ne dura aussi que trois ans. En 1811, il en surgit une troisième que l'on nomma Sabrina du nom du vaisseau qui l'avait découverte et qui en prit possession au nom de l'Angleterre; mais comme les autres elle disparut bientôt. Le volcan sous-marin qui donna naissance à ces îles est encore actuellement en activité comme le démontre une éruption qui eut lieu, en 1867, au même endroit.

Dans le voisinage du cap Reykjanes, en Islande, se trouve un volcan sous-marin d'une grande activité. Sa plus ancienne éruption dans les temps historiques eut lieu en 1210. Trente ans après, les éruptions se multiplièrent et produisirent plusieurs petites îles qui furent bientôt détruites. Mais l'île qui apparut en 1783 paraissait, d'après son étendue et sa hauteur, avoir un avenir durable, en sorte qu'elle fut annexée au Danemark, sous le nom de Nyoe. Mais elle fut également détruite par la mer, en moins d'une année.

L'existence et la possibilité du développement ultérieur d'une nouvelle île volcanique, ne sont assurées que lorsqu'il s'épanche de la lave qui, après sa solidification, recouvre les produits meubles et les protége de telle sorte que les brisants les plus violents n'ont aucune action sur eux pendant des siècles.

Mais même dans ce cas les flots trouvent souvent sur les bords du cratère une partie moins solide qu'ils parviennent finalement à rompre. L'île se compose alors d'un bourrelet annulaire ouvert qui renferme un bassin, remarquable par sa régularité, et où l'eau de la mer peut entrer et sortir. L'île elle-même est composée, comme toutes les îles volcaniques, de couches de cendres, de scories et de lave, qui sont inclinées du côté extérieur de la montagne, mais très-escarpées du côté interne et qui présentent ainsi une coupe naturelle verticale de leurs différents éléments. L'île Saint-Paul, dans l'Océan Indien (fig. 13 et 14), peut servir d'exemple pour cette forme si caractéristique d'îles volcaniques.

Le développement ultérieur d'une île de ce genre correspond alors exactement au développement d'une montagne volcanique sur la terre ferme. Une éruption peut se produire dans l'ancien cratère, et l'on voit une nouvelle île surgir au milieu du bassin ; ou bien l'éruption est latérale, et dans ce cas il se produit de nouveaux cônes sur les pentes ou de nouvelles îles dans le voisinage de la première. Ces îles secondaires peuvent, en s'agrandissant peu à peu, se relier à la première et en masquer la structure caractéristique. C'est pour cette raison que l'on rencontre des îles complétement formées de matériaux volcaniques qui, à cause de leur forme variée et de leurs nombreuses montagnes, ne trahissent point, à première vue, leur nature véritable.

On a observé encore un autre mode d'origine des élévations volcaniques, mais pour les îles seulement, comme à Santorin, et non pour les montagnes de la terre ferme.

Santorin, groupe d'îles de l'Archipel grec, est remarquable dans l'histoire des volcans, parce que l'activité volcanique y semblait complétement éteinte et qu'après de longues périodes de temps il s'y produisit des éruptions répétées qui donnèrent naissance à plusieurs îles, dont les unes furent de nouveau détruites, mais dont quelques autres persistèrent. L'île nouvelle de

Georgios fut produite en 1866 par les laves issues du fond de
la mer, et qui, au contact de l'eau, furent couvertes rapide-

Fig. 13 et 14. — Ile Saint-Paul.

ment d'une écorce solide : cette première masse, s'étendant
peu à peu, fut soulevée par les nouvelles masses de lave qui

jaillissaient en dessous d'elle et elle apparut enfin au-dessus du niveau de la mer sous la forme d'une île déjà solidifiée.

Les vapeurs qui, au début de l'éruption, étaient sorties en même temps et par la même ouverture que les laves, furent plus tard retenues par l'extension de celles-ci et furent obligées d'en briser les couches épaisses. Ceci ne put se produire que par des explosions successives qui, brisant la lave, en projetèrent les débris sous forme de scories. Alors seulement apparut au sommet d'un support composé de lave solidifiée, le véritable cône éruptif muni d'un cratère.

Les conditions qui amènent la production d'une île de ce genre ne sont pas encore bien déterminées. Il faut, en tous cas, que la lave s'épanche sous la mer, de façon que, d'une part, par la rapide solidification de sa surface, elle ne puisse s'étendre en torrent et que, d'autre part, l'écoulement ultérieur de la lave ne soit point entravé. Les laves trachytiques qui, comme l'on sait, sont très-visqueuses, paraissent plus favorables à ce mode de production que les autres espèces de laves.

Cette explication paraît d'autant plus probable que la grande île éteinte d'Ischia, dans le golfe de Naples, à laquelle on peut assigner une origine toute semblable, est composée, comme Georgios, de laves trachytiques. La base de toute l'île se compose d'une masse puissante, épaisse et dense de lave, sur laquelle les scories et les cendres formèrent le cône éruptif très-élevé de l'Epomeo, avec un vaste cratère actuellement détruit en partie. Les courants de lave qui en partent sont principalement dirigés vers le sud et alternent avec de nombreuses couches de scories poreuses. La formation de l'île fut presque entièrement sous-marine; les parois du cratère apparurent seules au-dessus de la mer sous forme d'île. Ischia fut alors soulevée à sa hauteur actuelle en même temps que toute cette région de la Méditerranée, et c'est ainsi qu'elle devint visible. Les éruptions qui suivirent ne se firent plus par le volcan principal, l'Epomeo, mais formèrent, tout à l'entour, des cônes latéraux dont les laves se dirigèrent de tous côtés : c'est ainsi qu'Ischia acquit sa forme actuelle. L'histoire du développement de cette île comprend une période de temps immense, car elle commença à l'une des époques les plus anciennes de la période géologique actuelle, au diluvium, et se continua jusque dans les temps historiques. Sa dernière grande éruption eut lieu en 1302.

DISTRIBUTION GÉOGRAPHIQUE DES VOLCANS.

L'expérience a prouvé que la formation des volcans n'est ni
favorisée ni entravée par la constitution géologique du sol. Les
volcans sont complétement indépendants des terrains qui les
avoisinent.

On trouve, par conséquent, des volcans dans le granit (volcans d'Auvergne, Sangay et beaucoup d'autres volcans, à
Quito); dans le gneiss (volcans du Velay et du Vivarais, en
France); dans le diabase (île de Palma, Ténériffe, Madère, Soufrière de la Guadeloupe); on en rencontre aussi dans les diverses formations sédimentaires.

L'Awatschinskaja Sopka s'élève sur un des terrains sédimentaires les plus anciens, le silurien. Les volcans de l'Eifel reposent
sur la grande formation dévonienne du Rhin et ont, généralement, traversé les schistes argileux et la grauwacke de ce terrain, tandis que d'autres (près de Bettingen, Cammersdorff, etc.)
ont pénétré aussi à travers le grès bigarré. Le Maypo, au Chili,
se trouve dans le calcaire et le gypse jurassiques. Mais la plupart
des volcans reposent sur des terrains tertiaires. Dans cette catégorie se trouvent les volcans avoisinant le lac de Laach, les
volcans éteints de l'Italie centrale et méridionale, l'Etna, en
Sicile, beaucoup de volcans des îles Philippines et de la province Victoria, en Australie, etc. Il s'est même produit des volcans dans des contrées formées par les sédiments les plus récents, comme le prouve le Xorullo, qui, en 1759, surgit au
milieu d'une plaine cultivée.

Beaucoup de volcans ont si complétement recouvert de leurs
produits les terres avoisinantes, qu'il devient impossible de reconnaître sur quelle base ils reposent.

Quoique la présence des volcans ne dépende pas, d'après ce
qui vient d'être dit, de la nature géologique d'une contrée, cependant leur distribution géographique est si remarquable et si
régulière qu'elle doit nécessairement être en relation avec l'es-
sence du volcanisme. Un coup d'œil jeté sur une carte où les
volcans sont indiqués, nous montre que ces montagnes se
sont formées au voisinage de grands amas d'eau, soit près de
grands lacs, soit, plus souvent encore, près de la mer. On ne
rencontre point de volcans actifs à l'intérieur des grands
continents d'Europe, d'Asie et d'Afrique [1]. Les volcans sont

1. Le Dschebbel Koldadschi, en Afrique, qui est, dit-on, situé à plus
de 670 kilomètres des rives de la mer Rouge, ferait exception si son

également inconnus dans tout l'est de l'Amérique du Nord·
et du Sud, c'est-à-dire dans la plus grande partie de ce continent : il en est de même dans la partie jusqu'ici explorée de
l'Australie.

Le plus grand nombre des volcans actuellement connus se
trouvent dans des îles, et presque tous les autres sont situés
tout près des côtes. Rarement, et dans des cas tout à fait
isolés, les volcans actifs sont situés à plus de 120 kilomètres
des bords de la mer (Sangay, à 168 kilom., le Popocatepetl, à
198 kilom.). Lorsque l'on rencontre autre part des volcans à une
grande distance de la mer, ils appartiennent généralement à la
catégorie des volcans éteints. Comme la distribution des mers
et de la terre ne correspondait pas, dans les anciennes périodes
géologiques, à la distribution actuelle et comme on a pu prouver l'existence antérieure de grandes masses d'eau dans le
voisinage d'un grand nombre de volcans éteints, il n'est pas
impossible que ces volcans aient été en activité lorsque l'eau se
trouvait encore dans leur voisinage ni qu'ils se soient éteints
précisément parce que l'eau avait disparu. L'activité des
volcans actuels dépend du moins du voisinage de la mer. Depuis 1750, par conséquent depuis 125 ans, on a noté 139 éruptions en divers endroits. *Sur ces 139 volcans, 78 sont situés dans
des îles marines et seulement 41 sur des continents : mais presque tous ces volcans continentaux sont très-rapprochés des
bords de la mer.*

Ces chiffres parlent si clairement qu'on peut les regarder
comme la meilleure preuve de la liaison étroite qui existe entre
l'activité volcanique et le voisinage de la mer.

On ne peut pas non plus méconnaître une certaine régularité
dans l'arrangement des volcans entre eux, dans les contrées
qui en possèdent un certain nombre. A ce point de vue on a
distingué des chaînes et des groupes de volcans. On ne peut
nier que la formation des chaînes de volcans est surtout très-
surprenante, tandis que les groupes offrent des traits moins
caractéristiques.

L'une des plus belles chaînes de volcans est celle de Quito.
Cette chaîne, simple au début, est divisée, dans son parcours
ultérieur, en deux chaînes parallèles, par la vallée de Quito, et
renferme en tout une vingtaine de grands volcans. Elle débute
au nord par le Paramo de Ruiz, à 4° 57' de latitude nord. Cum-

existence était constatée, comme les volcans de l'Asie centrale, le Boschan, le Turfan et la Solfatare d'Urumtsi.

bal, Pichincha, Carguairazo, etc., font partie de cette série. Le Bordonzillo commence au nord la série de la branche orientale; puis viennent Antisana, Cotopaxi et Sangay; ce dernier termine la série par 2° de latitude sud.

A peu près 14° degrés plus au sud, on rencontre la chaîne du Pérou et de la Bolivie contenant 15 volcans dont les plus renommés sont le Misti et le Gualatieri ou Sahama. Ces 15 volcans sont répartis sur une étendue de 630 kilomètres.

La chaîne du Chili est encore plus remarquable : elle contient au moins 34 volcans, qui s'étendent du 30° 5′ de latitude sud jusqu'au 43° 5′ sud. On y rencontre le Maypo, l'Antuco, le Pisé, etc., montagnes qui se rapprochent des plus hautes de la terre.

De même que l'Amérique du Sud nous présente des chaînes de volcans situées dans la partie méridionale du globe, le Kamtschatka nous en présente une très-remarquable pour la partie boréale de l'hémisphère. Sur les 38 volcans de cette presqu'île on en rencontre un grand nombre dont les noms sont très-connus; ce sont par exemple : le Schewelutsch, le Kliutschewskaja, le Semætsch, l'Awatscha, l'Asatscha qui sont situés dans la chaîne est, où, au milieu des neiges éternelles, et en des centaines d'endroits, s'élèvent des vapeurs de sources chaudes et où la longue nuit de ces régions est éclairée par l'éclat rutilant des cratères en activité.

Dans toutes les parties du monde on remarque de ces chaînes volcaniques; mais elles sont moins belles et moins régulières que celles que nous venons de citer. Si l'on jette un regard sur l'ensemble de ces rapports, on voit que tout l'est et le sud-est de l'Asie sont limités par une immense ceinture volcanique située, en partie sur les bords du continent, en partie sur des îles avoisinantes. Cette ceinture commence très-haut dans le nord, au Kamtschatka, à peu près à 62° degrés de latitude nord, s'étend sur les îles Kuriles, les îles du Japon, les Philippines, les Moluques jusqu'aux îles de la Sonde où elle se termine vers le 6° degré de latitude sud. C'est la contrée du monde la plus riche en volcans, et dans laquelle il en existe probablement plus que sur tout le reste du globe.

Le continent américain est de même bordé dans toute sa longueur ouest par des volcans qui, à vrai dire, ne constituent qu'une seule chaîne, interrompue par des intervalles plus ou moins grands. Les volcans d'Alaschka commencent la série, puis vient la région des cascades, avec environ seize volcans. Un peu plus au sud, on trouve dans la Sierra Nevada et l'Orégon et dans les Rocky Mountains un certain nombre de volcans éteints. On prétend même qu'en 1873 il y eut une éruption dans la Sierra Nevada.

Les volcans du Mexique, qui forment cependant une chaîne particulière dirigée de l'ouest à l'est, forment la liaison entre la chaîne de l'Amérique du Nord et celle de l'Amérique du Sud. La chaîne de l'Amérique centrale s'étend du Soconusco, au Mexique, au Coseguina, et de celui-ci au Chirique. Après une interruption de près de 5 degrés de latitude, commencent les chaînes de l'Amérique du Sud dont nous avons parlé précédemment.

La côte ouest de l'Amérique, depuis le 62° degré de latitude nord jusqu'au 43° de latitude sud, est par conséquent garnie de volcans, en partie actifs, en partie éteints. La longueur de ce trajet depuis les bords de la Mer glaciale du Nord, à travers les zones tempérée et torride, jusque bien bas dans la partie méridionale de l'hémisphère du Sud, est si considérable, que toutes les irrégularités et toutes les lacunes volcaniques semblent disparaitre et que l'on peut admettre que tous ces volcans appartiennent à une seule et immense chaîne de plus de 9000 kilomètres de longueur.

Les groupes de volcans ont une apparence moins caractéristique. On a donné ce nom à des volcans rapprochés les uns des autres, mais variables par leur nombre et par leur disposition les uns par rapport aux autres. Les îles Gallopagos forment ainsi un groupe remarquable d'îles volcaniques présentant plusieurs milliers de cratères. Le groupe volcanique des îles Sandwich est très-intéressant par l'aspect grandiose de ses volcans et par leur grande activité. Le Mauna Loa, à Hawaï, renferme un grand lac de laves où se font de temps en temps de formidables éruptions. Le Kea, autre volcan situé dans la même île (haut de 4363 mètres), est un des plus grands volcans et l'une des plus hautes montagnes que l'on rencontre dans les îles.

Les Açores, les îles du Cap Vert, les Canaries sont des exemples de groupes de volcans dans l'Océan Atlantique.

Un coup d'œil jeté sur la distribution géographique des volcans montre que les chaînes volcaniques se rencontrent principalement sur les continents ou sur les îles qui s'étendent le long des côtes, tandis que les groupes de volcans se rencontrent au contraire au milieu des mers.

Cette observation, rapprochée des résultats indiqués plus haut (attribuant l'activité des volcans au voisinage de grandes masses d'eau et surtout de la mer), nous donne aussi l'explication la plus probable de l'arrangement régulier des volcans en chaînes et en groupes.

S'il est vrai, ainsi que nous l'apprend la statistique des volcans actuellement en activité, que ceux-ci ne peuvent se former et se maintenir actifs que sous l'influence des eaux de la mer, il est indispensable que les volcans continentaux se développent au voisinage des côtes; s'ils sont nombreux, ils se trouveront nécessairement alignés d'une façon plus ou moins régulière, et leur alignement indiquera plus ou moins exactement la direction de la rive actuelle ou d'une rive antérieure. Si l'on considère encore que la forme des rivages change fréquemment et que la plupart des volcans se sont formés à des époques très-reculées où les îles continentales de certaines contrées faisaient partie du continent, tandis qu'en d'autres lieux les rives de la mer étaient plus reculées qu'elles ne le sont aujourd'hui, si l'on considère, dis-je, ces faits, l'accord entre les chaînes de volcans et les rives ainsi que la cause de l'alignement des volcans, paraîtront bien plus évidents encore.

Une exception apparente et très-remarquable à cette loi, est fournie par les îles Aléoutiennes qui renferment une cinquantaine de volcans. Ces îles ne suivent pas les côtes d'un continent; elles relient l'Asie à l'Amérique, à travers l'Océan. Mais ces îles sont constituées uniquement par les points les plus élevés d'un immense barrage situé sous la surface de la mer, lequel barrage sépare la Mer glaciale du Nord du Grand Océan. Il est donc probable qu'il y avait autrefois à leur place un grand continent aujourd'hui submergé et dont les montagnes les plus élevées, même celles qui ne sont pas de nature volcanique, émergent seules actuellement au-dessus de la mer.

Cette explication des chaînes volcaniques ne nous empêche point d'admettre que les montagnes ont changé l'architecture interne du globe terrestre, de façon à ce que l'éruption des volcans fut facilitée en ces endroits. L'on trouve en effet souvent, dans les contrées où des chaînes de montagnes courent le long des bords de la mer, que les volcans se sont établis au pied, sur les pentes et même au sommet de montagnes non volcaniques.

La cause de la formation de groupes de volcans est par conséquent très-simple. Il s'est formé des groupes partout où il n'y avait pas motifs à la production de chaînes volcaniques. Ils se trouvent situés au milieu de la mer et par conséquent au milieu de l'élément nécessaire à leur existence; la nécessité d'un arrangement sériaire disparaît donc complétement. Les volcans se firent jour isolément à la place qui leur offrait le moins de résistance. C'est de cette façon qu'un nombre plus ou moins considérable de volcans indépendants se sont, peu à peu, réunis en groupes réguliers.

NOMBRE DES VOLCANS.

Le nombre des volcans connus s'accroît constamment, grâce aux progrès de la géographie, parce qu'un grand nombre des pays les moins explorés de la terre appartiennent aux contrées les plus volcaniques. Nous pourrions maintenant citer beaucoup plus de volcans que les anciens auteurs n'en ont cité. Werner n'en connaissait que 193 et Alexandre de Humboldt n'en cite que 407 parmi lesquels 225 actifs : nous en connaissons actuellement plusieurs milliers. On n'en peut cependant pas donner un chiffre exact, parce que les volcans inactifs ne sont souvent reconnus que par les géologues et parce que les habitants de certains pays donnent le nom de volcan à toute montagne conique.

Si nous nous bornions même à énumérer les volcans actifs nous rencontrerions certaines difficultés, celle, par exemple, de séparer les volcans éteints des volcans actifs. La plupart des volcans interrompent de temps en temps leur activité, et la longueur de ces périodes de repos varie de quelques semaines à quelques années et même à plus d'un siècle. Comme un volcan actif peut parfaitement, pendant sa période de repos, ressembler à un volcan éteint, il règne une grande incertitude sur son état véritable lorsqu'il est en repos depuis longtemps. Il ne nous reste donc qu'une démarcation arbitraire entre les volcans actuellement en repos et les volcans véritablement éteints. En admettant une période de repos de trois siècles pour déclarer qu'un volcan est éteint, nous approchons aussi près que possible de la vérité, mais nous pouvons encore rencontrer des exceptions. Beaucoup de volcans, qui n'ont pas vu leur activité s'arrêter durant trois siècles, ne la reprendront peut-être jamais; d'autres, que l'on croit, par de justes raisons, complétement éteints, peuvent cependant, comme nous en avons des exemples tout récents, devenir de nouveau le siége d'une activité éruptive très-considérable.

TABLEAU DES VOLCANS ACTIFS.

Europe.

Continent (Vésuve)...	1
Iles de la mer Méditerranée (Stromboli, Volcano, Etna, Nisyros, Santorin, volcan sous-marin de Ferdinandea)..................	6
A reporter........	7

Report 7

Afrique.

Continent.. 17
Sur les îles continentales et à proximité du rivage............... 10

Asie.

Ouest de l'Asie... 5
Arabie.. 1
Asie centrale... 5
Volcan sous-marin, près de Pondichéry 1
Kamtschatka... 12

Amérique du Nord.

Alaschka.. 3
Territoire des États-Unis 8
Mexique... 9

Amérique centrale.

Guatemala... 6
San-Salvador 4
Honduras.. 1
Nicaragua... 10
Costa-Rica 4

Amérique du Sud.

Quito... 14
Pérou et Bolivie.. 6
Chili... 17

Groupe Australien.

Nouvelle-Guinée... 3
Nouvelle-Hollande .... —
Nouvelle-Zélande.. 3

Iles.

Iles Aléoutiennes... 31
Kuriles 10
Iles du Japon 17
Entre le Japon et les Philippines................................... 8
Iles de l'Asie méridionale (Philippines, îles de la Sonde, Moluques). 49
Islande... 9
Ian Mayen 2
Açores.. 6
Iles Canaries 3
Iles du Cap Vert.. 1
Antilles.. 6
Volcans sous-marins disséminés dans l'Océan Atlantique.............. 3
Volcans de l'Océan Indien... 5
Volcans du Grand Océan.. 25
Mer polaire du Sud.. 2

Total............... 323

ACTIVITÉ DES VOLCANS. — VOLCANS ÉTEINTS
ET SOLFATARES.

L'activité des volcans n'est pas illimitée, quoique l'expérience nous ait appris que dans certains cas elle peut durer plusieurs milliers d'années.

A proprement parler, un volcan a cessé d'exister au moment où son activité s'est éteinte, mais il a laissé des traces ineffaçables de cette activité, et nous sommes habitués à désigner encore sous le nom de volcan, toute montagne volcanique, lors même qu'elle n'est plus en activité. La montagne, par sa forme caractéristique, nous rappelle toujours les phénomènes du passé, et l'ouverture béante du cratère semble à chaque instant prête à livrer passage aux puissances destructrices de l'abîme. La montagne et ses environs, aussi loin qu'ils ont été recouverts par les produits des éruptions, nous paraissent calcinés et privés de végétation longtemps après que la dernière trace d'activité a disparu : les courants de lave, épanchés depuis des siècles, sont stériles et nus comme s'ils venaient de se solidifier seulement depuis quelques jours.

Le grand courant de lave nommé Arso, le dernier qui ait été épanché en l'an 1302 par le volcan Epomeo de l'île d'Ischia, résiste encore aujourd'hui, après 6 siècles, aux influences atmosphériques et l'œil du savant découvre en lui l'histoire de ces temps éloignés.

L'activité des volcans de la France centrale s'est éteinte à une époque encore bien plus reculée, et cependant quiconque voit pour la première fois la chaîne des Puys de l'Auvergne ne peut guère se soustraire à l'impression profonde que réveille ce grandiose tableau de destruction et de solitude.

Il est à peine besoin de connaissances d'histoire naturelle pour reconnaître la vraie nature d'un pays, à l'aspect insolite d'un district volcanique éteint depuis longtemps.

A l'est de Smyrne, en Asie Mineure, se trouve une contrée volcanique au repos depuis des temps immémoriaux. Déjà les Grecs, par le nom qu'ils lui avaient imposé (Katakekaumene, pays brûlé), avaient exprimé la nature véritable du pays, qu'ils avaient reconnue à son aspect insolite, et aujourd'hui que plusieurs milliers d'années se sont encore écoulés, le voyageur éprouve la même impression qui a fait employer le nom grec.

Les bassins cratériques des volcans éteints deviennent un lieu de rassemblement pour les eaux. La poussière volcanique qui est si ténue prend souvent, au contact de l'eau, les propriétés d'un excellent mastic, lequel bouche toutes les ouvertures des parois du cratère et empêche l'écoulement de l'eau.

Il se produit ainsi, peu à peu, un lac remarquable par la régularité de ses contours et par la stagnation perpétuelle de ses eaux. Comme une telle accumulation d'eau ne peut se produire que lentement et à l'abri d'éruptions qui pourraient se faire par le cratère, on peut généralement considérer un lac

Fig. 15 — Lac du cratère de Widodarin.

cratérique comme caractérisant un volcan éteint. Les volcans de Telica, de Votos, d'Idjen, du mont St-Lazare et le Widodarin de Java (fig. 15) sont remarquables par leurs lacs cratériques.

Un lac cratérique n'est cependant pas un signe infaillible de l'extinction d'un volcan. Des éruptions subites avec réactions violentes entre l'eau et le feu comme il y en a eu au Pasto et à l'Idjen (en 1817), l'ont suffisamment prouvé.

L'énergie d'un volcan n'est pas toujours égale, même pendant la période d'activité, et l'on peut facilement distinguer trois degrés d'énergie.

Le degré le plus faible d'activité, celui auquel la solfatare de Pouzzoles, près de Naples, se maintient depuis très-longtemps, a été dénommé état ou activité de solfatare.

Il consiste principalement dans la production de différents gaz et vapeurs.

Les vapeurs s'échappent de nombreuses fissures pratiquées au fond du cratère et même dans ses parois ; le sifflement qu'elles produisent en s'échappant ainsi, indique la force avec laquelle elles se pressent à travers les fentes étroites des roches. Rarement leur masse est assez forte pour produire une colonne de vapeurs ; ordinairement elles planent sous forme de petits nuages blancs au-dessus du sommet de la montagne ou immédiatement au-dessus de la bouche cratérique ; très-souvent cependant leur quantité est si faible et les ouvertures par lesquelles elles passent sont si éloignées les unes des autres, que ces vapeurs se dissolvent rapidement dans l'air et ne peuvent être aperçues de loin.

La tension des gaz et des vapeurs ne suffit donc pas, lorsque le volcan est à l'état de solfatare, pour qu'ils se frayent une voie libre à travers les roches tendres de la montagne. C'est pour cela qu'ils se divisent en nombreux jets de gaz ou de vapeurs qui ont reçu le nom de Fumeroles, et qu'ils s'échappent à travers les fentes et les ouvertures qui préexistaient dans la roche. La production de vapeurs ne se borne pas non plus au cratère seul, on peut trouver çà et là, le long des pentes et même à la base du volcan, des Fumeroles isolées.

La solfatare de Pouzzoles n'est pas seule à présenter cette sorte d'activité volcanique ; les phénomènes qui s'y produisent se répètent dans toutes les autres solfatares.

Elle s'élève à la distance de quelques pas seulement du golfe de Baja et est entourée à sa base de nombreuses sources chaudes, tandis que, sur ses flancs, des vapeurs s'échappent à travers des fissures isolées. Le sommet présente un cratère relativement assez vaste (500 mètres de diamètre) dont le sol aplati rend un son sourd et retentissant qui fait reconnaître les cavités situées au-dessous. Des fumeroles s'échappent en beaucoup d'endroits du sol du cratère et même de ses parois escarpées. Une grande caverne, située au bord sud-est du cratère, est actuellement la plus active.

Parmi les nombreux volcans qui se trouvent aujourd'hui à l'état de solfatare, nous citerons, comme les plus connus :

l'île Volcano, près de la Sicile, la Soufrière de la Guadeloupe,
le volcan de St-Vincent, dans les Indes occidentales, et la
grande solfatare d'Urumtsi, dans l'Asie centrale.

Toutes les solfatares présentent les mêmes phénomènes d'activité volcanique, quoique l'énergie de cette activité, la quantité de vapeurs ou la prépondérance des vapeurs ou des gaz
des fumeroles, varient d'une solfatare à l'autre, et même à des
âges différents de la même solfatare.

Quoique le développement de gaz et de vapeurs soit peu
remarquable dans les solfatares, l'aspect de la montagne et du
cratère n'en attire pas moins les regards. Les gaz, âcres et
caustiques, attaquent les roches qui deviennent friables et d'un
blanc éclatant. Le soufre se sépare du gaz acide sulfhydrique,
si facile à reconnaître à son odeur d'œufs pourris, et de l'acide
sulfureux dont l'odeur est âcre et piquante et qui sont tous
deux prépondérants ainsi que la vapeur d'eau, dans les exhalaisons : il se dépose en croûtes minces, colorées en jaune clair.
D'autres substances, rouges, vertes, brunes, se déposent à leur
tour en sorte que la roche, prenant une couleur bigarrée, indique de loin les endroits par où s'échappent les gaz de solfatare.

Les solfatares peuvent rester très-longtemps dans cet état,
sans perdre de leur activité. La plus connue d'entre elles, celle
de Pouzzoles, est dans ce même état depuis les temps historiques les plus reculés. Une seule fois pendant cette longue période, elle rassembla pour ainsi dire ses forces et donna lieu à
une éruption (en 1198), mais auparavant et depuis, elle n'a
offert que les phénomènes ordinaires des solfatares.

Il y a encore d'autres volcans dont l'état véritable est celui
de solfatare et dont l'activité s'est cependant accrue, de temps
en temps, jusqu'à produire des éruptions. L'île Volcano que
l'on connaissait de longue date comme solfatare, entra en éruption en 1186 et en 1873, et le St-Vincent, dans les Indes occidentales, qui est également une vraie solfatare, y entra aussi
en 1718 et en 1812. Mais pour tous ces volcans, une éruption
ne peut avoir lieu que dans des circonstances tout à fait excep-
tionnelles et l'état de solfatare continue sans s'interrompre,
pendant des siècles, ce qui les fait justement reconnaître pour
de vraies solfatares.

D'autres volcans peuvent aussi être réduits *passagèrement* à
l'état de solfatares, ce qui arrive ordinairement entre deux éruptions; cet état quelquefois est de courte durée, mais quelquefois
aussi il dure très-longtemps. Les phénomènes que l'on observe
alors, correspondent absolument à ceux des vraies solfatares.

Cet état de solfatare temporaire se remarque sur la plupart des volcans actifs, et il ne semble être qu'un intervalle de repos, pendant lequel les forces du volcan se rassemblent pour éclater de nouveau dans toute leur puissance.

Mais l'état de solfatare peut tout aussi bien servir de transition à l'état d'inactivité. Dans ce cas, il est un signe de l'extinction définitive des réactions volcaniques, et cet état diminue alors lui-même d'énergie jusqu'à ce que la montagne par sa forme et par les matériaux dont elle est composée, indique seule les événements du passé.

Puisque l'activité d'une solfatare ne consiste que dans la production de gaz et de vapeurs, et que la quantité de ces produits dépend d'influences secondaires et de circonstances locales, on ne peut estimer la plus ou moins grande énergie des solfatares, que par la nature chimique des gaz des fumeroles.

Parmi ces substances il faut surtout considérer les suivantes :

1° La vapeur d'eau, qui dépasse en quantité toutes les autres substances réunies.

2° L'acide carbonique, qui ne se laisse pas facilement distinguer dans un mélange gazeux et qui, malgré sa grande abondance, ne peut être reconnu que par l'analyse chimique. Si cependant ce gaz sort avec de l'eau, on le reconnaît, comme dans les boissons gazeuses (eau de Seltz, champagne, bière, etc.), par les bulles de gaz qui s'échappent du liquide.

3° Gaz hydrogène sulfuré. L'odeur, déjà mentionnée, d'œufs pourris trahit sa présence, même quand il est en proportion minime.

4° Acide sulfureux. Tout le monde connaît ce gaz à l'odeur âcre et piquante qu'il répand quand on lui donne naissance en brûlant du soufre.

5° Sel ammoniac, chlorure ferrique, combinaisons sulfurées de l'arsenic, acide borique, chlorure de cuivre. Ces substances sont accidentelles et manquent complétement ou partiellement dans certains volcans, mais elles sont principalement la cause des dépôts bigarrés qui se présentent d'une manière si remarquable autour des fumeroles.

Tant que les solfatares développent toute leur activité, les substances dénommées dans ces divers groupes, s'échappent sous forme de gaz ou de vapeurs. Mais en se mélangeant elles produisent un grand nombre de réactions chimiques, qui forment de nouvelles combinaisons, dont les unes se perdent dans l'air sous forme gazeuse, tandis que les autres se subliment de diverses manières et donnent naissance aux minéraux variés qui se déposent à la surface des roches, au voisinage des fumeroles. Le contact des deux gaz sulfurés, l'acide sulfhydrique et l'acide sulfureux, donne lieu surtout à une décomposition très-vive qui amène le dépôt du soufre qu'ils contiennent. La production de masses considérables de soufre constitue, par conséquent, un des signes les plus caractéristiques du degré d'activité des solfatares. Dans beaucoup de pays la consommation totale du soufre est entièrement couverte par la production nouvelle des volcans. Quelques volcans d'Arabie, entre autres le Dufan, se font remarquer sous ce rapport, aussi bien que le Patuha, à Java, et la solfatare de Krisuvik, en Islande.

Lorsque l'activité des solfatares sert de transition à l'inactivité volcanique, les petites proportions de composés chimiques, que nous avons énumérés dans le 5ᵉ groupe, disparaissent, ainsi que l'acide sulfureux. La formation du soufre est donc considérablement diminuée quoique l'acide sulfhydrique, qui se développe en grande quantité, donne encore lieu à quelques dépôts.

A ce degré d'énergie, l'activité de la solfatare peut encore se prolonger longtemps, jusqu'à ce qu'enfin l'extinction graduelle fasse de nouveaux progrès.

Ces nouveaux progrès vers l'inactivité absolue consistent dans la disparition du gaz sulfhydrique des fumeroles. Il n'y a plus alors que des vapeurs d'eau et de l'acide carbonique qui se dégagent. L'acide carbonique est mélangé à la vapeur d'eau, ou bien il se dégage seul à travers de nombreuses et étroites fissures et disparaît, inaperçu, dans l'air.

Le dernier degré d'activité est marqué par un abaissement si considérable de température que l'eau n'est plus réduite en vapeur. L'acide carbonique persiste en dernier lieu : il se développe encore sous forme de gaz, soit sur la montagne même, soit surtout à sa base; ou bien il se mélange à l'eau et donne naissance à des sources acidules chaudes ou froides. La montagne est depuis longtemps inactive et pour ainsi dire morte; le souvenir même de sa puissance antérieure s'est effacé ; mais, pendant de longs siècles, le sol prodigue ses thermes salutaires ou ses rafraîchissantes eaux gazéuses.

C'est à la nature volcanique du sol que l'Eifel rhénane et le district du lac de Laach doivent leur richesse en sources de cette nature, et les thermes renommés de l'île d'Ischia ainsi que les sources chaudes de Baja et de Pouzzoles, déjà si renom-

mées sous les Romains, sont les derniers restes de volcans
qui, il y a plusieurs milliers d'années, exerçaient là leur activité.

Comme l'eau chaude et l'eau chargée d'acide carbonique
possèdent un pouvoir dissolvant beaucoup plus grand que
l'eau pure et froide, ces sources volcaniques dissolvent les substances les plus variées contenues dans le sol, et surtout les
sels déposés entre les roches par l'effet de l'activité volcanique. C'est pour ce motif que les contrées volcaniques possèdent un si grand nombre de sources minérales puissantes et
variées.

Les solfatares permanentes nous paraissent invariables dans
leur action. La chimie moderne y a cependant découvert de
légères variations, des augmentations ou des diminutions dans
leur activité, marquées par le nombre des fumeroles et par
les changements que subissent leurs produits.

Dans la solfatare de Pouzzoles, il y a des fumeroles qui ne
produisent que de la vapeur d'eau et de l'acide carbonique ;
cependant les dépôts de soufre qui les entourent, prouvent la
présence antérieure de l'acide sulfhydrique. La température
aussi bien que la quantité de gaz varient en peu de jours
dans les grandes fumeroles, car quelquefois l'acide sulfureux
disparaît dans le mélange d'acide sulfhydrique, tandis que
souvent il y apparaît en grande abondance avec d'autres
substances moins remarquables. On peut même observer de
petites différences dans la composition chimique et dans la
température des sources minérales situées à la base de la
montagne. On eût certainement observé les mêmes faits dans
d'autres solfatares, si on les avait soumises à des investigations
aussi profondes que les volcans d'Italie, si favorisés par leur
situation et par la beauté des sites qui les entourent.

La quantité de vapeurs qu'une solfatare émet continuellement, est vraiment prodigieuse. Les fumeroles isolées en produisent même en abondance.

Les bergers de Pantelaria, île très-pauvre en sources, ont
l'habitude de mettre des fagots de broussailles devant les fumeroles, pour que les vapeurs qui les traversent lentement s'y
rafraîchissent et s'y condensent en eau. Ils obtiennent ainsi la
quantité d'eau nécessaire pour abreuver leurs troupeaux.

Plusieurs centaines de fumeroles peuvent ainsi se produire
dans une seule solfatare et rester actives jour et nuit, et pendant plusieurs milliers d'années. Il faut par conséquent des
quantités prodigieuses d'eau pour cet effet, et c'est la consom-

mation d'eau qui constitue une partie essentielle de l'activité
des solfatares. A des degrés plus élevés d'activité volcanique,
les fumeroles augmentent dans la même proportion que les
autres phénomènes.

VOLCANS ACTIFS.

Les solfatares qui, pendant des siècles, émettent des vapeurs
et des gaz et donnent naissance à des dépôts de minéraux, ne
peuvent point être considérées comme des effets ultérieurs
d'éruptions précédentes. Elles attestent, par leurs produits
variables, qui indiquent un accroissement ou une diminution
dans l'activité, qu'elles sont le résultat d'une action volcanique
continuée, quoique faible. On comprend cependant sous le
nom d'activité volcanique, un second degré d'activité beaucoup plus énergique et caractérisé par la présence de roches
incandescentes.

On rencontre habituellement un grand nombre de fumeroles
sur la pente extérieure des volcans actifs, en sorte que l'activité solfatarique est fortement développée, même en dehors
du cratère, et augmente de plus en plus, en se rapprochant du
centre de l'activité volcanique.

Un développement prodigieux de vapeurs se fait au centre
du cratère. Tout son bassin est fréquemment rempli de vapeurs qui empêchent d'en voir le fond. Ces masses de vapeurs
s'élèvent en nuages denses au-dessus du sommet de la montagne, et annoncent au loin le degré d'énergie du volcan.
Ces vapeurs sont mélangées avec de si grandes proportions
de gaz délétères et asphyxiants, surtout de gaz sulfhydrique et d'acide sulfureux, que l'approche du centre de l'activité
est rendu difficile et que l'examen des phénomènes qui s'y
passent est parfois impossible. Quelquefois seulement, on peut
réussir à jeter un regard sur les phénomènes qui se produisent
dans l'intérieur du cratère, lorsque le vent chasse les vapeurs
d'un côté, ou pendant de courtes interruptions dans leur production.

On reconnaît alors que les puissantes masses de nuages qui
s'élèvent du cratère, ne sortent pas d'une grande ouverture
mais qu'elles sont produites par des centaines de fumeroles,
situées au fond et sur les parois du bassin cratérique, et qu'elles
s'échappent même de la lave incandescente qui remplit la
cheminée. Tous ces minces mais nombreux jets de vapeurs
se réunissent seulement au-dessus du fond du cratère en un

immense nuage. Ils sont expulsés avec une telle force, que chaque fumerole en particulier produit un sifflement bruyant. Ces sifflements se confondent en un vacarme considérable, qui ne peut être comparé qu'au bruit d'une centaine de machines à vapeur mises simultanément en activité.

Les vapeurs qui s'échappent de la lave la font bouillonner et en détachent, avec un bruit sourd, des fragments qui sont lancés en l'air sous forme des scories incandescentes. Ces fragments retombent en majeure partie dans le cratère ; les autres se précipitent pétillants, sur les flancs de la montagne, et renforcent ainsi le fracas confus et composé de tant de sons variés, que l'on entend pendant l'éruption.

Quand la lave apparaît, la cheminée volcanique, dont l'embouchure se trouve sur le sol du cratère et constitue la liaison entre le foyer volcanique et la surface du sol, est ouverte ; tandis que, lorsque le volcan est éteint ou qu'il est à l'état de solfatare, elle est bouchée et ne peut être reconnue. La lave y est soulevée par des vapeurs et peut être visible au fond du cratère, dans des circonstances favorables, sous forme d'une masse incandescente portée au blanc. Elle s'élève lentement en se gonflant, jusqu'à ce que, tout à coup, une masse nuageuse dense et blanche s'en détache avec un bruit sourd ou décrépitant et se réunisse aux nuées de vapeurs des fumeroles. La lave s'affaisse alors jusqu'à ce que le phénomène se répète. Plus la lave est visqueuse, plus les explosions de vapeurs sont violentes et plus aussi les fragments sont nombreux et volumineux.

Lorsque la lave se présente en plus grande masse, elle se répand jusque dans le cratère. La lave en fusion qui remplit de plus en plus le bassin est dans un état de mouvement et de bouillonnement continus. Les vapeurs qui s'en échappent de tous côtés ne lui laissent pas un moment de repos et dès que sa surface commence à se refroidir un peu, ce qui se remarque à sa couleur d'un rouge plus foncé, elle est déchirée par de la lave fraîchement épanchée ; les fragments solidifiés tombent au fond du cratère et la lave nouvellement expulsée de l'embouchure s'étend à la surface.

Il se forme donc dans la masse de lave une circulation analogue à celle de tout liquide qui se refroidit à sa partie supérieure et qui est continuellement échauffé à sa partie inférieure. La circulation de cette masse mobile devient très-manifeste par la différence de couleur de sa surface consolidée, qui est d'un rouge sombre, et de la lave fraîchement émise qui est d'un éclat brillant.

La lave qui remplit le cratère éclaire ses parois ainsi que les nuages de vapeurs blanches qui flottent au-dessus de lui. Ces nuages paraissent d'un rouge sombre mais prennent subitement un éclat vif lorsque de nouvelle lave, à l'état de fusion blanche, s'épanche à la surface.

L'amas de lave qui emplit le cratère exerce une pression considérable sur ses parois qui ne sont habituellement composées que de scories et de cendres. Cette pression les fait souvent crever et la lave, s'écoulant à travers la fissure produite, apparaît sur les flancs de la montagne sous la forme d'une coulée.

Il peut donc se produire des coulées de lave sans qu'il y ait eu, à vrai dire, éruption; leur marche est alors seulement moins impétueuse que dans le cas d'éruption véritable. La lave s'épanche dans ces cas avec tranquillité et elle roule lentement le long des flancs de la montagne.

Le Stromboli, situé dans la mer Méditerranée, dans une des îles Lipari, est le seul volcan d'Europe dont l'activité soit continue. Son cratère, qui a environ 670 mètres de diamètre, est situé au sommet d'une montagne de 925 mètres de hauteur, et possède trois bouches qui sont, d'ordinaire, simultanément en activité.

La première ne donne issue qu'à des masses considérables de vapeurs qui se réunissent en nuages épais et qui, par les produits qu'elles déposent dans le voisinage et par leur odeur pénétrante, font reconnaître la présence des gaz de solfatare. La seconde ouverture sert à l'expulsion de scories. Elle est un peu oblique, et les scories qui en sortent sont par conséquent expulsées obliquement, et, projetées en partie au delà des limites de la montagne, elles retombent dans la mer. La troisième ouverture sert à l'issue d'une lave assez liquide. Ordinairement cette lave s'écoule tranquillement et s'épanche, sous forme d'un courant faible, sur la pente de la montagne. Au sortir de son embouchure, la lave s'écoule lentement et doucement comme une source et pousse devant elle la pointe du courant qui se refroidit peu à peu. Des scories isolées et déjà solides mais souvent encore incandescentes, se détachent de la partie antérieure du courant et tombent, en rebondissant sur les roches, le long des pentes de la montagne, produisant ainsi des bruits éclatants. Il y a cependant des périodes où l'on peut constater, par la violence avec laquelle les phénomènes particuliers apparaissent, qu'il se produit à l'intérieur des obstacles plus considérables à l'écoulement de la lave.

Le Stromboli devient ainsi le type de cette espèce d'activité volcanique caractérisée surtout par la formation de scories. On a, par conséquent, tenté d'introduire dans la science le nom d'activité strombolique, pour désigner tous les phénomènes de ce genre, de la même façon que le nom d'activité solfatarique sert à désigner l'état de tous les volcans qui présentent les mêmes phénomènes que la solfatare de Pouzzoles. L'activité strombolique n'est point seulement bornée à des volcans en activité permanente, elle se présente aussi périodiquement dans d'autres volcans.

C'est ainsi que le Vésuve se trouvait de 1865 à 1872 à l'état d'activité strombolique, quoiqu'il montrât pendant cette période une énergie très-variable qui tantôt se modérait presque à l'état solfatarique et d'autres fois s'exagérait jusqu'aux limites d'une éruption.

En 1864 le Vésuve ressemblait parfaitement à un volcan éteint. A son sommet se trouvait un grand cratère qui s'élargissait de plus en plus par la chute de ses parois. Le sol du cratère conservait cependant encore une chaleur telle que l'expérience habituelle tentée par les voyageurs étrangers de faire durcir des œufs dans le sable qui le recouvre, réussissait encore parfaitement ; mais on n'y rencontrait plus qu'un petit nombre de très-faibles fumeroles.

C'est en février 1865 que commença, pour ce volcan, l'intéressante période de l'activité strombolique. Il se forma dans le grand cratère une bouche de laquelle s'échappaient de la fumée et des scories. A partir du 3 avril les scories retombées dans le cratère se rassemblaient en cône, de sorte qu'un nouveau cône s'établit à l'intérieur de l'ancien cratère ; et c'est du sommet de ce nouveau cône que s'échappaient les vapeurs et les scories. Cette action continua, avec une énergie plus ou moins grande, jusqu'en novembre 1866 : il s'écoula même de la lave de l'intérieur du cône interne, lave qui s'épancha dans le grand cratère environnant et le remplit en partie. Une année durant, il y eut un repos assez marqué pendant lequel on ne remarqua qu'une très-faible action solfatarique.

Mais à partir du mois de novembre 1867 l'activité devint de nouveau beaucoup plus violente. Après une courte projection de cendres, un nouveau cône éruptif se forma dans le grand cratère, et en même temps un nouveau cratère se produisit à mi-hauteur du flanc extérieur de la montagne. La lave avait tellement rempli le grand cratère qu'elle commença à s'écouler sur trois points à la fois et arriva jusque dans l'Atrio del Cavallo.

La lave continua à s'épancher soit par les anciennes bouches, soit par de nouvelles ouvertures qui se formaient, de sorte que tout le cône supérieur, à l'exception du côté sud-ouest, en fut complétement recouvert. Le cratère principal continuait aussi, sans interruption, à rejeter des scories.

Le 10 mars 1868 le grand cône se fendit de haut en bas, du côté est, et les laves s'écoulèrent alors alternativement à travers cette fente et par le sommet de la montagne. Le courant sortant de la fente s'étendit le plus loin, car il atteignit le vignoble et s'arrêta seulement près du chemin de San-Sebastiano. Pendant ce temps il se forma, au moyen des produits de l'éruption du sommet, un nouveau cône placé sur le second, qui dépassait de 120 mètres les parois de l'ancien cratère ; en sorte qu'à cette époque, il y avait sur le Vésuve trois cônes superposés.

Toutes ces ouvertures ne suffisaient cependant pas à l'afflux de la nouvelle lave ; douze nouveaux petits cônes surgirent au pied du Vésuve, mais ne restèrent pas longtemps en activité. La quantité totale de lave répandue était si considérable, qu'on estima celle qui s'était épanchée en une semaine à 6 ou 7 millions de mètres cubes.

Après un pareil effort l'énergie du volcan diminua naturellement, et pendant toute l'année 1869, il prit l'aspect d'une solfatare assez active. Au commencement de l'année 1871, ses forces s'étaient renouvelées. Le 12 janvier déjà, il y eut une expulsion de scories, suivie, après quelques jours, d'une coulée de lave qui s'étendit jusqu'à la colline de l'observatoire. L'activité continua avec une énergie variable. Le cratère du sommet était rempli de nuages denses de vapeurs; la pente extérieure se couvrit de sublimations et la lave s'écoula tranquillement pendant presque tout le temps : cependant le 18 juillet l'observatoire et le village San-Forio parurent un instant menacés.

Le Vésuve offrit un spectacle superbe dans la nuit du 31 octobre au 1er novembre. Le cratère ressemblait à un gouffre vivement éclairé, teignant au loin l'horizon de couleurs de feu, et les laves s'écoulaient en torrents rapides, surtout sur la pente occidentale de la montagne.

Cette activité insolite fut suivie d'un repos complet qui cependant passa, dès le mois de janvier, à un état d'activité modérée. Cette longue période de 7 ans se termina, en avril 1872, par une éruption extraordinairement violente et très-remarquable, après laquelle le volcan retourna à l'état de repos.

Rarement on aura l'occasion d'étudier aussi bien, sur un volcan, les effets de l'activité strombolique avec tous ces phé-nomènes (vapeurs et leurs sublimations, expulsions de scories et leurs conséquences, états divers de la lave et variations dans l'énergie volcanique), que pendant cette période, la plus inté-ressante qui se soit présentée, pour le Vésuve, dans les temps modernes.

Le Vésuve présenta des phénomènes analogues, au siècle dernier. De 1712 à 1737 il fut dans un état d'activité presque continuelle. Ces 25 ans forment la période d'activité la plus longue que ce volcan ait traversée depuis les temps historiques.

L'Etna, après un repos prolongé, passa à l'état d'activité strombolique pendant l'été de 1874. Au centre du grand cratère du sommet, il se forma un nouveau petit cratère dans lequel il se produisait des explosions de 4 en 4 secondes. Une demi-teinte tout à fait magique, produite par la lave incandescente, se ré-pandit sur les parois abruptes et dénudées du grand cratère, et des scories bizarrement conformées et rougies s'élevaient, sau-tillantes et tournoyantes, dans l'air, pour retomber bientôt après dans le cratère. L'activité du volcan dura ainsi plusieurs mois.

Le célèbre Kilauea présente aussi l'activité strombolique, mais dans des proportions si colossales que tous les autres volcans pâliraient à côté de lui.

Le Kilauea est un des cratères du gigantesque volcan Mauna Loa, dans l'île Hawaï. Ce cratère se trouve situé à 1,240 mètres de hauteur seulement, sur le flanc de la montagne (qui a 4,330 mètres de hauteur) : il consiste en un bassin énorme dont le diamètre longitudinal est de 5,000 mètres et le trans-versal de 2,334. Il contient constamment de la lave incan-descente. La roche compacte et le terrain même semblent ici transformés en feu liquide ; le Kilauea n'est qu'un lac de laves.

La lave en fusion y est sans cesse en mouvement. On y remarque habituellement un courant se dirigeant du sud au nord. Des gaz s'y développent en abondance et lancent, jusqu'à 10 ou 15 mètres de hauteur, une fine écume de lave. Dans les endroits où les vapeurs se font jour à travers la lave, il se pro-duit un tourbillonnement qui détache et projette des scories. Ces tourbillons empêchent aussi la consolidation de la lave à la surface du lac ; on ne reconnaît les différences de tempéra-ture qu'à la vivacité de couleur plus ou moins grande des différentes parties du brasier : les portions refroidies de la lave s'enfoncent dans la profondeur, et de nouvelle lave, plus fluide, s'élève à la surface.

Le lac de lave ne possède pas toujours la même profondeur.
Nourri par des apports souterrains, il se gonfle parfois, et son
niveau s'élève de plus en plus dans le bassin du cratère. La
pression exercée par une masse aussi considérable de lave est
naturellement énorme, et elle augmente rapidement lorsque la
lave monte. S'il se produit alors une ouverture, la lave se répand sur la partie inférieure de la montagne, et le niveau du
lac s'abaisse. Lorsque le lac conserve pendant longtemps un
niveau élevé, la lave peut se refroidir au pourtour des rives et
se solidifier. Elle reste alors attachée aux parois du grand
cratère, sous forme d'une large terrasse annulaire, et le niveau
de la lave fondue redescend. On remarque presque toujours
plusieurs de ces terrasses situées les unes au-dessus des
autres, qui marquent ainsi la hauteur du niveau du lac à des
époques précédentes. Lorsque le lac se gonfle de nouveau,
elles sont fréquemment détruites et remplacées par des terrasses nouvelles.

En 1839, le niveau des laves du Kilauea s'était extraordinairement élevé, lorsqu'en juin 1840, à six milles anglais au-
dessous, il se forma une fente qui donna issue à une coulée
puissante. La quantité de lave ainsi écoulée était très-considérable, car le torrent s'étendit à 225 kilomètres et vint se jeter
dans la mer. Pendant ce temps il se forma encore, en d'autres
endroits, d'autres courants mais moins considérables. Le niveau de la lave s'abaissa alors de 500 mètres dans l'intérieur du
cratère. C'est par des circonstances pareilles que l'on peut se
faire une idée de la profondeur du lac et de la quantité de
laves qu'il contient.

LES ÉRUPTIONS.

Le plus haut degré d'activité volcanique est caractérisé par
les éruptions véritables. Ces éruptions ne se distinguent point
essentiellement de l'activité caractérisée précédemment; elles
en diffèrent seulement par la grande violence de tous les phénomènes et par les conséquences qui en résultent.

Les éruptions se présentent en effet chez des volcans qui ne
persistent point dans une activité égale, mais qui sont tantôt
à l'état des solfatares, tantôt même à l'état de repos absolu.
Pour la plupart des volcans, l'action volcanique suit une marche aussi irrégulière, et plus le repos a été complet et plus il a
duré, plus aussi une nouvelle éruption est probable, si toutefois
le volcan n'est pas définitivement éteint.

Pendant la période de repos les cheminées volcaniques sont bouchées : les scories et la cendre y sont retombées et la lave qui les remplissait s'est solidifiée. Lorsque l'activité renaît, ces produits ne trouvent point d'issue et ils sont retenus jusqu'à ce qu'ils se fassent jour avec violence.

Pour les volcans sujets aux éruptions, la période de repos ou d'activité faible dure habituellement beaucoup plus longtemps que la période éruptive. L'épuisement se produit avec rapidité en raison même de l'énergie des phénomènes.

Le Vésuve appartient à la catégorie des volcans présentant des éruptions fréquentes. Abstraction faite des petites éruptions qui se tiennent dans les limites de l'activité strombolique, on a compté, depuis la première éruption historique, celle de 79 après J.-C., environ 32 grandes éruptions. Au début de cette période, les éruptions ne se produisaient que rarement, une à peine par siècle : ce n'est que depuis l'éruption de 1631 qu'elles se sont suivies plus rapidement. Au xviie siècle, il y eut six éruptions ; pendant le xviiie siècle, elles montèrent à huit, et il y en a déjà eu dix dans notre siècle. Le Vésuve n'a point, par conséquent, de périodes de repos régulières, et l'on ne peut pas non plus trouver de règle pour les changements d'état des autres volcans.

Après les volcans qui sont dans un état permanent d'éruption, comme le Sangay, le Stromboli, l'Isalco, on peut grouper ceux qui, après des éruptions, restent plusieurs mois ou plusieurs années à l'état de repos. Les grandes éruptions de l'Etna ont eu lieu, pendant ce siècle, en 1805, 1809, 1811-12, 1819, 1831, 1852, 1865, et depuis il y en a eu plusieurs petites. Dans l'Amérique du Sud et dans l'Asie orientale, il y a un grand nombre de volcans qui ont rarement plus d'une éruption par siècle. A San-Miguel il n'y a eu d'éruptions qu'en 1444, 1563 et 1652 : à l'île San-Jorge, il n'y en a eu même que deux, en 1580 et en 1808.

L'île de Santorin se distingue d'un grand nombre d'autres volcans en ce que son activité ne se produit qu'après des pauses extrêmement longues. On connaît deux éruptions dans les temps antiques, dont la dernière eut lieu en 197 av. J.-C. Depuis le commencement de notre ère, il y a eu des éruptions pendant les années 19, 46, 726, 1573, 1650, 1707-12 et 1866-71.

Les éruptions sont d'ordinaire d'autant plus violentes que le temps de repos qui les précède a été plus long, et les éruptions les plus dévastatrices dont l'histoire fasse mention, se

Fig. 16. — Éruption de l'Hekla, en 1845.

sont produites sur des volcans qui possédaient tous les caractères de volcans éteints.

C'est une catastrophe de ce genre qui amena la destruction de Pompéi et d'Herculanum. L'antiquité la plus reculée ne possédait pas même une seule tradition sur l'activité du Vésuve et la montagne était recouverte de végétaux qui cachaient entièrement sa nature volcanique. Quiconque eût soupçonné alors cette nature, n'eût cependant pas pu supposer que l'activité volcanique se réveillerait un jour. C'est pour cela que la première éruption historique du Vésuve fut aussi la plus terrible que nous connaissions, et les dégâts occasionnés par elle n'ont jamais été égalés par les éruptions suivantes.

Sur la petite île de Sumbava, dans l'archipel situé à la pointe sud-est de l'Asie, s'élève le Temboro. Depuis la découverte de l'île, ce volcan était resté au repos et les habitants, qui sont cependant habitués aux phénomènes volcaniques, ne le comptaient plus parmi les volcans. En 1815 il se réveilla soudainement. L'éruption qui en résulta et qui dura quatre ans dépassa de beaucoup comme énergie les plus violentes éruptions de nos volcans européens. Sur toutes les îles Moluques, à Java, à Sumatra et à Bornéo, on ressentit les explosions jusqu'à une distance de 1610 kilomètres : à Java, distant de 2250 kilomètres du volcan, le bruit, l'ébranlement et la pluie de cendres étaient si considérables, que toute la population en fut terrifiée et que les habitants, croyant à l'éruption d'un de leurs propres volcans, prirent la fuite.

Récemment encore il s'est présenté un cas semblable. Le Ceboruco, au Mexique, n'avait pas été remarqué parmi les nombreux volcans d'Ahuacatlan et sa nature était complétement inconnue. En 1870, il s'y produisit une éruption formidable. On s'en occupa seulement alors et l'on put constater que cette montagne était un volcan qui, dans les temps préhistoriques, avait eu un grand nombre d'éruptions.

L'éruption prochaine d'un volcan est annoncée tout d'abord par de légers ébranlements du sol qui deviennent de plus en plus fréquents et de plus en plus forts. Les faibles jets de vapeur des fumeroles se multiplient et se réunissent de façon que des nuages blancs et denses s'élèvent sur le sommet de la montagne et deviennent visibles au loin. Plus le foyer volcanique présente d'énergie et plus les masses de vapeurs qui sont expulsées avec violence deviennent denses et sombres. Les ébranlements du sol deviennent de plus en plus forts et sont accompagnés d'un bruit sourd qui semble provenir du volcan.

Les secousses incessantes qu'éprouve le sol, les sifflements produits par les masses de vapeurs qui s'échappent et le bruit que l'on entend dans l'intérieur de la terre, avertissent de l'approche de la catastrophe, jusqu'au moment où le fond du cratère ne peut plus résister à l'afflux des vapeurs et de la lave et, se brisant dans une explosion terrible, fournit enfin une issue à ces matières.

Au même instant une sombre et puissante colonne de fumée jaillit, avec la rapidité de l'éclair, s'élève dans l'air et s'étale lentement. Bientôt cette colonne présente un aspect majestueux que l'on a comparé avec raison à celui d'un pin gigantesque, cet arbre méridional si svelte et surmonté d'une si large couronne. La sombre colonne de fumée s'élève droite, à plusieurs milliers de pieds, avant de s'étaler. Un voile épais s'étend sur le soleil dès que cette colonne s'élargit, et parfois le jour est tellement obscurci, qu'il fait place à des ténèbres profondes.

Dès que la colonne de fumée s'étale dans l'air, une pluie fine de cendres commence à tomber aux alentours de la montagne. Les particules fines tombent en flocons denses et remplissent tellement l'atmosphère que la respiration en est gênée. Elles se rassemblent en couches épaisses sur le sol, pénètrent partout, remplissant les espaces creux et les fissures les plus étroites. La petitesse extraordinaire des particules de cendre les rend aussi très-légères, de sorte qu'elles sont fréquemment transportées, en grandes quantités, à des distances de plusieurs lieues et recouvrent le sol d'une couche de plusieurs pieds d'épaisseur, tandis qu'au voisinage des volcans elles peuvent recouvrir des villes entières. Souvent un vent impétueux, régnant au commencement de l'éruption, les transporte à plusieurs centaines de lieues de distance et annonce ainsi, aux pays éloignés, qu'une éruption vient de se produire.

Pendant l'éruption du Vésuve, en 1872, il y eut, durant plusieurs jours, une pluie de cendres dans les rues de Naples qui est cependant éloigné de plus de trois lieues du cratère. Les chemins étaient recouverts de plus de trois centimètres de ces poussières et la respiration en était gênée.

A plusieurs reprises aussi, les cendres du Vésuve furent transportées à Constantinople et même jusqu'à Tripoli, en Afrique. — Les cendres de la grande éruption de l'Hekla en 1845 (fig. 16) tombèrent dans les îles Orkney. — Pendant l'éruption du Pulu-Machian, qui eut lieu le 29 décembre 1862, après une période de 215 ans de repos, la masse de cendres fut si considérable qu'elle s'étendit sur tous les alentours et qu'elle obscurcit le soleil au-dessus de l'île de Ternate, qui est cependant située à 6 kilomètres et demi du volcan. — Le poids des cendres rejetées en 48 heures (19 et 20 mars 1860) par le volcan de l'île de la Réunion, a été estimé à plus de trois cents millions de kilogrammes.

L'odeur intense de gaz acide sulfhydrique et d'acide sulfureux que les vapeurs répandent au loin, prouve que l'activité solfatarique existe déjà pendant la première période de l'éruption. Très-souvent aussi on perçoit l'odeur piquante de l'acide chlorhydrique, qui ne se fait pas sentir dans les solfatares simples et qui, avec d'autres gaz moins perceptibles, n'apparaît que lorsque l'activité est très-énergique. Le nombre des fumeroles qui se font jour sur tous les points de la montagne s'accroît, et la quantité de leurs produits est beaucoup plus considérable que pendant une période d'activité modérée.

L'ébranlement du sol, le tonnerre souterrain et le sifflement assourdissant des vapeurs continuent pendant tout ce temps sans relâche et vont même en se renforçant.

On voit bientôt après, au milieu de la fumée noire, apparaître, de temps en temps, des raies claires et isolées qui la traversent comme des éclairs et se multiplient rapidement. Ce sont des scories incandescentes lancées avec beaucoup de force et qui s'élèvent comme des fusées, décrivent une courbe lumineuse pour retomber ensuite en pétillant sur les flancs de la montagne. La lave a par conséquent fait son apparition dans le cratère, et quoiqu'elle soit encore soustraite à la vue, les scories qui s'en détachent trahissent sa présence.

Le tableau prend un tout autre aspect pendant la nuit. L'oreille perçoit encore, il est vrai, le bruit formidable produit par la lutte des éléments, mais l'œil ne peut pas contempler ce spectacle si beau et si varié. A la place du pin colossal de fumée, se trouve une colonne de feu tout aussi élevée. Elle s'élève à une grande hauteur et se tient dans une immobilité majestueuse au-dessus du sommet de la montagne. Le vent le plus impétueux ne parvient pas à la courber ni à troubler son repos. De temps en temps, au milieu de la colonne de feu, on aperçoit des raies plus claires et plus brillantes qui disparaissent bientôt, tandis que d'autres viennent les remplacer. Ce phénomène amène seul quelque mouvement dans le tableau : mais le contraste entre le bruit terrible produit par les phénomènes invisibles et le calme profond de la majestueuse colonne de feu, produit une impression des plus vives sur le spectateur.

Il arrive souvent qu'au début des éruptions considérables, des nuages lourds et orageux se rassemblent au-dessus du volcan. Ces nuages s'abaissent graduellement et finissent par en envelopper si complétement le sommet que tous les phénomènes de l'éruption sont soustraits à la vue. Le tonnerre gronde au sein des nuages et est renforcé par le bruit qui se produit dans l'intérieur du volcan. De vifs éclairs traversent rapidement l'obscurité qui règne autour de la montagne, un vent formidable s'élève et une terrible pluie d'orage s'abat comme un véritable déluge.

Les flots s'écoulent rapidement sur les flancs abrupts du cône volcanique, se rassemblent dans les rigoles et dans les ravins, pour former d'impétueux torrents qui se mêlent à la cendre déjà tombée et la transforment en torrents de boue. Ces torrents charrient d'immenses blocs de lave, roulent avec une impétuosité irrésistible dans les environs et dévastent, sur leur passage, tout ce qui n'était point encore complétement détruit.

Les torrents de boue sont beaucoup plus à craindre dans le voisinage d'un volcan que les courants de lave, car ils se précipitent avec une rapidité excessive, le long des pentes de la montagne, acquièrent ainsi une force de destruction prodigieuse et peuvent, parce qu'ils sont très-fluides, s'étendre sur un très-grand espace.

Lorsque l'éruption a ainsi duré pendant plus ou moins longtemps, que le sifflement et le bruissement des vapeurs, le pétillement des scories qui retombent, le grondement du tonnerre mêlé au fracas souterrain, ont atteint une grande intensité, il se produit tout à coup une fissure dans le flanc de la montagne, quelquefois près du cratère, d'autres fois près de la base, et l'on voit sourdre un courant de lave qui s'écoule vers le bas de la montagne comme un ruban de feu.

C'est seulement dans les cônes volcaniques peu élevés, que le cratère se remplit complétement de lave, laquelle finit alors par passer par dessus les bords ou par briser la mince paroi du cratère. Dans les volcans élevés, la pression de la lave soulevée par les vapeurs est si forte et les ébranlements, produits par les explosions continues, affaiblissent tant les parois de la montagne, qu'elles finissent par céder à la pression et qu'elles laissent écouler la lave sur un point quelconque de leur hauteur. Il peut même arriver que toute l'éruption se fasse près du pied du volcan, et que le cratère du sommet n'indique sa participation à l'éruption que par une émission plus forte de fumée ou tout au plus par une légère pluie de cendres.

L'éruption du Vésuve, en 1861, se fit près de Bosco tre case, c'est-à-dire très-près de la montagne, là où la pente commence à s'aplanir pour se confondre avec le rivage (fig. 17). La montagne elle-même, à l'exception du sommet qui dégageait une plus forte fumée, ne semblait participer en rien à l'éruption.

Les éruptions de l'Etna se font rarement au voisinage du grand cratère, comme cela eut lieu en 1868; le plus souvent, au contraire, elles se font à une altitude de 800 à 2.000 mètres au-

Fig. 17. — Éruption du Vésuve en 1861.

dessus du niveau de la mer. C'est à cette hauteur que plusieurs centaines de cônes éruptifs se sont formés peu à peu; leurs laves ont souvent atteint le pays cultivé et se sont quelquefois même épanchées dans la mer. Mais lorsque le cratère du sommet est seul à l'état d'éruption, il ne forme, pour ainsi dire, qu'un grandiose feu d'artifice pour les habitants de la côte, car, à cause de l'éloignement du sommet, ces éruptions ne produisent jamais de dégâts. Le 8 décembre 1868, on vit d'abord s'élever du sommet neigeux de la montagne une gerbe de scories incandescentes qui, s'élevant à une hauteur de 1000 à 2000 mètres, et traçant des courbes paraboliques, retombaient, partie dans le cratère, partie sur les flancs de la montagne. On pouvait aussi apercevoir cette gerbe de feu, qui dura pendant plusieurs heures, à Malte, c'est-à-dire à une distance de 720 kilomètres.

Le volcan de Mauna Loa, situé dans une des îles Sandwich, offre souvent un spectacle que n'offre certainement aucun autre volcan, et qui dépasse en majesté tout ce que l'imagination la plus hardie pourrait concevoir. Un torrent de lave y est souvent expulsé avec une telle violence qu'il s'élance à une grande hauteur et en colonne épaisse, formant ainsi une fontaine gigantesque.

Pendant l'une des dernières éruptions, celle de 1866, la lave se fit jour sur le côté est et à mi-hauteur environ de la montagne. Une colonne de lave de plus de 30 mètres d'épaisseur s'éleva, comme un jet d'eau puissant, à plus de 300 mètres avant de former le torrent qui recouvrit tout le côté de l'île Hawaï et elle éclaira la nuit d'une lumière aussi vive que celle du jour. Des vaisseaux éloignés de 320 kilomètres aperçurent la lueur du volcan.

Malgré sa grande hauteur de 4,334 mètres, le Mauna Loa parvient cependant quelquefois à remplir de lave le grand cratère du sommet. Mais les parois de la montagne ne peuvent pas résister longtemps à l'énorme pression exercée sur elles, et une rupture se produit en un des points faibles de la pente. Le bassin du cratère supérieur, dont le diamètre est de 4,000 mètres, et qui est plein de lave, forme un grand réservoir analogue au réservoir d'un jet d'eau artificiel et qui exerce, sur le point d'éruption situé à 1,000 ou 1.500 mètres au-dessous, une pression tellement considérable que la lave incandescente est projetée sous forme d'une énorme colonne.

Les laves sont mélangées, dans l'intérieur du volcan, avec de l'eau si étroitement incluse qu'elle ne peut pas se transformer en vapeur ni s'échapper. Mais, dès que la lave se fait jour à travers les parois de la montagne, une grande partie de l'eau, qui est à une très-haute température, se convertit à l'instant même en vapeur, recouvre d'un épais nuage la source d'où jaillit la coulée de lave, et la soustrait ainsi aux regards.

Il se produit aussi des fumeroles en différents endroits de la surface du courant de laves, et ces fumeroles rejettent, outre la vapeur d'eau, les divers gaz que l'on retrouve dans les fumeroles dues à l'activité solfatarique.

Tant que le courant est complétement incandescent, il est enveloppé, sur toute sa longueur, par des brouillards de vapeurs blanches. Mais lorsque le courant se recouvre d'une écorce solide, les vapeurs et les gaz se rassemblent en fumeroles isolées qui se font jour à travers des fissures.

D'innombrables fumeroles recouvrent ainsi le courant de lave, depuis le moment où il commence à couler jusqu'au moment où il est complétement solidifié.

Les *fumeroles sèches* constituent une espèce particulière; elles ne se développent que dans une lave portée au maximum de chaleur et sur laquelle la première et mince écorce de solidification commence à se former. Ces fumeroles ne contiennent point de vapeur d'eau, mais presque uniquement des vapeurs de sels peu vaporisables, parmi lesquels dominent le chlorure de sodium et le sel ammoniac. Ils se condensent bientôt en sels solides qui s'étendent comme une nappe d'un blanc de neige sur la lave solidifiée et la font paraître comme recouverte de givre. En quelques endroits seulement le blanc pur de cette nappe est interrompu par les couleurs variées de différentes combinaisons de chlore ou de soufre avec le cuivre ou le fer. On y rencontre aussi de petites proportions d'autres métaux, comme le plomb par exemple, et Palmieri a même rencontré, parmi les sublimés qui s'étaient formés au Vésuve en 1872, le Thallium, métal très-rare.

La plupart de ces sels, sortis des fumeroles, sont facilement solubles, et c'est pour cela que, quoique formés quelquefois en immense quantité, ils disparaissent rapidement pendant les pluies ou bien ils sont dissous pendant l'éruption ou immédiatement après, par la vapeur des fumeroles qui se condense.

Dans certains cas les masses de vapeurs qui se détachent de la lave sont si considérables que le tableau d'une petite éruption se répète à la surface des grandes coulées de lave. La force avec laquelle les vapeurs déchirent la lave visqueuse, détache aussi des fragments de sa surface et les projette en l'air, de sorte qu'en retombant ces fragments forment un cône autour de la fumerole. Il se forme de la sorte çà et là sur le courant de lave, de petits volcans et de petits cônes en miniature ayant un cratère à leur sommet.

L'aspect d'un coulée de lave roulant sur les pentes de la montagne n'est *point toujours aussi brillant* de jour que l'imagination est accoutumée à se le représenter. L'on voit ordinairement une masse d'un bleu gris sombre, presque inerte, se déplacer quelquefois si lentement qu'en plusieurs heures elle n'avance que d'un petit nombre de mètres. La température de la lave n'est pas toujours assez élevée pour présenter, à la clarté du jour, le spectacle d'un phénomène igné. Pendant la nuit la masse de lave qui avance lentement, luit souvent au loin, de façon que la montagne semble entourée de cercles de feu. Dans certaines circonstances cependant la lave est tellement échauffée qu'elle apparait même pendant le jour, sous la forme d'une masse incandescente.

L'aspect d'un courant de lave devient d'une beauté indescriptible lorsque dans son parcours il rencontre une pente abrupte ou une muraille de rochers par-dessus laquelle il se précipite. Une partie de la lave, en tombant sur le roc, s'émiette en une infinité de petits fragments qui cachent l'extrémité inférieure du courant sous un nuage de poussière incandescente ; c'est l'image de la plus belle cascade de feu que l'on puisse imaginer.

Pendant l'éruption de 1865 (30 janvier) un grand courant de lave se détacha de l'Etna, près du mont Stornello ; ce courant se précipita du haut d'un rocher de 70 mètres de hauteur et, en quelques heures, remplit si complétement la vallée, qu'il continua sa route en passant par-dessus. — Pendant une des grandes éruptions du Vésuve (celle de 1855) un courant de lave produisit une cascade encore plus haute, en franchissant une muraille de lave ancienne.

Les courants de lave qui, d'abord, présentaient l'éclat igné le plus brillant, perdent cet éclat au bout de peu de temps. Il se forme bientôt, à leur surface, une écorce sombre et solide qui est cependant déchirée au début par les mouvements du courant, de façon que des fragments séparés de cette écorce nagent à la surface comme les blocs de glace sur une rivière. Mais ces fragments se mulplient et deviennent plus grands, ils glissent les uns sur les autres et forment une couverture solide qui ne se déchire plus que de loin en loin en laissant apercevoir, à travers de profondes crevasses, la matière incandescente contenue à l'intérieur. On peut souvent, peu de temps après que la lave s'est épanchée, et lorsqu'elle est encore dans un état de mouvement assez rapide, passer par-dessus sans courir de danger.

Un certain nombre de volcans de l'Amérique et de Java possèdent la propriété particulière de produire des torrents de boue en guise de lave. Ces torrents de boue ne doivent point être confondus avec ceux que nous avons déjà décrits et qui naissent à la suite de l'orage volcanique, car ils sont produits par le volcan lui-même et partent de son intérieur. Leur température est ordinairement plus élevée que celle de l'air ambiant quoique la différence soit quelquefois très-minime. Ce n'est que rarement qu'ils sortent du volcan à la température de l'ébullition et accompagnés de masses denses de vapeurs.

Les habitants de l'Amérique du Sud désignent sous le nom

de *Lodozales* ou laves de boue, ces masses de fange, composées de cendres trachytiques, qui ont formé, en se desséchant sur le plateau d'Ambato, de longues files de monticules qui sont quelquefois disposées en éventail. Ces torrents de boue proviennent le plus souvent des volcans du plateau de Quito, du Carguairazo, de l'Imbaburu, du Tunguragua, puis de l'Antisana et du Cotopaxi.

Un volcan paraît avoir épuisé la plus grande partie de sa force lorsque la lave a coulé. Le bruit souterrain et les ébranlements du sol deviennent moins forts, l'expulsion des scories diminue et la pluie de cendres cesse d'ordinaire complétement. Pendant ce temps la lave s'écoule plus ou moins tranquille, et plus ou moins longtemps; elle pousse en avant la lave refroidie et devenue plus inerte, ou passe par-dessus les masses antérieurement rejetées : en même temps le volcan prend peu à peu une activité régulière, ou prend le caractère d'une solfatare dont les fissures donnent issue à des vapeurs de fumeroles.

Mais souvent aussi ce repos n'est que la fin du premier acte de l'éruption. Lorsque la source de lave a coulé pendant quelque temps, elle devient plus faible ou tarit complétement ; l'éruption de scories cesse en même temps et la production des vapeurs est elle-même entravée : il survient un état de repos court et peu rassurant jusqu'à ce que l'éruption éclate de nouveau d'une façon subite, et que tous les phénomènes se répètent avec une nouvelle violence.

Quoique tous les phénomènes qui accompagnent les grandes éruptions volcaniques aient été décrits plus haut, chaque éruption n'en présente pas moins une grande variété, car les phénomènes se combinent d'une manière très-diverse, et en ayant égard aux différents degrés de violence des forces volcaniques combinés aux circonstances locales et aux particularités du volcan, on comprend qu'il doit se produire des phénomènes très-variés durant le cours des éruptions.

ÉRUPTION DU VÉSUVE EN 1631.

La première éruption historique du Vésuve, celle de l'an 79 apr. J.-C., fut aussi sa plus violente, et amena la destruction des villes de Pompéi, d'Herculanum et de Stabies.

. De toutes les autres éruptions du volcan, la plus terrible fut celle de 1631 qui eut lieu également après un très-long repos. Depuis au moins trois siècles, le volcan paraissait éteint et l'on doute même de l'éruption de 1306. Il est par conséquent probable que le repos durait depuis 1139, c'est-à-dire depuis peut-être près de 5 siècles. En tout cas, au commencement du XVIIᵉ siècle, on considérait le Vésuve comme un volcan éteint.

Toute la montagne était recouverte d'une végétation luxuriante, et au bas du cône, dans l'Atrio del Cavallo, on rencontrait de grands arbres très-anciens. Dans le cratère même, on trouvait des chênes et des tilleuls, et les troupeaux y allaient paître. Deux petits bassins situés sur le sol du cratère et remplis d'eau chaude, rappelaient seuls les phénomènes du temps passé.

En 1631, de petites secousses du sol commencèrent à se faire sentir au voisinage du volcan : au mois de décembre, ces secousses augmentèrent en nombre et en violence. Dans la nuit du 16 décembre, leur violence fut telle que les habitants en furent effrayés et cependant l'éruption, qui se fit le matin même, n'était attendue par personne.

Les paysans qui allaient au marché à Naples, virent une immense colonne de fumée sortir subitement du sommet de la montagne. La nouvelle se répandit rapidement dans la ville et tout le monde courut sur la plage pour jouir du spectacle.

La fumée était d'abord blanche; après elle devint noire, avec un reflet rouge au centre : elle prit bientôt, en s'élevant à plusieurs milliers de pieds, la forme d'un pin gigantesque.

Les masses de fumée sombre jaillissaient toujours plus compactes et elles s'étendirent peu à peu si loin, que le soleil en fut obscurci à Naples. En même temps, une pluie de cendres commença à tomber. Des éclairs vifs illuminaient de temps en temps le voisinage, et le bruit du tonnerre venait augmenter le fracas.

Jusqu'alors la population avait assisté au spectacle avec étonnement, mais la peur la saisit tout à coup et les rues de Naples retentirent de lamentations et de cris d'effroi.

Les habitants de Torre dell' Annunziata et de Torre del Greco s'enfuirent les premiers, les uns vers Castellamare, les autres, vers Naples. Ceux qui se dirigèrent vers la mer, la trouvèrent dans un état d'agitation extrême comme si elle était ébranlée par des forces souterraines. Beaucoup de fugitifs furent atteints et tués par les scories incandescentes. Les autres trouvèrent les portes de la ville occupées par des soldats qui leur barraient le passage, parce qu'on craignait l'introduction de la peste dans la ville. Le désordre s'accrut par ce fait, et quelques fugitifs furent obligés de regagner leurs pénates, où ils trouvèrent la mort. Ce n'est que vers le soir qu'on permit aux fugitifs d'entrer dans la ville.

Vers 11 heures du matin, la fumée et l'éclat du feu augmentèrent considérablement, car il s'était formé, à la base ouest du cône, un grand nombre de fissures et de cratères qui étaient tous en activité. Le sommet de la montagne était complétement caché par la fumée. Les nuages de fumée et la pluie de cendres s'étendirent jusque dans la province de Basilicate et, dans l'après-midi, jusqu'à Tarente.

Une procession, à la tête de laquelle se trouvait le vice-roi lui-même, se dirigea, à travers les rues de Naples, jusqu'à Santa Maria del Carmine, qu'elle atteignit à deux heures, au moment où des tremblements de terre agitaient violemment le sol et le faisaient ballotter comme un navire.

Ces ébranlements durèrent jusqu'au soir. Alors commença une pluie d'orage si violente, qu'elle produisit bientôt des inondations qui coupèrent les routes reliant la ville aux autres endroits du rivage. Les murs chancelaient, les portes et les fenêtres s'ouvraient et se refermaient, et la cendre, que le vent avait poussée jusqu'alors dans la direction du sud, se prit à tomber sur la ville.

Vers une heure du matin, le bruit souterrain augmenta si considérablement, qu'on crut que la montagne allait se fendre. En effet, bientôt après, un torrent de boue roula dans l'Atrio. Les tremblements de terre continuèrent néanmoins, et personne n'eut le courage de passer la nuit dans les maisons.

Les phénomènes de l'éruption ne diminuèrent pas dans la matinée du 17 décembre, et le plus grand désastre n'arriva même que plus tard. Trois torrents de boue se précipitèrent du haut de la montagne, entraînant avec eux les arbres et les maisons; deux de ces torrents inondèrent la plaine de Nola, et l'autre, Portici et Resina.

A ce moment, la mer, entre Naples et Sorrente, se retira à un kilomètre de son rivage, puis, s'élançant avec une violence inouïe vers ses anciens bords, elle jeta les vaisseaux sur la terre ferme et dévasta toute la contrée riveraine. Les îles voisines d'Ischia et de Nisita éprouvèrent le même sort.

La pluie de cendres cessa cependant bientôt à Naples, mais on aperçut alors un prodigieux courant de lave, depuis Fosso-Grande jusqu'au dessus de Bosco tre case. La montagne entière semblait entrer en fusion, et la lave s'écoulait en torrents nombreux, d'un côté vers Portici et Resina, jusqu'à Torre del Greco, de l'autre vers Torre dell' Annunziata : 2,000 personnes environ y perdirent la vie. En plusieurs endroits la lave coula dans la mer.

L'obscurité régnait encore à Naples à midi. On aperçut alors le vif éclat de la lave qui se précipitait vers la mer et les arbres enflammés qu'elle entraînait avec elle. Tout le monde croyait à une éruption sous-marine.

Tandis que la cendre avait été transportée dans la journée du 16 décembre, jusqu'à Tarente, le 17 elle prit une autre direction ; elle alla tomber en Dalmatie, dans l'île de Nègrepont et jusqu'à Constantinople.

L'éruption ne diminua pas de violence jusqu'au 23 décembre. A partir de cette époque l'éruption continua encore, il est vrai, jusqu'au mois de mars 1632, mais sans présenter de phénomènes insolites. Les explosions devinrent plus rares et moins violentes, les courants de lave diminuèrent et devinrent plus lents, et, quoique les ébranlements du sol continuassent encore, il ne se produisait cependant plus de secousses violentes qu'à des intervalles très-longs.

Au début de l'éruption, le cône éruptif dépassait la Somma de 60 mètres, tandis qu'à la fin de l'éruption ce même cône avait 108 mètres de moins que la Somma. Par contre, le cratère qui ne mesurait que 2,000 mètres de pourtour en avait 5,043 après l'éruption.

Plus de quarante villes et villages avaient été détruits en partie par la lave, en partie par les tremblements de terre : le nombre des hommes qui périrent a été évalué à environ quatre mille et celui des animaux à plus de dix mille.

ÉRUPTION DU VÉSUVE EN AVRIL 1872.

Parmi les éruptions du Vésuve celle de l'année 1872 se distingue par sa courte durée et par sa grande violence.

La montagne se trouvait déjà depuis 1865 en état d'activité strombolique qui, avec une énergie variée, augmentait tantôt jusqu'à produire de petites éruptions, ou bien diminuait jusqu'à un état d'activité solfatarique assez vive. Toute cette période se termina par la grande éruption de 1872 et depuis ce temps le Vésuve est resté tout à fait tranquille ou n'a eu qu'une activité très-faible.

Après une grande activité le volcan était resté dans un calme assez profond pendant tout l'hiver de 1871-1872. Mais déjà en janvier on entendait de temps en temps un grondement souterrain, des nuages de cendres s'élevaient par-ci par-là, et le cratère, formé en octobre 1871 sur les bords de l'ancien, donnait des signes d'activité nouvelle. Il n'y eut cependant pas de changement sensible jusqu'au mois d'avril et rien ne faisait prévoir l'éruption qui était sur le point de se produire.

Tout à coup, le 24 avril, une colonne de feu, sortie de plusieurs cratères à la fois, annonça le début de la grande éruption. De quatre cratères sortirent des courants de lave qui s'écoulèrent rapidement par-dessus l'ancienne lave solidifiée. Le sommet du cône tonnait sans cesse et rejetait des scories. Le 25 avril, à midi, les phénomènes éruptifs diminuèrent jusqu'à ne plus donner que des nuages légers de fumée et de nombreuses personnes furent engagées, par ce calme, à gravir la montagne.

Malheureusement ce fut dans cette même nuit que l'éruption éclata avec une violence rare. Le cône principal se fendit d'une manière imprévue, du côté nord, et il s'y fit un grand nombre d'ouvertures. Dans l'Atrio del Cavallo, distant de 100 mètres de la pente de la Somma, il se forma un gouffre qui répandit des masses prodigieuses de lave. Celle-ci en sortant souleva les scories de 1855 et de 1863, en forma une colline de 69 mètres de haut, et c'est par une ouverture, à la base de cette colline, qu'elle s'écoula alors tranquillement.

Les déchirures de la montagne et le débordement de la lave s'étaient produits si rapidement que les curieux furent surpris et ne purent plus échapper au danger. Un grand nombre d'habitants du pays et d'étrangers trouvèrent ainsi la mort. On sait qu'au moins soixante personnes périrent, mais on n'a point pu fixer le chiffre exact des pertes, parce que l'on ne retrouva que les cadavres de ceux qui étaient restés en deçà de la grande fente de l'Atrio del Cavallo et qui avaient été ou étouffés par la fumée ou tués par la chute des scories ; mais tous ceux qui étaient allés plus loin, furent atteints par la coulée et par conséquent complétement anéantis.

Il s'écoula aussi dans le Fosso della Vetrana un torrent de lave de 800 mètres de largeur. A la surface de ce torrent et près des bords, naquirent une foule de petits cratères qui expulsaient de la fumée et rejetaient, à 70 ou 80 mètres de hauteur, des scories incandescentes. Chacune de ces éruptions durait environ une demi-heure.

Le cône principal semblait suer du feu. L'écorce de la montagne semblait percée de pores par où suintait la lave. Pendant le jour la clarté de ces petites ouvertures disparaissait mais leur situation était indiquée par autant de petits nuages de fumée.

La ville de Naples était agitée continuellement pendant l'éruption, et à chaque détonation les vitres tremblaient. On ressentait aussi un frémissement du sol mais il n'était pas très-fort. Le 26 avril on put apercevoir de Naples deux courants de lave, dont l'un se dirigeait vers Torre del Greco, l'autre vers San Sebastiano et qui avançaient à peu près d'un kilomètre par heure. Entre ces deux courants qui étaient couverts d'une fumée épaisse, s'en trouvait un troisième plus petit se dirigeant vers Resina, mais n'avançant que très-lentement.

Vers 4 heures du soir l'éruption augmenta avec une violence inouïe. Du sommet du volcan s'échappaient des colonnes de fumée et des scories incandescentes, et des torrents d'un rouge vif serpentaient le long des pentes. Pendant la nuit une tache de feu se présenta près du cratère, tache qui s'agrandit et s'étendit peu à peu, comme un manteau, sur le pourtour de la montagne.

Le 27 avril, vers 4 heures du matin, un grondement sourd ébranla l'air, des colonnes de fumée assombrirent le ciel, une odeur sulfureuse se répandit partout et la montagne fut presque complétement enveloppée par de la lave en fusion. C'est à ce moment que San Sebastiano fut complétement détruit par la lave et que Massa di Somma eut presque le même sort. A Torre del Greco la lave fit aussi de grands ravages, et des cendres ainsi que des scories tombèrent jusque dans Salerne. Deux courants de lave s'approchèrent de Ponticelli et de Cercoca, et un autre de San-Giorgo et de Portico. La montagne était couverte pendant le jour de nuées de fumée si denses qu'on ne pouvait l'apercevoir de Naples. Il tombait en outre dans la ville une pluie de cendres mélangées de particules salines, qui entravaient considérablement la respiration.

La lave s'écoula plus lentement pendant cette journée. Les détonations continuaient, mais on ne remarqua point de tremblement de terre. Le 28 avril les courants de lave s'arrêtèrent, mais la pluie de cendres continua. Le Vésuve tonnait encore; des éclairs illuminaient de temps en temps l'obscurité qui l'enveloppait et les scories étaient encore projetées à une hauteur de 1,500 mètres.

A partir de ce temps, l'éruption diminua d'intensité, et dans la nuit du 1er au 2 mai les phénomènes éruptifs cessèrent complétement.

ÉRUPTION DE L'ETNA EN 1865.

Après une éruption qui eut lieu en 1852 dans le Val del Bove, l'Etna, à part quelques ébranlements du sol, ne présenta rier de remarquable. L'expulsion habituelle de vapeur d'eau et de gaz de solfatare continuait cependant toujours.

Au mois de mai 1863 seulement, son activité se renouvela et atteignit son maximum par une éruption de cendres qui furent transportées, le 7 juillet, jusque dans la Calabre et à Malte. Une petite éruption de scories lui succéda, puis vint une période de repos qui dura jusqu'en août 1863. Pendant ce mois et le suivant, l'activité se borna à la projection d'un petit nombre de scories et le volcan devint de nouveau inactif. Mais pendant ce temps il rassemblait ses forces pour une grande éruption qui dura depuis le commencement de février jusqu'au mois de juin 1865.

Les tremblements de terre qui augmentèrent peu à peu d'intensité furent les précurseurs de l'éruption du 30 janvier. Tout à coup, après une violente secousse, ressentie à 10 heures du soir, une lumière éclatante éclaira la base du Monte Frumento, cône éruptif latéral. Un torrent de lave incandescente s'écoula d'une nouvelle fente au milieu d'un nuage de fumée, de cendres et de scories, et accompagné de grands coups de tonnerre : son éclat était encore augmenté par l'incendie d'une grande forêt d'*épicea* qu'il avait allumé sur son passage.

Les paysans dont les propriétés étaient menacées par l'approche de la lave, cherchèrent leur salut dans des pratiques religieuses. Se fiant à la protection de leur saint patron, ils entourèrent leurs propriétés d'images saintes ornées de fleurs. Mais le feu s'avançait toujours, brûlant sur son passage leurs récoltes et leurs maisons. Les familles à genoux récitaient des prières quand la masse brûlante les saisit et les anéantit sans en laisser de traces.

Le courant de lave se précipita le long des flancs de la montagne, chargé de scories, de blocs et d'arbres carbonisés, brûlant et anéantissant tout sur son passage. Bientôt il se divisa en plusieurs branches qui pénétrèrent dans les plus belles forêts et les mirent en feu. L'une de ces branches se précipita avec un terrible crépitement par dessus un roc abrupt de plus de 60 mètres de haut et situé au Salto, dit Cola Vecchia, remplit en peu d'instants la vallée située au-dessous, et continua alors sa marche destructrice.

La grande fente avait, pour ainsi dire, divisé le Monte Frumento en deux parties et passait exactement au milieu du grand cratère : on pouvait même la suivre, par une série de fumeroles, jusqu'au voisinage du Val del Bove. Ce gouffre fut cependant bientôt comblé en partie par la lave, mais à son extrémité nord-est il se forma une série de nouveaux cratères. Quelques-uns de ces cratères ne restèrent que peu de temps en activité, mais sept d'entre eux formèrent des cônes cratériques réguliers et restèrent en éruption pendant 45 jours. D'abord la lave s'écoula avec une rapidité excessive ; plus tard elle n'avança plus que très-lentement. C'est pour ce motif qu'elle n'atteignit heureusement que la limite supérieure de la zone cultivée et habitée et que les dévastations se bornèrent surtout à la région forestière.

Pendant les premiers jours de février, alors que les sept cratères s'étaient déjà formés, les éruptions de lave et de cendres étaient accompagnées de tourbillons de fumée qui étaient expulsés régulièrement à des intervalles de quelques secondes. La vapeur blanche s'élevait en formant des anneaux d'une grande délicatesse. Chaque fois qu'elle s'échappait avec violence, on entendait entre les détonations sourdes et souterraines des sons métalliques semblables à ceux qu'un marteau produit sur une enclume. Ce fait rappelle les mythes des anciens qui prétendaient que Vulcain et les Cyclopes forgeaient les foudres de Jupiter dans cette montagne.

Quoique les dégâts causés par cette éruption fussent très-considérables, les villages menacés pendant les premiers jours purent cependant croire qu'ils étaient épargnés cette fois. Mais au commencement de mars un nouveau torrent de lave se fit jour dans le voisinage des précédents cratères, et pendant que l'ancien courant s'arrêtait, le nouveau s'avançait rapidement menaçant Linguagrossa ; il s'arrêta cependant le 4 avril. Mais de chaque côté de ce courant, la lave s'échappait toujours, formant de nouvelles ramifications, et finissant par prendre l'aspect d'un vaste lac de feu qui resta en incandescence jusqu'à la fin de juin.

Des vapeurs mélangées à des masses suffocantes de gaz acide sulfureux, expulsèrent au milieu de sifflements bruyants de nouvelles masses de lave et le courant qui menaçait Linguagrossa se remit de nouveau en marche, tandis que le torrent principal était déjà au repos.

Les phénomènes sonores diminuèrent peu à peu. Depuis le 1er février jusqu'au 16 mars, on avait continuellement, de jour et de nuit, entendu les détonations à Catane. Du 16 au 26 mars on ne les entendit plus que dans le silence de la nuit, et plus tard il fallut pour les percevoir se rapprocher de la montagne. L'intermittence des nouveaux cratères devint aussi beaucoup plus manifeste. Un seul cratère, cependant, garda une activité égale, tandis que les explosions devenaient de plus en plus rares chez les autres.

L'écoulement des laves diminua considérablement à partir du 19 juin; il cessa complétement le 28. La fente d'écoulement était alors fermée et n'agissait plus que comme fumerole. De temps en temps on voyait une expulsion plus considérable se produire, mais jamais avec assez de force pour rejeter des scories. Après quelques jours, ces derniers vestiges d'activité volcanique disparurent à leur tour et le petit monde de cratères nouveaux-nés, prit l'aspect des volcans éteints qui ne nourrissent plus que des fumeroles.

Toute cette longue éruption avait eu lieu bien au-dessous du sommet de la montagne. Le grand cratère du sommet resta presque au repos pendant tout ce temps; il ne montra sa participation aux phénomènes que par une activité un peu plus forte. De temps en temps il émettait de hautes colonnes de vapeurs, et toujours au moment où les cratères du Monte Frumento atteignaient le maximum d'intensité. Le sommet se comporta ainsi jusqu'au mois de juin. Mais à la fin de ce mois, pendant lequel les bouches s'étaient refermées, il émit de nouveau des vapeurs, et aux mois de juillet et d'août ces vapeurs devinrent si nombreuses qu'elles voilèrent complétement la montagne.

C'est à cette époque, c'est-à-dire à la fin de l'éruption, qu'il y eut aussi un violent tremblement de terre. Le 19 juillet, à 2 heures du matin, on ressentit le coup le plus violen, celui qui détruisit le petit village situé dans le Fondo Macchia. Les maisons ne formaient plus qu'un monceau de ruines, les murailles étaient détruites jusqu'à la base, et beaucoup d'habitants y furent ensevelis. Cette violente secousse s'était bornée d'une façon remarquable à un petit espace de 7 kilomètres de long sur un kilomètre de large, et plus loin on l'avait à peine remarquée. Des secousses plus légères se firent sentir jusqu'au milieu du mois d'août.

ÉRUPTION DU TEMBORO A SUMBAVA.

L'éruption du Temboro, en 1815, dépassa de beaucoup en violence les éruptions les plus formidables du Vésuve et de l'Etna. Toutes les îles Moluques, Java, les Célèbes, Sumatra et Borneo, en furent plus ou moins atteintes. Elle se fit sentir à une distance de plus de 160 kilomètres, et à Java, c'est-à-dire à une distance d'environ 2250 kilomètres, les phénomènes éruptifs furent si violents, qu'ils répandirent la plus grande terreur.

L'éruption commença le 5 avril 1815, par des explosions qui se succédaient de quart d'heure en quart d'heure et qui partaient de l'intérieur du volcan, considéré jusqu'alors comme éteint. L'éruption atteignit son maximum le 10 avril, et pendant cette journée une immense colonne de fumée s'éleva du cratère et toute la montagne parut couverte de feu. Mais peu de temps après, tous ces phénomènes furent cachés aux regards par des masses de fumée noire. Les explosions étaient alors tellement violentes, que les murailles des bâtiments de Sumbava en furent ébranlées. Ces explosions ressemblaient de loin au bruit du canon, et ce bruit fut entendu à une distance aussi considérable que celle qui sépare St-Pétersbourg de Suez, ou Naples du cap Nord en Scandinavie, ce qui ne peut être expliqué que par une transmission souterraine.

Les explosions continuèrent sans se ralentir, pendant plusieurs jours, et les îles avoisinantes furent ébranlées par un violent tremblement de terre.

Le 10 avril, et par un calme plat, la mer se rassembla en une grande vague qui envahit la terre, arracha arbres et maisons, et lança les vaisseaux jusque dans l'intérieur de l'île. Ce mouvement impétueux de la mer dura trois minutes au plus, mais se fit sentir aussi aux Célèbes, et sur le rivage oriental de Java.

Les scories incandescentes et les cendres volcaniques recouvrirent toute l'île et une grande partie de la surface de la mer : les bâtiments croulaient sous le poids des cendres qui les recouvraient. La riche contrée dans laquelle se trouve le volcan, fut transformée en un désert aride, et 12,000 personnes y perdirent la vie. Dans une des îles voisines, Lombok, tout fut recouvert d'une couche de cendres de 5 à 6 décimètres d'épaisseur.

Le volcan continua jusqu'au 15 juillet, pendant trois mois par conséquent, à expulser des masses considérables de vapeurs, et l'on entendait pendant tout ce temps des explosions qui devenaient moins fréquentes et qui diminuaient peu à peu d'intensité.

ÉRUPTION DU MAUNA-LOA EN 1866.

Le Mauna-Loa est le plus considérable des quatre grands volcans de l'île Hawaï. Il est peut-être même le plus grandiose de tous les volcans, car les phénomènes éruptifs qu'il présente dépassent en violence et en étendue tous les autres phénomènes de ce genre.

La montagne, située dans la partie sud de l'île, a 4,303 mètres de hauteur et est, avec le volcan Kea, placé près d'elle, la plus haute de l'île. Son sommet est large et plan. Sur ce sommet se trouve un grand cratère toujours en activité solfatarique, mais qui devient de temps en temps le centre d'une véritable éruption. Sur une pente plus basse de la montagne, on trouve un cratère considérable ayant un diamètre de 4,500 mètres et constituant, par conséquent, un des plus grands cratères connus. Ce cratère donne aussi quelquefois naissance à des éruptions consistant principalement en courants gigantesques de lave qui se font jour sur des points encore plus déclives de la montagne.

Depuis la découverte de l'île, la plus grande éruption de ce volcan eut lieu en 1866. Un nouveau cratère se forma à une hauteur de plus de 3,300 mètres et laissa s'échapper, pendant trois jours, un courant de lave qui coula le long de la pente nord-ouest de la montagne. Il y eut ensuite un repos d'un jour et demi, puis un nouveau courant de lave se fit jour, mais beaucoup plus bas, à mi-hauteur environ de la montagne, et du côté est. Des masses considérables de fumée furent expulsées avec un fracas épouvantable, et, au bout de peu de jours, les scories formèrent un cône élevé.

La lave était lancée avec une telle violence qu'elle s'éleva sous la forme d'une puissante colonne incandescente. D'après les récits de témoins oculaires, cette colonne de lave avait plus de 30 mètres de diamètre et s'était élevée à une hauteur de 330 mètres environ.

Tout l'est de Hawaï ressemblait à un grand fleuve de feu, et la nuit était éclairée presque comme le jour. Les courants de lave parcoururent un espace de 56 kilomètres et ne se solidifièrent qu'aux environs de Hilo.

L'éruption continua pendant vingt jours avec la même violence. Les marins apercevaient la clarté du brasier à une distance de 320 kilomètres, et le bruit se propageait à plus de 60 kilomètres.

Au mois d'avril 1868, le Mauna-Loa fut de nouveau le siége d'une éruption considérable. et le Kilauea en eut une au mois de janvier 1872.

LA COLONNE DE FUMÉE ET LES CENDRES VOLCANIQUES.

Les vapeurs qui s'échappent des volcans à l'état d'activité faible sont blanches ou d'un gris clair. Dès que l'éruption commence, elles deviennent au contraire foncées, et s'accumulent alors seulement pour former une colonne de fumée qui, dans les grandes éruptions, prend la belle forme d'un pin.

Les cendres volcaniques se forment au début de l'éruption. Emportées par les vapeurs auxquelles elles sont intimement mêlées, leur masse est capable d'obscurcir le soleil et de changer le jour en une nuit obscure, lorsque la colonne de fumée s'étale au firmament.

La colonne de fumée doit sa couleur noire au mélange des cendres à la vapeur ; c'est pour ce motif aussi que la pluie de cendres commence à tomber aux environs du volcan dès que la colonne s'étale. Ce fait prouve l'intime relation qui existe entre les cendres et les vapeurs. En effet, les vapeurs qui s'étalent dans l'atmosphère ont perdu la tension qu'elles avaient au moment de l'éruption et ne sont plus capables de maintenir les cendres à l'état de suspension. Les cendres retombent donc sous forme de pluie, et la force du vent est seule capable de les enlever et de les emporter parfois loin des frontières.

On comprend ordinairement sous le nom de cendres, le résidu incombustible d'un corps combustible. Cette idée que l'on se fait des cendres ne peut, en aucune façon, être appliquée aux cendres volcaniques : celles-ci ne doivent leur nom qu'à leur ressemblance extérieure avec la cendre de bois.

La cendre volcanique consiste en une poudre délicate, fine et grise, mais se compose des mêmes éléments que la lave. Examinée au microscope, on voit qu'elle est composée de nombreux petits cristaux et fragments de cristaux provenant de divers minéraux, et de petits fragments vitrifiés de lave. Comme les laves des différents volcans sont composées de mélanges divers de minéraux, leurs cendres contiennent aussi des espèces minérales différentes qui correspondent exactement à celles de la lave.

Les cendres du Vésuve contiennent des fragments d'augite, de leucite et rarement un peu d'olivine, mais une proportion considérable d'éclats vitrifiés. Souvent même de petits globules de verre sont accolés aux fragments des minéraux ou en sont quelquefois complétement enveloppés.

La cendre de l'Etna est principalement composée de fragments de feldspath et d'augite, d'éclats de substance vitrifiée et de fermagnétique. Les minéraux de toutes ces espèces de laves, même de celles de l'Etna, se distinguent par leur état poreux dû à la vapeur.

Ce n'est point, par conséquent, la substance même de la cendre qui doit avant tout attirer notre attention ; c'est l'état pulvérulent et délicat de la masse qui demande une explication, car cette masse apparaît ordinairement sous la forme de lave solide et dure, tandis qu'elle apparaît sous forme de cendres au début de l'éruption.

Pendant la première partie de la période éruptive, les vapeurs, longtemps retenues, se frayent un passage à travers la lave qui remplit le cratère et la cheminée. La formation de la cendre dépend de l'état de cette lave et de l'énergie de l'expulsion des vapeurs. Les vapeurs qui brisent la lave projettent en l'air la couche superficielle qui les gêne et la pulvérisent en poussière des plus fines. Les petites particules de lave ainsi formées perdent rapidement, à cause de leur ténuité, leur état d'incandescence et apparaissent sous forme de cendre sombre ou de poussière. Le phénomène a beaucoup de ressemblance avec la décharge d'un pistolet contenant de l'eau. L'eau contenue dans le pistolet est également expulsée avec une grande violence et peut être réduite à l'état de gouttelettes d'une extrême exiguïté.

Les conditions de la formation des cendres consistent par conséquent : 1° dans la grande fluidité de la lave ; 2° dans la présence d'un grand nombre de particules non fluidifiables à la température régnante et qui nagent dans la lave ; 3° dans la force explosive considérable des vapeurs qui se dégagent.

Cependant les particules de cendres ne sont point toutes préformées ; il existe, au contraire, beaucoup de raisons de croire qu'une grande proportion de ces particules est constituée par de la lave fondue qui ne s'est solidifiée qu'après la pulvérisation.

Ces conditions de la formation des cendres se rencontrent habituellement au début des éruptions. Lorsque les vapeurs ont pu se faire jour en partie, leur force diminue, la lave elle-même devient plus tenace, de sorte que les vapeurs peuvent encore la gonfler en grandes bulles qui éclatent, et en arracher des lambeaux sous forme de scories, mais elles n'ont plus la puissance nécessaire pour la pulvériser. La lave peut aussi se pratiquer une issue latérale et s'écouler sous forme de courant, de sorte que les obstacles qui s'opposaient à sa sortie sont considérablement diminués. C'est pour ce motif que la fin de la pluie de cendres coïncide si souvent avec la première apparition d'un courant de lave.

Des cendres d'une nature toute particulière tombèrent à Naples au mois d'avril 1872. Parmi les composés minéraux habituels, on y trouva jusqu'à 0. 9 pour cent de particules salines analogues à celles qui se subliment d'ordinaire, comme : sel ammoniac, chlorure de sodium, chlorure de calcium, chlorure de magnésium et sulfate de chaux. Les vapeurs de ces sels qui habituellement se solidifient avec une grande rapidité et qui se déposent sur le volcan, furent, dans ce cas, entraînées au loin par la force des gaz et, se solidifiant seulement au moment de la chute des cendres, elles se répandirent sur le sol avec les autres substances pulvérulentes.

LA COLONNE DE FEU.

La colonne de feu, qui remplace pendant la nuit la colonne de fumée et qui se distingue non-seulement par sa hauteur incommensurable mais encore par le calme imposant qu'elle conserve au milieu du fracas de l'éruption, a été expliquée de diverses manières, parce que l'impossibilité d'approcher du centre de l'éruption et, par conséquent, l'empêchement apporté à un examen direct et précis, ont opposé des obstacles à la connaissance exacte du phénomène.

Autrefois on considérait une éruption comme la conséquence d'un immense phénomène de combustion, et l'éclat que l'on apercevait était dû, d'après l'explication la plus simple, aux flammes. La colonne de feu n'était donc, d'après ces idées, qu'une flamme gigantesque montant jusqu'au ciel et qui caractérisait le point culminant de l'activité volcanique.

Il ne fallait cependant qu'un peu d'attention pour s'assurer que cette explication était erronée, car l'instabilité et la variabilité des flammes manquent complétement à la colonne de feu. Celle-ci ne possède aucune des propriétés essentielles d'une flamme, et l'impression qu'elle produit lorsqu'elle s'élève au-dessus de la montagne dans un calme imperturbable que ne saurait troubler le vent le plus impétueux, cette impression, dis-je, est tout à fait particulière.

On a, par conséquent, cherché à remplacer cette première explication par une autre, qui consiste à dire que les petites scories de lave incandescente rejetées par la montagne se réunissent pour ainsi dire en un courant puissant et en apparence continu et qui offre ainsi l'aspect d'une colonne de feu. Mais cette explication ne répond pas non plus aux propriétés de la colonne de feu. La hauteur de la colonne est d'abord trop considérable; d'un autre côté, la possibilité de voir à travers la colonne, malgré son grand éclat et son épaisseur, des étoiles de clarté très-faible, n'existerait pas avec une colonne compacte de scories incandescentes. On pourrait opposer encore des objections bien plus nombreuses à cette explication.

Il n'y a qu'une seule explication qui corresponde à toutes les propriétés de cette colonne lumineuse. D'après cette explication, la colonne n'est que le reflet de la lave qui remplit le cratère, reflet qui tranche vivement avec l'obscurité du ciel et qui est, pour ainsi dire, entretenu par les vapeurs ascendantes. L'éclat de la colonne pâlit peu à peu; puis, de temps en temps, reprenant de nouveau sa vivacité, il apparaît dans son état primitif. Cet éclairage variable est la conséquence de l'état variable de la lave dans le cratère, qui passe, en se refroidissant, de l'état le plus brillant à l'état rouge sombre, jusqu'à ce que, par l'éruption de vapeurs, de nouvelle lave sortie des profondeurs de la montagne arrive, fraîchement fondue, à la surface du cratère. Une telle colonne restera transparente en toute circonstance et, immobile, elle résistera à tous les mouvements de l'atmosphère. Cependant les traînées plus éclatantes qu'on y remarque de temps en temps et qui la traversent comme un éclair pour disparaître aussi vite qu'elles ont apparu, sont évidemment les trajectoires des scories lancées au milieu du reflet des laves incandescentes.

Comme on a pu prouver, avec la dernière évidence, que la colonne de feu n'est point une flamme gigantesque, on a nié aussi assez longtemps l'existence de flammes pendant les éruptions volcaniques. Effectivement, il a fallu une observation attentive et dans des circonstances favorables pour acquérir la certitude de l'existence de flammes pendant les éruptions.

On a recueilli une série d'observations de cette nature pour le Vésuve, et l'on y a reconnu avec certitude la production de flammes. Souvent, ce n'étaient que des flammèches de 12, 15 centimètres de hauteur, et de couleur verte (7 juin 1834); d'autres fois elles avaient 4 à 5 mètres de hauteur et étaient d'un rouge violacé (2 juin 1833), ou bien présentaient une teinte rouge de sang (août 1834); le plus souvent cependant elles sont d'un jaune intense ou d'un bleu pâle.

Pendant l'éruption de Santorin, en 1866, la petite île d'Aphroessa était, de temps en temps, complétement entourée de flammes qui apparaissaient à la surface de la mer. De petites

flammèches apparurent aussi au-dessus des fissures de la lave,
de manière que l'île Georgios fut illuminée par plusieurs milliers de ces flammèches dans la nuit du 5 au 6 février, tandis
qu'une flamme puissante et ondulante jaillissait du sommet
du cratère.

Ordinairement, ces flammes ne possèdent qu'un pouvoir
éclairant très-faible et une hauteur peu considérable, en sorte
qu'on ne peut les apercevoir que dans le voisinage. Parmi les
produits rejetés par les volcans se trouvent différents gaz combustibles, surtout de l'hydrogène sulfuré et de l'hydrogène.
Lorsque ces gaz se dégagent d'une lave incandescente ou qu'ils
s'élèvent dans un endroit où règne une température très-élevée, ils s'allument nécessairement et produisent des flammes.
Ces flammes prennent des couleurs claires et variées par le
mélange de leurs gaz avec des substances étrangères : c'est
ainsi que le jaune est produit par la présence du chlorure de
sodium ; il en est de ces flammes comme des feux de Bengale
que l'on colore avec des substances étrangères.

L'ORAGE VOLCANIQUE.

Un orage volcanique n'est point un phénomène qui se rencontre fortuitement avec l'éruption, mais il est produit par
l'éruption même. Malgré leur violence souvent considérable,
ces orages ont presque toujours une étendue limitée ; ils choi-
sissent la montagne volcanique comme point central, se concentrent au-dessus d'elle, puis s'abaissent graduellement et en
enveloppent la cime.

Une éruption est une source puissante d'électricité. Récemment encore, Palmieri a démontré, pendant une éruption du
Vésuve, que les vapeurs sont électrisées positivement et les
cendres négativement et que les éclairs et le tonnerre ne se
produisent que quand les deux électricités se rencontrent. Il
est probable aussi que toute la cime du volcan est chargée
d'électricité. Toutes les conditions nécessaires à la production
d'un orage se trouvent donc réunies : vaporisation d'énormes
masses d'eau qui peuvent se réunir en nuages denses, et grande
tension des deux électricités qui nécessairement tendent à se
réunir.

La production d'orages ne se réalise que pendant les éruptions les plus fortes. Il paraît donc que, dans les petites éruptions, les conditions de production ne sont pas assez développées. On n'a aussi jamais pu constater la production d'orage

pendant l'éruption de petits cônes volcaniques, quelque violente que fût, du reste, l'éruption; ce n'est que sur les cimes isolées des montagnes volcaniques très-élevées qu'on les voit se former.

NATURE DE LA LAVE.

La question de savoir ce qu'était la nature de la lave n'était pas si facile à résoudre qu'on peut le supposer. On voit bien les masses fondues et incandescentes sortir du volcan, mais il ne paraît point qu'on puisse les examiner dans cet état.

Jusque dans ces derniers temps, on s'est donc contenté de reconnaître la composition minéralogique de la lave refroidie et solidifiée, comme on reconnaît celle de toute autre roche. La nature de la lave fluide semblait être analogue à celle des scories que nous obtenons, comme produits secondaires, dans les hauts fourneaux de nos usines métallurgiques.

Lorsqu'on veut obtenir un métal, du fer ou du plomb par exemple, on fond les minerais avec leur gangue, c'est-à-dire avec les roches qui les enveloppent. Le métal s'isole de la masse de pierres fondues, laquelle s'échappe du haut fourneau en prenant la forme d'une coulée de scories incandescentes. Cette coulée de scories présente, sur une petite échelle, l'image d'une coulée de lave. On concluait alors de là que la lave, comme les scories des hauts fourneaux, était une masse fondue et parfaitement homogène, et par conséquent tout à fait fluide, qui, pendant son refroidissement, se consolidait en une masse pierreuse solide. Mais l'analogie de la lave et des scories de haut fourneau n'est qu'apparente, et en réalité la formation des roches de lave est bien plus compliquée.

Lorsque la lave sort d'un cratère, elle contient ordinairement déjà des cristaux et des fragments de cristaux de diverse nature qui se trouvent dispersés dans la masse fondue. La température de la lave n'est point toujours assez élevée pour fondre toutes les substances qui la composent. On peut encore reconnaître, dans la masse solidifiée, les cristaux qui y étaient contenus au début ou qui se sont séparés en premier lieu lorsque la masse a commencé à se refroidir, car ils portent visiblement la trace de la haute température à laquelle ils étaient exposés. Ces cristaux sont, en effet, un peu fondus, et leurs angles sont arrondis; ils sont même quelquefois complétement étirés en filaments vitrifiés. D'autres cristaux ont éclaté sous l'influence de la chaleur, et une partie de la lave fondue a péné-

tré par leurs fissures jusque dans leur intérieur. Plus la température de la lave est élevée, plus la lave reste longtemps fluide
(ce qui dépend en partie de l'épaisseur du courant), plus aussi
les corps solides, qui y étaient contenus dès le début, subissent
des altérations profondes et variées : les cristaux qui se sont au
contraire formés peu de temps avant la solidification de la masse,
sont frais et inaltérés. Une partie de la matière ne cristallise pas
du tout, mais se prend en masse comme le verre à vitres et
forme ainsi un verre de lave transparent et homogène qui
remplit les intervalles laissés par les minéraux entre eux [1].

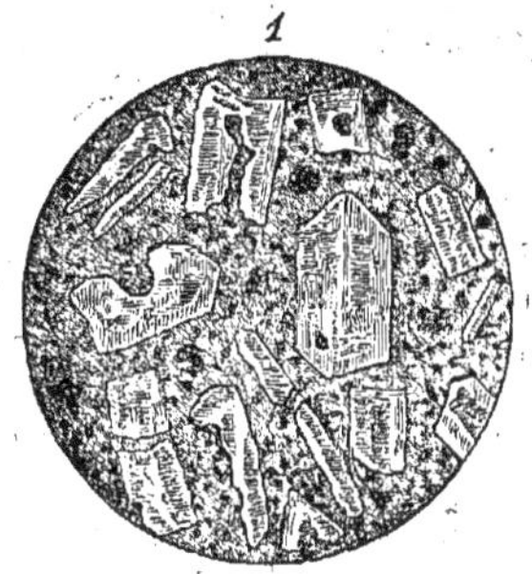
Fig. 18.

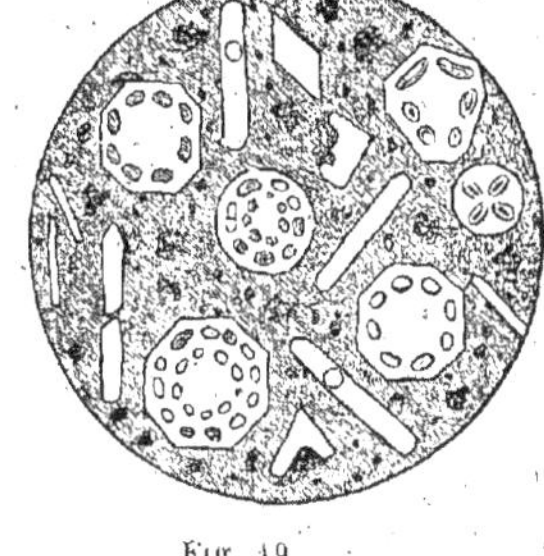
Fig. 19.

Quelquefois, au début, les cristaux et les fragments de cristaux n'existent qu'en petite quantité dans un courant de lave;
ils nagent isolés dans la masse fondue. Dans d'autres laves, ils
constituent la masse prépondérante, et la partie fluide est, au
contraire, bien moins abondante.

La constitution de la lave, au moment de l'éruption, dépend
donc de beaucoup de circonstances, et elle présente aussi, par
conséquent, une grande diversité. Il y a même des laves qui
ne présentent absolument aucun corps solide et qui sont complétement fondues et liquides. Lorsque ces laves se refroidis-
sent rapidement, elles ne forment point de mélanges de minéraux comme les autres laves; mais une masse vitrifiée (l'obsidienne) qui indique encore, après sa consolidation, son état
primitif de fusion complète.

Mais, quelquefois, la lave peut présenter le cas contraire,
celui dans lequel il ne se forme que des produits incandescents
et non fondus.

1. La figure 18 représente l'aspect microscopique d'une lave trachytique de l'île d'Ischia, et la figure 19 celui d'une lave leucitique du
Vésuve.

En 1822, le Vésuve donna naissance à un courant de cendres ou de sable qui, semblable à un courant de lave, s'échappa des flancs de la montagne et se précipita sur ses pentes.

Mais ce sont principalement les courants de débris de lave qui présentent des exemples de ce cas extrême, puisque, au lieu de lave véritable, il s'écoule des torrents de scories de lave incandescentes, seulement un peu fondues à l'extérieur.

Le Lamongang, le volcan le plus actif de Java, n'a, dans toute sa période historique, fourni que de semblables courants de débris de lave, formant des remblais et des digues de scories, qui recouvrent, dans toutes les directions, les pentes de cette montagne. D'autres volcans de Java et de l'Amérique du Sud (Cotopaxi, Antisana) en produisent de temps en temps, et on a pu les observer, il y a quelques années, au Mérapi (1837) et au Lamongang (1847).

Le mode de formation des laves est donc plus complexe qu'on ne l'admettait autrefois. Les résultats fournis par les recherches chimiques modernes le font paraître plus compliqué ; car la substance même de la lave est, depuis le moment de son apparition jusqu'au moment de sa solidification complète, soumise à des changements continus, de manière que l'on ne peut point considérer les roches volcaniques comme étant le produit direct de la lave écoulée pendant l'éruption.

A l'intérieur comme à l'extérieur de la lave, il se produit une quantité de réactions chimiques diverses qui agissent sur elle et la modifient de plus en plus, tant qu'elle n'est point complétement solidifiée. Quelques principes sont ainsi continuellement enlevés, d'autres au contraire viennent s'y ajouter. Comme, de cette façon, la substance de la lave se modifie graduellement, elle peut donner naissance, aux différentes périodes de refroidissement, à des cristaux de minéraux variés, ou bien il peut se former des combinaisons minérales localisées au voisinage du foyer de ces réactions chimiques.

En résumé, il résulte de ces explications, *que l'on ne peut pas toujours considérer la lave comme une substance complétement fondue qui se solidifie simplement par le refroidissement, mais qu'il faut la considérer comme une masse qui présente déjà, à l'intérieur du volcan, des degrés de fusion trèsvariés. Il faut encore admettre que les modifications présentées par les laves ne sont pas dues à des substances contenues primitivement en elles, mais que ces substances sont fréquemment le résultat des diverses réactions chimiques qui se produisent sans cesse dans la lave fondue.*

LES TORRENTS DE BOUE.

En décrivant les éruptions, nous avons signalé les torrents de boue, qui exercent si souvent leurs ravages sur les districts voisins du volcan.

La cause productrice de ces torrents est le plus souvent extérieure, et n'est nullement en relation avec la nature spéciale du volcan sur lequel ils se produisent. C'est de cette nature que sont les torrents de boue produits par les abondantes pluies de l'orage volcanique qui, en se précipitant sur les pentes de la montagne, se mêlent à la cendre fine qu'elles y rencontrent et la convertissent en boue épaisse.

C'est de la même façon que se forment les torrents boueux sur les volcans élevés et couverts de neige. La nouvelle activité volcanique échauffe tout le terrain et le rend quelquefois incandescent, la neige fond et fournit des quantités si considérables d'eau qu'elles donnent fréquemment naissance à des torrents de la plus forte dimension.

Pendant l'année 1803, la neige éternelle qui recouvre le Cotopaxi, volcan de 5904 mètres de hauteur, fondit en une seule nuit et donna naissance à des torrents de boue qui s'étendirent au loin. — Le même accident se produisit en 1755 sur le Kötluga, en Islande. Les grands glaciers qui recouvraient cette montagne fondirent à l'improviste et un torrent, divisé en trois branches, se répandit sur le pays.

Mais les torrents de boue produits par les volcans dont les cratères sont transformés en lacs, diffèrent totalement de ceux dont nous venons de parler. L'eau qui remplit le cratère est nécessairement projetée avant que l'éruption de cendres et de scories puisse se faire. Cette projection se fait souvent d'une façon si subite qu'il en résulte des débordements aussi inattendus que terribles.

En 1691 un immense torrent de boue qui contenait une quantité considérable de poissons morts descendit du volcan Imbaburu, pendant son éruption. — Pendant l'éruption du Carguairazo, en 1798, des masses d'eau et de boue s'épanchèrent sur 225 kilomètres carrés du pays et couvrirent celui-ci d'une innombrable quantité de poissons dont quelques-uns seulement vivaient encore. — Les volcans Agua, en Guatemala, Idjen (1817), Gelungung (1822), Tangkuban-Prahu (1846) à Java, sont aussi connus par les débordements de leurs lacs cratériques. C'est en général dans des accidents semblables

qu'il faut rechercher les causes de la production des torrents
boueux.

On ne peut cependant pas nier que, dans certains cas, des
torrents semblables sortent de l'intérieur de la montagne. Ces
torrents se distinguent habituellement par leur température
élevée, qui est souvent celle de l'ébullition.

Le 18 janvier 1793, l'Unsen répandit ainsi de tous côtés des
torrents d'eau bouillante et de boue.

Ces laves boueuses remplacent alors les laves incandescentes,
en fusion plus ou moins complète, dont elles n'ont pu revêtir
le caractère, privées qu'elles sont d'une température suffisante.
Les laves boueuses sont certainement plus rares que les autres
torrents boueux, et les récits qui en font mention ne doivent
être acceptés qu'avec réserve pour ne pas confondre ces laves
avec les produits des lacs cratériques.

LES PRODUITS VOLCANIQUES. — LES LAVES.

Les laves sont les plus importants de tous les produits volcaniques. Dès que la lave est solidifiée et refroidie, elle forme
une roche composée d'un mélange de différents minéraux, et
qui a besoin d'être examinée et décrite comme les autres
roches.

Parmi les roches connues, les basaltes et les trachytes ressemblent complétement aux laves. Ils contiennent les mêmes
minéraux qui sont reliés entre eux de la même façon. On ne
peut trouver, entre ces espèces de roches et la lave, d'autre
différence si ce n'est que la lave s'est écoulée en torrents et a
été rejetée par de véritables volcans à cratère, tandis que les
basaltes et les trachytes apparaissent sous forme de cônes caractéristiques et réguliers ou forment des couches puissantes
reposant sur des terrains plus anciens.

Partout où les circonstances permettent de comparer l'âge
des basaltes et des trachytes avec celui des véritables laves on
trouve toujours que les basaltes et les trachytes sont plus
anciens.

Les laves à l'état de roches peuvent être divisées en deux
groupes principaux, à cause de leur ressemblance avec les
basaltes ou avec les trachytes : on distingue donc des *laves
basaltiques* et des *laves trachytiques*.

Les laves basaltiques sont faciles à reconnaître à leur couleur
foncée presque noire, et, lorsque la roche est à gros grains,
on y peut distinguer facilement le feldspath et l'augite qui en

constituent la partie principale. L'augite est le minéral que l'on trouve en plus grande abondance dans les basaltes, mais le feldspath y est souvent remplacé, complétement ou en partie, par d'autres minéraux, ce qui donne naissance à diverses variétés de laves basaltiques, dont les plus fréquentes sont le *basalte leucitique* (Vésuve, collines d'Albano, etc.), le *basalte à néphéline* (lave du Capo di Bove, Herchenberg, dans l'Eifel, quelques laves du Vésuve), le *basalte à anorthite* (Islande, Antilles) et le *basalte à sodalithe* (Vésuve, etc.).

On rencontre, en outre, dans toutes ces variétés une foule d'autres minéraux moins essentiels et qui sont le résultat des actions compliquées qui se produisent dans la formation de la lave. Entre ou sur ces différents minéraux, on trouve, au moins à l'aide du microscope, de la lave vitreuse, qui semble les cimenter entre eux.

Les laves trachytiques présentent fréquemment une couleur tout à fait claire et, le plus souvent du moins, une couleur beaucoup moins foncée que les laves basaltiques. Les laves trachytiques sont habituellement composées, comme le trachyte ordinaire, de deux espèces de feldspath : la sanidine et l'oligoclase : la première espèce se trouve fréquemment en grands cristaux enfermés dans la pâte fine de la roche (Ischia). Dans la lave trachytique, on rencontre aussi de la lave vitrifiée à côté des minéraux et souvent en plus grande proportion que dans les laves basaltiques. Il en résulte une couleur plus foncée qui rend plus difficile la distinction, à première vue, des deux espèces de laves.

On peut aussi distinguer plusieurs variétés de laves trachytiques par les minéraux qui y sont inclus : *trachyte à sanidine*, *trachyte à oligoclase*, *phonolithe*, *trachyte à haüyne*, *trachyte à sodalithe*.

La sodalithe de cette dernière variété est, par conséquent, contenue aussi bien dans des laves basaltiques réelles que dans des laves trachytiques. Des indications précises nous montrent que ce minéral est le résultat d'une réaction qui peut se répéter dans tous les volcans, qui dépend seulement de la rencontre de circonstances favorables, mais qui ne s'opère que lorsque la lave est déjà épanchée. Pour ce motif le minéral dont nous parlons peut se rencontrer et dans les laves basaltiques et dans les laves trachytiques.

Si l'on voulait décrire les autres minéraux qui entrent, d'une manière subordonnée, dans la composition des laves basaltiques ou trachytiques et que l'on peut y reconnaître soit à l'œil nu, soit au moyen du microscope, on serait obligé de consacrer ici un vaste chapitre à la minéralogie descriptive : car la plupart des laves, celles même qui paraissent les plus simples, renferment cependant un grand nombre d'espèces minérales. Les laves du Vésuve, par exemple, sont composées communément de 13 à 14 de ces espèces. Mais une communication sur ces richesses minérales, supposerait chez le lecteur des connaissances minéralogiques étendues, et la recherche des composants minéraux de la lave est un des plus difficiles problèmes de la pétrographie.

La différence entre les laves basaltiques et trachytiques trouve son expression la plus fidèle dans la composition chimique de leur masse. Lorsqu'on ne veut point pénétrer profondément dans les particularités chimiques de ces deux espèces, on peut dire que, d'une manière générale, toutes les laves sont composées de combinaisons de silice ou silicates, mais que les laves basaltiques sont plus pauvres en acide silicique que les laves trachytiques.

Les volcans peuvent cependant aussi rejeter des masses dont la composition tient le milieu entre les trachytes, riches en acide silicique, et les basaltes qui sont plus pauvres sous ce rapport : on a donné le nom de *trachydolérite* (andésite) aux roches de cette nature.

Les trachydolérites dont la composition chimique est intermédiaire entre celle des basaltes et celle des trachytes, réunissent aussi les propriétés minéralogiques des deux espèces de laves. L'augite, ce minéral caractéristique des basaltes, est combiné aux deux feldspaths qui caractérisent les trachytes, c'est-à-dire la sanidine et l'oligoclase (dans les andésites). L'on rencontre aussi des variétés dans cette espèce selon que tel ou tel minéral prédomine et imprime à la roche un caractère particulier; c'est ainsi qu'on distingue une *andésite à hornblende,* une *andésite à augite,* etc.

La formation de la lave se fait sous l'influence de procédés si divers, tant de causes fortuites lui impriment des modifications, que l'on ne doit point être étonné de rencontrer une telle variété de minéraux et des passages graduels dans les différentes espèces de laves.

PRODUITS ÉRUPTIFS PEU COHÉRENTS.

Les produits éruptifs peu cohérents sont aussi formés par la substance de la lave qui remplit le cratère et ils lui sont enlevés par la force des vapeurs. Considérés comme roches, ces produits sont donc aussi ou des basaltes, ou des trachytes ou des andésites. Leur forme et leurs dimensions seules varient d'après les circonstances qui présidaient à leur formation.

Les *bombes* sont des morceaux de lave en fusion complète, projetés dans l'air et qui, à cause de leur fluidité, ont pris la forme d'une sphère ou d'une goutte et se sont refroidis en conservant cette forme.

Les *scories* consistent en morceaux irréguliers de lave tenace ordinairement très-boursoufflés par les vapeurs.

Les *lapilli* sont de petits fragments arrondis, de la grosseur d'un pois jusqu'à celle d'une forte noix, qui sont souvent rejetés en immense quantité et qui forment la matière principale des cônes et des montagnes volcaniques.

Le Salak, à Java, rejeta en 1699 une quantité si prodigieuse de lapilli que le cours des fleuves en fut entravé à une distance de 300 kilomètres.

Sable et cendres. La lave finement pulvérisée forme ce qu'on appelle le sable volcanique lorsque les particules ont encore une forme grenue, mais elle prend le nom de cendre lorsque les particules sont encore plus fines et présentent la consistance de la poussière ou de la farine. Les volcans en produisent aussi fréquemment des quantités prodigieuses. Ainsi, d'après une estimation approximative, le Guntur a rejeté, en 1843, dans le court espace de trois heures, 330 000 000 de quintaux de sable et de cendres.

L'*obsidienne* et la *pierre ponce* se distinguent de tous les autres produits éruptifs peu cohérents parce qu'elles sont composées de lave vitrifiée. L'obsidienne a une couleur foncée et constitue une masse vitreuse parfaite, à cassure conchoïde et à angles tranchants. Elle correspond parfaitement à la substance vitreuse que l'on rencontre dans la lave entre les cristaux, mais qui n'y est quelquefois contenue qu'en très-faible proportion. La pierre ponce est une masse vitrifiée, mais tellement gonflée par les vapeurs qu'elle est devenue blanche et qu'elle peut flotter sur l'eau.

Les produits éruptifs vitrifiés, obsidienne et pierre ponce, ne sont produits que par des volcans qui donnent des laves trachytiques. Il paraîtrait que les laves trachytiques seules sont assez tenaces, lorsqu'elles sont complétement fondues, pour que les vapeurs qui les traversent puissent en arracher des morceaux. Les laves basaltiques complétement fondues paraissent être au contraire tellement liquides que les vapeurs peuvent les traverser sans en arracher de fragments.

Les morceaux isolés d'obsidienne et de pierre ponce sont de dimensions très-diverses, depuis le sable volcanique fin jusqu'à la bombe et aux scories les plus volumineuses. Quelquefois, l'obsidienne et la pierre ponce ont aussi formé des courants et, dans ce cas, la pierre ponce est étirée en filaments comme on peut en produire avec du verre ramolli.

Au Campo bianco, dans l'île de Lipari, on peut suivre un ancien courant qui commence au cratère et qui est composé de distance en distance d'obsidienne et de pierre ponce. Au Pic de Ténériffe on trouve un courant d'obsidienne de 15 kilomètres de longueur. — On rencontre aussi, en Islande, des courants d'obsidienne qui, aux endroits où le développement de vapeurs était considérable, s'est transformée en pierre ponce.

Les *Tufs* sont formés par les produits éruptifs les plus ténus, surtout par la cendre, lorsque celle-ci s'est déposée régulièrement et que par une cause quelconque elle s'est agglutinée en une masse continue, quoique molle et friable. La pression exercée par de nouveaux produits surajoutés suffit quelquefois à elle seule pour comprimer cette cendre fine et pour en former une masse unique : mais le plus souvent ce sont des substances, formées au commencement de la décomposition, qui relient entre elles les parties non encore décomposées, ou bien encore ce sont des corps étrangers, amenés du dehors par l'eau, qui servent de ciment aux particules.

Le tuf se forme fréquemment au fond de la mer. Les petits produits éruptifs qui y tombent, sont disposés en couches superposées par le mouvement des eaux et se trouvent, par conséquent, dans les meilleures conditions pour que leur décomposition commence et pour que les substances étrangères qui doivent leur servir de ciment puissent leur être amenées. Dans ces circonstances, d'autres corps solides étrangers et des restes de plantes ou d'animaux sont mélangés aux débris éruptifs. Dans les couches anciennes de tuf ces restes sont pétrifiés et peuvent servir à déterminer l'âge de ces couches.

Puisque les lapilli et les cendres sont roulés çà et là par la mer jusqu'à ce qu'ils se soient disposés en couches, il est évident que les produits volcaniques les plus divers peuvent se mélanger entre eux de la manière la plus variée et qu'ils peuvent encore se mêler à des corps étrangers non volcaniques. Comme la façon dont ces particules sont cimentées entre elles peut être très-diverse, comme le degré de leur décomposition peut être plus ou moins avancé, et enfin comme la substance qui leur sert de ciment peut être de nature quelconque, il en résulte que la composition de ces tufs est très-variée et qu'il existe, par conséquent, des espèces de tufs très-différentes les unes des autres.

Les variétés les plus connues sont : 1° le *tuf volcanique ordinaire*; 2° le *tuf de Pausilippe*, tuf trachytique mou et jaunâtre qui se trouve dans les Champs phlégréens, aux environs de Naples, et qui contient des restes de plantes et d'animaux ; 3° la *pépérine*, tuf compact d'un gris cendré contenant de nombreux cristaux inclus et qui se rencontre sur les collines d'Albano ; 4° le *trass*, tuf volcanique mou et de couleur claire que l'on trouve dans le district du lac de Laach, surtout dans le Brohlthal; 5° enfin le *tuf palagonitique*, formé de produits volcaniques très-altérés et offrant une couleur brune à éclat gras.

Une conséquence de la manière particulière dont se forment les tufs, c'est que, de tous les produits volcaniques, ce sont eux qui s'éloignent le plus de la véritable sphère d'action des volcans. Les petites scories et les cendres qui tombent dans l'eau et le plus souvent dans la mer, dans le voisinage du volcan, sont roulées pendant longtemps par les courants et même transportées à de grandes distances avant de trouver une place tranquille où elles puissent se déposer en couches. C'est pour cette raison que les couches de tuf couvrent les environs du volcan à une très-grande distance et indiquent ainsi que l'on approche d'un centre volcanique, puisque, au fur et à mesure que l'on s'avance vers le volcan, le tuf se trouve de plus en plus recouvert par des produits éruptifs plus puissants.

On rencontre aussi, parmi les produits éruptifs, des substances qui ne se trouvent qu'accidentellement dans la région d'activité du volcan. Parmi ces substances il faut citer des fragments de roches anciennes qui ont dû être brisées pour donner passage à l'éruption, comme le gneiss, le granite, la grauwacke et les fragments de schiste argileux que l'on rencontre mélangés aux scories de l'Eifel, les fragments de granite qui sont mêlés aux produits éruptifs de l'Auvergne, les morceaux de diabase que l'on trouve parmi les mêmes produits, aux îles Canaries, etc. On trouve encore fréquemment, mélangés aux produits éruptifs récents, des produits éruptifs anciens qui ne sont plus visibles ou qui sont en grande partie détruits, ou qui sont complétement recouverts par des produits modernes. C'est probablement de cette façon qu'il faut expliquer la formation de la plupart des

roches renommées pour leur grande richesse minéralogique et
qui ont été formées aux environs du lac de Laach (sanidinite),
de la Somma, du Vésuve et autres volcans. Naturellement
l'effet du volcanisme n'a pas toujours atteint ces roches sans y
laisser son empreinte ; elles montrent des traces de fusion, elles
sont brûlées, ou bien elles ont subi des altérations et des transformations par les réactions chimiques qu'elles ont éprouvées
dans le volcan.

PRODUITS GAZEUX.

A côté des produits solides expulsés, les corps gazeux qui s'é-
chappent des volcans ont une grande importance pour la connaissance des phénomènes éruptifs. Une partie de ces gaz ou de
ces vapeurs se dissipe dans le grand océan atmosphérique ;
une autre partie forme au contraire, en se refroidissant, les sublimés les plus divers.

La plupart des gaz sont le résultat d'actions chimiques déterminées qui se produisent pendant l'éruption, et ces gaz, tant
qu'ils sont mélangés entre eux et avec les autres produits
éruptifs, produisent à leur tour et continuellement de nouvelles réactions chimiques et de nouvelles modifications. On
connaît parfaitement comment plusieurs de ces gaz (l'acide
chlorhydrique, l'acide sulfureux, l'hydrogène, l'hydrogène
sulfuré et le chlorure de sodium) se produisent, et quelles sont
leurs réactions sur d'autres corps ; mais tous ces phénomènes
ne peuvent être exposés en détail qu'en supposant au lecteur
des connaissances chimiques étendues ou en entrant dans de
très-longues explications. Les résultats concis qui suivent
doivent donc être suffisants.

1° Parmi ces gaz et ces vapeurs il y en a qui dénoncent l'activité volcanique la plus intense. Ce sont d'abord les composés
chlorurés des métaux, sodium, potassium, fer, plomb, cuivre ;
puis l'acide chlorhydrique, l'hydrogène et l'acide sulfureux.
L'expérience moderne a démontré que tous les autres gaz volcaniques peuvent se rencontrer mélangés en petite quantité à
ceux que nous venons de citer, lorsque l'activité volcanique
est très-intense. Ils ne sont donc pas exclus, mais l'apparition
des premiers gaz est seule caractéristique d'une activité volcanique énergique. Ainsi l'on a rencontré, dans les gaz provenant
des éruptions du Vésuve et au point d'éruption même, de
l'acide carbonique qui est cependant habituellement considéré comme un produit de la fin de l'éruption. On a même

rencontré, dans des circonstances analogues, des hydrogènes carbonés, en minime proportion il est vrai; mais il faut cependant s'étonner que l'on puisse rencontrer, même en minime proportion, ces gaz si combustibles et qui sont si facilement modifiés et détruits quand même on supposerait qu'ils jouent un rôle important dans les phénomènes éruptifs.

2° D'autres gaz sont au contraire séparés complétement, par le temps ou par l'espace, du foyer actif de l'éruption : ils apparaissent en grande quantité seulement au moment où l'activité diminue, ou bien à une très-grande distance du centre d'un foyer éruptif en action. Parmi ces gaz, l'hydrogène sulfuré disparaît en premier lieu, tandis que l'acide carbonique se dégage encore lorsque toutes les autres traces d'activité volcanique ont depuis longtemps disparu.

AGE DES VOLCANS.

Les volcans n'ont apparu que dans les dernières périodes du développement de la terre; ils peuvent cependant, au point de vue de la chronologie humaine, être très-anciens.

Il est extraordinairement difficile de déterminer l'époque de l'apparition des premiers volcans à cause de la ressemblance parfaite que les laves actuelles présentent avec les basaltes et les trachytes qui sont certainement beaucoup plus anciens. Comme il n'existe point d'autres différences entre les volcans véritables et les montagnes formées par des roches basaltiques ou trachytiques, que la forme des courants de lave et l'existence d'un cratère, et comme en outre ces caractères sont facilement détruits sur les volcans les plus anciens, on voit qu'il n'est pas facile de tracer une ligne de démarcation entre les basaltes et les trachytes d'un côté, et les véritables volcans de l'autre.

Cependant, pour rendre possible une décision dans les cas douteux, on est convenu, en se basant sur des recherches géologiques soigneusement faites, on est convenu, dis-je, *d'appeler basaltes et trachytes les masses formées pendant la période tertiaire, et d'appliquer le nom de laves aux produits formés depuis la fin de la période tertiaire et à travers l'époque moderne qui lui a succédé.*

Un grand nombre des plus anciens volcans se sont probablement éteints avant l'apparition de l'homme sur le globe : l'homme a pu être témoin de l'activité d'un grand nombre d'autres volcans qui se sont éteints longtemps avant les

temps historiques, ou même avant les temps mythologiques.
Les constructions de l'île Therasia et celles que l'on rencontre
près d'Akrotiri, dans l'île Santorin, sont beaucoup plus âgées
que les couches de tuf qui les recouvrent et appartiennent,
d'après tous leurs caractères propres, à une époque antérieure
à l'apparition des Grecs. — Les dépouilles humaines que l'on a
rencontrées sous les produits volcaniques de l'Auvergne, remontent même, très-probablement, aux plus anciennes périodes
de l'âge de pierre.

Il n'y a probablement qu'un très-petit nombre de volcans,
nés à la fin de l'époque tertiaire, qui aient continué à rester
actifs jusqu'à nos jours. La plupart d'entre eux sont actuellement éteints.

Parmi les volcans restés actifs depuis la fin de cette époque
jusqu'à nos jours, il faut compter l'île d'Ischia et l'Etna.
La première commença déjà à se développer dès les premiers
temps de la période géologique actuelle et eut encore une
éruption dans les temps historiques, en 1302. L'Etna est encore
plus âgé et s'est probablement formé pendant la période tertiaire : cependant il est encore aujourd'hui un des volcans
les plus actifs. Cette existence comprend donc un laps de
temps si considérable que nous ne pouvons pas même tenter
de lui appliquer nos mesures usuelles.

L'impossibilité de séparer les basaltes et les trachytes des
laves, la difficulté de distinguer les terrains formés par ces
roches des terres vraiment volcaniques, démontrent qu'il
existe, entre ces deux formes, une relation intime. D'après les
faits connus aujourd'hui, il est plus que problable , *que les
basaltes anciens et les trachytes représentent les plus anciens
volcans actifs de la période tertiaire*, quoique les manifestations
de l'activité de ces volcans ne coïncident pas complétement
avec celles des volcans post-tertiaires, ce qui est dû aux circonstances qui régnaient alors.

La forme conique est caractéristique des basaltes. Les montagnes basaltiques ne sont point formées de couches superposées, mais elles constituent une masse unique et en forme de
cône. Le plus souvent cette masse présente à sa base une espèce d'entonnoir enchâssé dans les roches plus anciennes de la
montagne, et l'on rencontre fréquemment dans le basalte des
fragments de ces roches, portant des traces visibles de l'action
de la chaleur. Ces cônes basaltiques compacts étaient probablement pour la plupart entièrement recouverts par des scories. La couche peu cohérente de scories qui revêtait les cônes

basaltiques est aujourd'hui presque complétement enlevée, ce qui se comprend facilement. On·ne voit au contraire que très-rarement un cône compact sur les volcans depuis long-temps éteints, et dans ce cas la structure de la montagne ressemble tout à fait à celle d'une montagne basaltique.

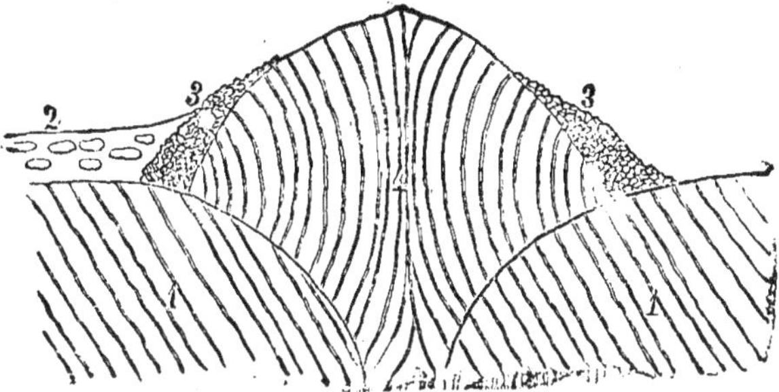

Fig. 20. — Coupe à travers le cône basaltique du Scheidberg, près Remagen.— 1. Schiste argileux. 2. Loess avec fragments de basalte. 3. Scories basaltiques. 4. Basalte compact.

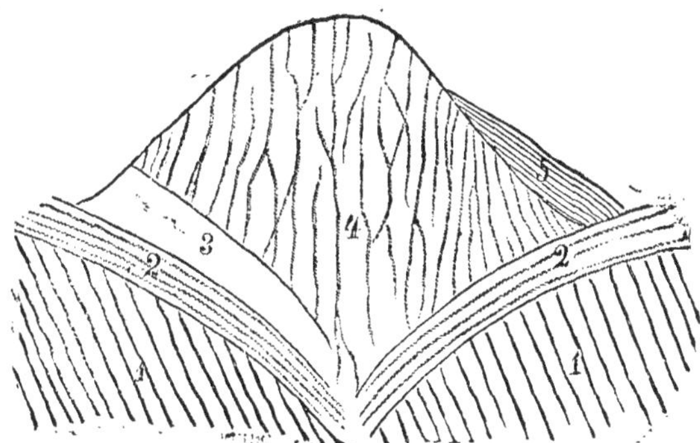

Fig. 21. — Coupe du volcan Perlerkopf, dans l'Eifel. — 1. Schistes dévoniens. 2. Couches de scories et de rapilli. 3. Tuf. 4. Lave compacte. 5. Couches de scories et de rapilli.

Les scories et les tufs sont beaucoup plus puissamment développés autour de nos volcans actuels. Cependant ils existent encore sur beaucoup de basaltes anciens. Et combien de ces produits ont été détruits pendant l'immense période de temps qui s'est écoulée depuis la fin de l'activité de ces volcans tertiaires, et combien d'autres se sont transformés pour donner naissance à des produits nouveaux! Il en est de même des cratères. Ceux-ci sont formés entièrement de matières molles et peu cohérentes, et sont par conséquent si facilement détruits que nous sommes obligés d'en rechercher péniblement la trace sur les volcans depuis longtemps éteints. Mais les volcans qui ont produit les anciens basaltes et les trachytes sont beaucoup plus âgés que les volcans éteints des temps modernes : il a donc fallu des circonstances très-favorables pour que des restes de leurs cratères aient pu se conserver.

On rencontre en effet sur quelques basaltes, évidemment tertiaires, des phénomènes qui peuvent être interprétés en faveur de l'hypothèse de volcans basaltiques tertiaires, parce que les cratères des vrais volcans paraissent s'y être conservés d'une manière très-manifeste.

L'Aspenkippel près de Climbach, dans le voisinage de Giessen, est un basalte de ce genre. Au milieu d'une dépression circulaire, brisée du côté nord (cratère), se trouvent des tufs et des scories répandus sur une grande étendue. Les tufs renferment des morceaux de grès et de schiste, et des fragments de stipes de palmiers. — Ces traces de tous les caractères essentiels d'un volcan, cratère, tuf, scories et débris de roches traversées, relient complétement les anciens volcans basaltiques aux volcans récents.

Les vrais volcans, même ceux qui sont encore en activité partielle, font voir que les volcans ne se sont point toujours formés pendant notre époque géologique. L'Etna a, il est vrai, traversé les couches tertiaires, mais on rencontre aussi dans les couches tertiaires de Catira, des fragments de scories volcaniques. La formation de cet immense cône appartient donc à la période actuelle, et la base de 200 mètres sur laquelle reposent ses pentes abruptes appartient de même à notre époque, puisque les tufs qu'on y rencontre renferment des dépouilles d'animaux et de végétaux encore aujourd'hui existants. Cependant les scories volcaniques renfermées dans les couches tertiaires de Catira, semblent prouver que déjà à l'époque tertiaire et à la place qu'occupe actuellement le volcan, il se trouvait une bouche d'éruption.

NOUVEAUX VOLCANS DES TEMPS HISTORIQUES.

Au début de la période géologique actuelle, les phénomènes volcaniques ont pris de suite une importance considérable dans l'histoire de l'évolution du globe terrestre, car beaucoup de nos véritables volcans se sont formés dans ces temps reculés. La plupart d'entre eux sont déjà éteints et quelques-uns seulement ont conservé leur activité jusqu'à nos jours.

Le volcanisme a cependant encore une telle vitalité, qu'il ne se sert point uniquement des voies depuis longtemps frayées mais qu'il se fait jour, de temps en temps, sur de nouveaux points du globe.

Il est vrai que les cas de nouveaux volcans formés depuis la période historique, ne sont pas des plus nombreux, mais il est certainement très-intéressant de voir se former sous nos yeux de hautes montagnes, montagnes que nous considérons habituellement comme un symbole de solidité et d'inaltérabilité et dont nous sommes habitués à placer l'origine aux débuts de l'évolution du globe. Quelle courte période cependant, que celle des temps historiques dans l'histoire de l'évolution de la terre! Nos connaissances des riches pays volcaniques situés dans le grand Océan, remontent à peine à 200 ans, et sur quelques points isolés à 300 ans au plus. Considéré à ce point de vue, le nombre des volcans qui se sont formés dans les temps historiques, paraît très-considérable et les changements produits dans le relief de la surface terrestre, ont certainement une importance très-grande.

Le Methana, situé sur la presqu'île grecque de même nom, est l'un des volcans les plus anciens qui se sont formés dans la période historique. Pausanias et Strabon décrivent en peu de mots, mais d'une manière précise, l'éruption qui s'est probablement produite vers l'an 375 avant notre ère. Le volcan n'eut que cette seule éruption qui forma d'un seul coup une montagne de 210 mètres de hauteur.

Le volcan Fusi-no-yama, actuellement la plus haute montagne du Japon (460 mètres), et qui est couverte de neiges éternelles, ne s'est formé, d'après les documents japonais, qu'en l'an 285 avant J.-C. Pendant sa première éruption, un district de 8 lieues de long sur 2 de large, s'abîma dans la province Oomi et fut remplacé par le lac Mitsummi.

Des récits chinois nous racontent l'histoire de la formation du volcan Tsin-mura ou Tanto, en 1007 après J.-C. Cette montagne se dressa sur une île très-rapprochée de la côte de la presqu'île de Corée.

L'éruption qui produisit le Monte-Nuovo, commença le 28 septembre 1538. La place où se fit l'éruption se trouve à proximité du rivage du port de Pouzzoles, à peine à une demi-lieue de la ville et dans le district des champs phlégréens qui, à l'exception de la faible activité de la solfatare, étaient depuis

longtemps éteints. Aussi l'éruption se fit-elle brusquement;
on ne pouvait pas soupçonner non plus qu'elle se ferait à une
place qui auparavant n'avait jamais présenté la moindre activité volcanique. Au début de l'éruption, tout le voisinage
était rempli de fumée et de cendres, mais au bout de deux
jours, on aperçut la montagne à la place qu'occupait auparavant le village de Trepergole (fig. 22).

Après un court repos, il y eut une nouvelle éruption, dont
les produits s'étendirent au loin sur le territoire de Naples. Le

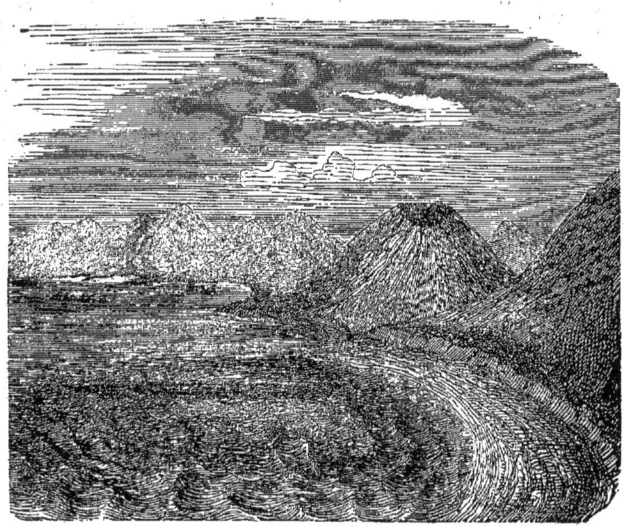

Fig. 22. — Monte Nuovo.

volcan resta en activité jusque vers la fin du siècle, mais il est
éteint depuis ce temps. Cet événement ne produisit pas seulement le Monte-Nuovo; il changea aussi considérablement
l'aspect de toute la contrée, remplit en partie le golfe, détruisit
une foule d'édifices datant de l'époque romaine et combla en
partie le lac Lucrin ou d'Averne, autrefois si renommé.

Peu de temps après la découverte de l'archipel situé à l'est
de l'Asie, il y eut, à différentes reprises, formation de nouveaux
volcans. En 1646, un volcan fit sa première éruption dans
l'île de Machian. Cette montagne nouvelle ne resta que peu
de temps en activité; elle eut cependant une nouvelle éruption
qui la transforma complétement, 216 années après (le 26 décembre 1862). Non loin de là se trouve l'île de Golloi où eut

lieu, en 1673, une éruption qui donna naissance au volcan Gamanacore. — Le volcan Kemas, situé dans la presqu'île nord
des Célèbes et dans le district Menado, doit de même son origine à une éruption arrivée en 1694.

Sur le continent asiatique, au voisinage des sources de l'A-
mour et près d'un affluent de ce fleuve, se trouvent les volcans
d'Yung Holdongi. Au milieu de ce district volcanique, qui paraît
ressembler beaucoup aux Champs phlégréens, il se produisit,
en 1721 et en 1722, deux éruptions en deux endroits nouveaux,
qui n'étaient distants l'un de l'autre que d'environ 4 kilomètres.
La première de ces éruptions dura près d'une année, l'autre au
contraire ne dura qu'un mois : mais le résultat de ces éruptions fut la création de deux nouveaux cônes volcaniques hauts
chacun d'environ 270 mètres.

Le volcan de Xorullo, au Mexique, est devenu le plus célèbre des volcans modernes, car il fut le premier exemple véri-
dique, jusqu'alors connu, de la formation d'une montagne nouvelle. Cet événement éveilla d'autant plus l'intérêt universel
qu'il avait eu pour théâtre une contrée bien cultivée auparavant.

Après des tremblements de terre qui avaient duré pendant
plusieurs mois, l'éruption se fit inopinément le 28 septembre
1759 : il y eut d'abord une pluie de cendres sans que l'on
fût averti par les phénomènes habituels qui accompagnent les
éruptions. Le lendemain, la ferme de San-Pedro de Xorullo,
qui se trouvait au voisinage de la bouche éruptive, était déjà
détruite et, comme les habitants se sauvèrent, le récit des
phénomènes ultérieurs a été considérablement embelli par
l'imagination. Mais il est certain qu'une vaste plaine fut couverte d'une puissante couche de laves et qu'il se forma un
groupe de cônes éruptifs dont le plus haut a 480 mètres de
hauteur, et dont le cratère se trouve par conséquent à plus de
1300 mètres au-dessus du niveau de la mer. L'activité de ce
cône, qui se continua pendant plusieurs années, est maintenant
complétement éteinte.

Le Mexique et l'Amérique centrale ont fourni les volcans
les plus nombreux et les plus récents.

A peine onze ans après l'éruption du Xorullo, en février 1770,
un nouveau volcan, l'Isalco, se produisit, à 60 kilomètres au nord
de la ville de San Salvador et près de la côte ouest de l'Amérique centrale. C'était autrefois un pays de plaine, dominé aujourd'hui par le volcan. Celui-ci n'a jamais interrompu son activité et il rejette constamment des scories après de très-courtes
pauses. Quelquefois il produit de violentes éruptions comme

cela a eu lieu en 1803, 1856, 1869 et 1873. En 1825, la montagne avait déjà atteint une hauteur de 500 mètres au-dessus de la plaine primitive, et depuis ce temps. elle s'est encore considérablement rehaussée.

Un nouveau volcan se forma aussi en 1856 sur la montagne de San-Ana, près de Tuitan, au Mexique. Des récits inexacts ne nous permettent cependant pas d'affirmer que ce volcan s'est véritablement formé dans une contrée non volcanique : il se pourrait que la montagne de San-Ana fût un volcan éteint et resté inconnu ; dans ce cas la nouvelle montagne devrait être considérée comme le cône éruptif nouveau d'un volcan qu'on croyait éteint.

Une courte éruption qui se produisit, le 14 novembre 1872, à peu de distance de Léon, dans le Nicaragua, donna naissance à une nouvelle montagne qui n'a point été mesurée jusqu'ici.

C'est aussi au Mexique, dans la province d'Oajaca et non loin des bords du grand Océan, que le volcan Pochutta eut en 1870 sa première éruption.

ILES RÉCEMMENT FORMÉES.

Le nombre des îles formées depuis les temps historiques est encore plus grand que celui des volcans, ce qui est une nouvelle preuve manifeste de la relation qui existe entre la mer et les phénomènes volcaniques, relation déjà démontrée par la position de la plupart des volcans et par un grand nombre d'autres circonstances. C'est pour le même motif que nous réunissons en un même groupe les îles volcaniques, car elles ne sont en réalité que des volcans dont les éruptions se sont faites sous la mer et dont les produits se sont accumulés de façon à former des montagnes assez élevées pour que leur cime apparût au-dessus de la surface de la mer, sous forme d'île. Les flots ont immédiatement commencé la lutte avec le nouvel intrus et lorsque celui-ci n'était pas assez solidement construit, il devait bientôt succomber dans la lutte, et l'île nouvellement formée disparaissait peu à peu. La plupart des îles ont ainsi disparu sans que nous ayons eu connaissance de leur existence, et un petit nombre seulement ont persisté et ont eu une influence durable sur le développement du relief terrestre.

Le groupe des îles Lipari, dans la mer Méditerranée, se compose de onze îles, dont probablement plusieurs ne se sont

développées que depuis les temps historiques. Nous n'avons
cependant de certitude à ce sujet que pour la petite île de Volcanello qui s'est formée vers l'an 200 après J.-C. Cette île est
maintenant rattachée à l'île plus grande de Volcano par une
étroite langue de terre et paraît être restée en état d'activité
jusqu'au XVIᵉ siècle.

L'île de Santorin est non-seulement la plus importante de
toutes les îles volcaniques d'Europe, mais elle est aussi la plus
remarquable pour l'histoire du développement des volcans en
général. Cette île entre de temps en temps en éruption, après

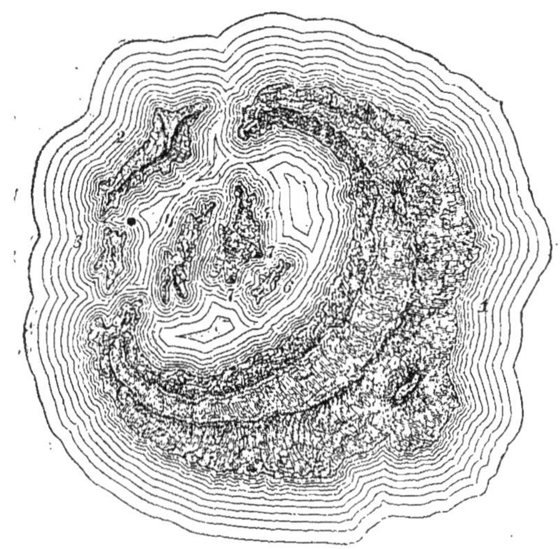

Fig. 23. — Groupe des îles de Santorin. — 1. Santorin. 2. Therasia. 3. Appronisi. 4. Palœokaimeni. 5. Neakaimeni. 6. Mikrakaimeni. 7. Eruption de 1866-1870

des intervalles assez longs de repos, et ces éruptions donnent
fréquemment naissance à de nouvelles îles, de sorte qu'il s'est
formé peu à peu tout un groupe d'îles dans cette région.

Santorin, la principale du groupe, existait déjà pendant la
période tertiaire sous la forme d'une petite île formée de calcaire et de phyllite. Plus tard, des éruptions sous-marines
se firent dans son voisinage, la couvrirent de leurs produits
et l'agrandirent considérablement. A cette époque, Santorin
présentait la forme d'un rebord de cratère circulaire. Pendant l'âge de pierre ce rebord fut en partie détruit par une
formidable éruption, de sorte que la mer se fraya deux passages et remplit l'intérieur du cratère. On a retrouvé récem-

ment des objets appartenant à l'âge de pierre et qui avaient été enfouis sous les produits de l'éruption.

A partir de ce moment, Santorin se composait seulement de la moitié semi-lunaire de l'ancien rebord cratérique; mais du côté que la mer avait envahi, on trouvait encore deux débris de l'ancien cratère qui forment les îles Therasia et Appronisi.

C'est sous cet aspect que Santorin atteignit le début de la période historique. La première éruption dont on a conservé le souvenir se fit en 198 av. J.-C. et donna naissance, à l'intérieur de l'anse entourée par Santorin, à l'île nouvelle de Palœokaimeni, qui n'est autre chose qu'un cône éruptif situé au milieu de l'ancien cratère. Cette île s'élève à 103 mètres au-dessus de la mer.

Dix-neuf ans après J.-C. il y eut une nouvelle éruption, mais latérale ; elle donna naissance à l'île de Thia dont on ne reconnaît plus l'emplacement si ce n'est par une moindre profondeur de la mer.

Après un temps assez long (726) l'activité volcanique se réveilla à l'est de Palœokaimeni et agrandit cette île par la formation d'un petit cap.

En 1573, un nouveau cône éruptif se forma dans l'ancien cratère et constitua l'île de Mikrakaimeni. Cette île s'élève à 75 mètres du côté du sud où se trouve un cratère très-profond.

L'une des plus grandes éruptions de Santorin se fit en 1650, en dehors du grand cratère. et n'eut point d'influence sur l'agrandissement de ce groupe d'îles. Mais l'éruption qui suivit (en 1707) donna naissance à l'île Mikrakaimeni, troisième grand cône éruptif situé dans l'ancien cratère. Cette éruption dura cinq ans (jusqu'en 1712), et pendant ce temps, l'île s'éleva à 112 mètres au-dessus du niveau de la mer. La cîme de l'île présente un large cratère plan.

La dernière éruption eut lieu en 1866 et se fit d'abord en un point où surgit un nouveau cône, le Georgios Ier; plus tard, en d'autres endroits, tous situés dans l'intérieur de l'ancien cratère, où s'élevèrent peu à peu les îles de Mai. L'éruption, qui dura jusqu'en 1870, fournit tant de produits que les îles nouvelles s'agrandirent de plus en plus et finirent par se souder aux îles déjà existantes sous forme de caps ou de langues de terre.

Un volcan sous-marin, situé dans le groupe des Açores, a eu plusieurs éruptions depuis les temps historiques et a produit plusieurs îles qui n'ont eu que peu de durée. En

1838 déjà, il apparut une nouvelle île, près de San-Miguel; elle
disparut aussi rapidement qu'une autre, formée en 1720, qui
avait cependant 128 mètres de hauteur. Tout près de là, mais
un peu plus à proximité de San-Jorge, apparut, en 1757, un
groupe de dix-huit petites îles dont il ne reste plus de traces
actuellement. En 1811, le même volcan essaya de produire une
nouvelle île, près de San-Miguel. Cette île mesurait 1610 mètres de pourtour et avait 100 mètres de haut; on lui donna
le nom de Sabrina, mais elle aussi fut détruite par la mer au

Fig. 24. — Cratère de l'île Ferdinandea.

bout de quelques mois. La dernière éruption qui se fit dans ces
parages eut lieu en 1867.

Près du cap Reykjanes, en Islande, se trouve un passage
maritime connu par des essais répétés de formation d'îles. La
première éruption historique eut lieu en 1210. Bientôt après,
en 1240, une seconde éruption donna naissance à plusieurs îles,
et en 1783 le même phénomène se manifesta par l'apparition
d'une grande île, dont les Danois prirent possession et à laquelle ils donnèrent le nom de Nyoe, mais elle ne dura pas plus
longtemps que les autres.

L'île Joanna Bogoslewa, au voisinage d'Ulak, dans les îles
Aléoutiennes, doit sa naissance à une éruption moderne. Au
mois de mai 1786 une éruption sous-marine considérable se fit
à la place occupée aujourd'hui par l'île; cette éruption fut

remarquable par la grande quantité de scories incandescentes
qui furent rejetées. L'île formée par ces scories s'agrandit continuellement en hauteur et en surface, et elle présentait déjà en
1819, 30 kilomètres de côtes et une altitude de 700 mètres. La
mer en a depuis détruit une partie, de sorte qu'elle n'a plus
actuellement l'étendue d'autrefois ; mais le restant paraît être
assuré contre une destruction ultérieure, par de grandes masses
de lave qui s'y sont épanchées. Ce nouveau volcan resta dans
un état d'activité très-vive jusqu'en 1823 ; depuis ce temps
il ne forme plus qu'une solfatare émettant des vapeurs considérables.

Entre Valparaiso et l'île Juan Fernandez, il y eut en 1836 une
éruption sous-marine qui donna naissance à trois îles, mais
deux d'entre elles furent bientôt détruites.

Une autre île, sur laquelle nous ne possédons cependant pas
de détails, se forma, en 1825, sous 3° 14' de latitude sud, et
178° 56 de longitude est, de Greenwich.

L'éruption sous-marine qui donna naissance à l'île Ferdinandea, dans la Méditerranée, produisit une grande sensation
en 1831. Elle commença au mois de juillet, et dès le 20 on
aperçut l'île. Celle-ci s'agrandit considérablement, mais il ne
se fit point d'épanchement de laves et l'éruption se borna à
l'expulsion de laves et de cendres. Il n'est donc point étonnant
que cette île ait été détruite par l'influence des eaux de la
mer. Une autre île formée à la même place, en 1863, eut une
durée encore plus courte, et son apparition ne servit qu'à constater la permanence de l'activité du volcan sous-marin.

Les dernières formations d'îles dont nous ayons eu connaissance arrivèrent en 1843, près de la côte d'Arracon, le 21 octobre 1853, sous 24° de latitude nord et 121° 50' longitude est ;
enfin en 1856, dans le groupe des Babujanes, au nord des Philippines. L'île formée dans ce dernier groupe a reçu le nom de
Didica, et avait, en 1860, une hauteur de 230 mètres environ.

THÉORIE DES VOLCANS

Les volcans, comme tous les phénomènes naturels qui se
présentent à l'homme avec une imposante beauté et en même
temps avec une puissance invincible, ont agi puissamment et
de bonne heure sur l'imagination de l'homme. C'est pour ce
motif que l'antiquité les introduisit dans le cercle des traditions
mythologiques. On contemplait avec une crainte religieuse, et le

plus souvent à une distance respectueuse, les phénomènes qui se passaient à la cime de l'Etna, le seul volcan actif que l'on connût alors, et dont le cratère semblait être la porte d'entrée du monde souterrain. C'est, en effet, une conception très-ingénieuse que celle d'Hephaestos (Vulcain) établissant son atelier dans la montagne et faisant jaillir de sa forge de brillantes étincelles lorsqu'il travaillait aux foudres de Jupiter.

En géologie même on n'a pas pu, pendant longtemps, s'arracher aux impressions de l'imagination, et l'explication des volcans n'a fait que suivre les variations des systèmes scientifiques sans s'appuyer sur la recherche de faits certains.

L'école géologique la plus ancienne, celle de A. Werner, considéra l'activité des volcans comme la conséquence d'un incendie grandiose, soit de bancs de houille, soit d'autres substances combustibles souterraines, incendie qui, dans des circonstances favorables, pouvait augmenter et consumer lentement les provisions accumulées sous terre.

Cette explication simple ne pouvait évidemment convenir qu'à des géologues qui n'avaient jamais éprouvé les impressions puissantes que produit une éruption vue de près et qui ne connaissaient les volcans actifs que par ouï-dire. Aussi, les volcans ne leur paraissaient point constituer une des conditions essentielles du développement de la terre, et ils les considéraient comme des phénomènes naturels qui ne demandaient qu'une explication superficielle.

Les volcans acquirent une toute autre signification dans le système géologique du « Plutonisme ». On reconnut leur importance et on leur réserva une place distincte dans ce système.

On partait de l'état primitif et de l'état de fusion incandescente du globe et l'on considérait surtout l'état de sa surface soumise à un refroidissement et à une solidification progressifs. La masse fluide centrale entourée d'une écorce solide se soulevait de temps en temps, d'après cette hypothèse, élevait l'écorce solide, et en redressait les couches jusqu'à ce qu'une fente gigantesque se formât et livrât passage à la matière. Les masses ignées s'échappaient en grande quantité et s'élevaient à de grandes hauteurs au-dessus de la terre.

Ces masses fluides, que le refroidissement changeait en roches, produisaient, par leur entassement, d'immenses chaînes de montagnes présentant plusieurs lieues de longueur et dont les cimes s'élevaient à des hauteurs de plusieurs milliers de mètres.

Les idées sur la cause qui produit les éruptions de matière

fluide à travers l'écorce solide du globe, ont beaucoup varié ; cependant, celle qui paraît avoir eu le plus de partisans consistait à considérer le refroidissement continuel de la terre comme cause de l'ascension de la matière fluide contenue dans son intérieur. D'après cette hypothèse, de nouvelles couches solidifiées se déposaient à la face interne de l'écorce déjà solide et rétrécissaient ainsi de plus en plus l'espace contenant les masses incandescentes et fluidifiées. Plus ces masses étaient étroitement comprimées, plus la résistance et la pression qu'elles exerçaient sur la couverture qui les enveloppait devenait forte ; celle-ci était finalement obligée de céder et l'éruption avait lieu.

Ces idées étant admises, on devait admettre aussi une période postérieure pendant laquelle l'épaisseur considérable de l'écorce terrestre consolidée ne permettrait plus ces épanchements considérables, et où les matières fluidifiées ne pourraient plus passer qu'avec peine, et en petite quantité, à travers les canaux étroits et profonds qui s'étaient formés dans les couches solides. Plus la résistance que les masses fluidifiées rencontraient dans ce parcours était grande et plus l'éruption devenait violente. Cette période constituerait la période des éruptions volcaniques et celles-ci ne seraient que les successeurs des éruptions considérables et puissantes qui ont eu lieu dans la période précédente.

On a admis[1], dans ces derniers temps, une hypothèse qui se rattache étroitement à la théorie que nous venons d'exposer, mais qui répond mieux aux connaissances actuelles. D'après cette hypothèse il existerait entre le centre solidifié de la terre et l'écorce solidifiée aussi, une couche intermédiaire de roches imprégnées d'eau et qui se trouveraient dans un état de fusion aqueuse. Ces masses, renfermées dans des réservoirs isolés ou formant une couche continue, donneraient naissance aux laves.

Toutes ces explications n'ont pas été, comme on le voit, provoquées par des recherches scientifiques exactes, mais sont le résultat de combinaisons spéculatives. Si nous n'admettons, pour expliquer les volcans, que les résultats positifs acquis par les recherches scientifiques et que nous avons décrits plus haut, il faut avouer que la cause réelle des éruptions volcaniques nous est encore complétement inconnue. Nous ne connaissons pas encore la profondeur à laquelle les foyers volcaniques sont

____

1. Hopkins, Stervy Hunt, Poulet Scroup, etc.

situés sous l'écorce terrestre ; nous ignorons aussi quelle est la température qui entretient à l'état de fusion les masses incandescentes qui s'y trouvent. Nous ne pouvons pas savoir si cette température est la température propre à l'intérieur de la terre ou si elle est produite par les réactions chimiques qui s'y produisent. La géologie ne possède pas même un moyen pouvant nous aider à nous procurer un éclaircissement à ce sujet, et si jamais cette question est résolue, c'est à la physique que nous devrons ce progrès.

Quoique le plus grand des problèmes concernant les volcans soit encore à résoudre, nous avons cependant acquis des résultats si importants dans ces dernières années et depuis que les recherches microscopiques et chimiques ont été appliquées à ces questions, que ces résultats doivent nous encourager à ne poursuivre les progrès de nos connaissances que par la voie des recherches scientifiques exactes.

Les résultats des recherches géologiques ne remontent actuellement que jusqu'à l'origine des éruptions. Il n'est cependant pas douteux que la cause des éruptions est due à la lutte qui s'établit entre les vapeurs contenues dans le foyer volcanique et les masses de lave qui leur barrent le passage.

La lave en fusion peut absorber et fixer une grande proportion de vapeurs, tant que la pression et la température auxquelles elle est soumise, ne sont point modifiées. Lorsque la proportion de vapeurs est trop forte pour être absorbée, ou lorsque la pression diminue, de manière à mettre en liberté une certaine portion de ces vapeurs, elles cherchent une issue pour s'élever au-dessus de la surface terrestre.

La lave et les vapeurs qui l'accompagnent sont à une haute température, qui ordinairement atteint plusieurs centaines de degrés, mais qui peut s'élever à plusieurs milliers. Plus la température des vapeurs s'élève, plus la force d'expansion avec laquelle elles cherchent à s'échapper devient considérable. C'est un fait que les machines à vapeur nous permettent de vérifier journellement.

Lorsque l'on considère la masse de vapeurs qui s'est accumulée dans un volcan en éruption et la température à laquelle se trouvent ces vapeurs, on peut se faire une idée de la force prodigieuse avec laquelle elles cherchent à soulever et à briser la lave. La force explosive, grâce à laquelle ces vapeurs parviennent à vaincre l'obstacle qui leur est opposé, devient d'autant plus grande que la résistance est plus forte.

Les obstacles les plus considérables s'opposent, au début

d'une éruption, au départ des vapeurs; ce sont d'abord : la lave liquide qui se trouve dans l'intérieur du foyer, puis les laves anciennes et solidifiées qui bouchent la cheminée volcanique. Le commencement de l'éruption est donc ordinairement accompagné d'une série d'explosions des plus violentes.

Tout le cours subséquent de l'éruption consiste en une série d'explosions plus ou moins fortes produites par des obstacles momentanés et plus ou moins considérables, opposés à la sortie des vapeurs.

Lorsque l'explosion qui détermine l'éruption a débarrassé la cheminée, les explosions suivantes atteignent rarement la violence de la première; elles montrent cependant une grande intensité tant que dure l'expulsion des cendres et des scories.

Dès que la lave s'épanche en un point quelconque du volcan, les explosions perdent de leur force. Grâce à cet écoulement, l'intérieur de la montagne devient plus spacieux et les canaux qui mènent au foyer volcanique deviennent plus libres de sorte que les vapeurs peuvent s'élever plus facilement. Quelquefois le cratère de la cime expulse, à ce moment de l'éruption, des nuages denses de vapeurs sans phénomènes bien remarquables ni bien violents, tandis que la lave s'épanche tout aussi tranquillement, à la base de la montagne.

Lorsque la plus grande partie de la lave s'est échappée du foyer, le volcan peut passer au simple état de solfatare et l'éruption est terminée.

Lorsque les éruptions durent longtemps la lave peut perdre graduellement la température qu'elle possédait au début et se préparer à la solidification. Dans ce cas elle devient déjà épaisse pendant sa montée, et, se solidifiant en partie, elle bouche de nouveau les canaux par où sortaient les vapeurs. Alors le calme s'établit jusqu'à ce que les vapeurs incluses se soient rassemblées en assez grande quantité pour commencer une seconde phase d'éruption par de nouvelles explosions.

Quoique des masses immenses de vapeurs traversent la lave en la brisant, quoique le cratère lui-même et des milliers de fumeroles leur donnent issue, cependant la lave épanchée en contient encore des proportions très-notables. La lave emprisonnée d'abord devient subitement libre à sa source et une partie des vapeurs qu'elle avait absorbées sous une haute pression s'en sépare rapidement. Des nuages épais de vapeurs couvrent le torrent sur toute sa longueur tant qu'il est incandescent. Lorsqu'une écorce solide s'est formée par le refroidissement de la surface, les vapeurs se concentrent en certains points d'où elles s'échappent en jets denses ou en fumeroles.

La force des jets de fumeroles est quelquefois si grande que le spectacle d'une petite éruption volcanique se répète sur le courant de lave. La lutte entre les vapeurs qui s'échappent et les laves tenaces en train de se solidifier, se renouvelle ; des scories sont arrachées, projetées en l'air et se rassemblent, en retombant à la surface du courant, en cônes, au sommet desquels un petit cratère continue son activité pendant quelque temps. Les phénomènes qui suscitent les éruptions dans l'intérieur de la montagne, se montrent dans ces cas tout à fait à découvert.

La variabilité des phénomènes dans les différentes éruptions volcaniques peut être ramenée à un petit nombre de conditions essentielles, qui sont : 1° température variable dans le foyer volcanique ; 2° proportions diverses dans le mélange de laves et de vapeurs ; 3° composition chimique variable des laves, de laquelle dépendent leur fusibilité et leur ténacité ; 4° hauteurs diverses de la montagne volcanique ou profondeurs diverses du foyer volcanique au-dessous de la surface terrestre.

Des réactions chimiques variées accompagnent toujours l'éruption ainsi que tous les phénomènes particuliers auxquels elle donne naissance. Ces réactions prennent part à l'éruption avec des énergies différentes, et par leurs effets et par les diverses substances qui sont en jeu, elles ont une influence considérable sur la constitution des produits volcaniques. Elles doivent elles-mêmes leur diversité presque uniquement à la température plus ou moins élevée qui règne pendant l'éruption, puisque les substances nécessaires à ces réactions existent presque toujours dans le foyer.

Il ne peut donc rester aucun doute sur la cause des éruptions : c'est la lutte entre les vapeurs enfermées dans le foyer volcanique et les masses de laves en fusion qui y sont contenues.

Lorsqu'un obstacle s'oppose à l'accès de l'eau dans le foyer volcanique, une période de repos complet peut commencer, bien qu'il soit possible que l'action volcanique se développe sans entrave dans l'intérieur, jusqu'à ce qu'une nouvelle arrivée d'eau produise de nouvelles vapeurs et régénère l'activité.

Lorsqu'au contraire un volcan passe de la période éruptive à celle d'activité solfatarique, la formation de vapeurs continue mais les canaux restent ouverts et les vapeurs formées ne sont pas entravées dans leur ascension par de grandes masses de lave. Il peut se faire aussi que l'activité volcanique ait déjà cessé, et que l'eau qui arrive dans le foyer soit vaporisée par la chaleur restante.

Dans ce cas, l'activité solfatarique continue jusqu'à ce que la chaleur accumulée dans le foyer soit épuisée, et alors la montagne revêt tous les caractères d'un volcan éteint.

L'origine des vapeurs qui jouent un si grand rôle dans l'activité volcanique n'est pas non plus inconnue. *C'est la mer qui fournit principalement, au foyer volcanique, la quantité d'eau nécessaire à la formation des vapeurs.*

L'eau et les vapeurs volcaniques renferment toutes les substances, même les plus rares, qui distinguent l'eau de mer de l'eau douce et pure. Les sels variés que l'on trouve dans la mer s'élèvent, sous forme de vapeurs, dans les fumeroles et se subliment abondamment aux environs de la bouche éruptive, ou bien se rencontrent en dissolution dans l'eau des torrents de boue et des sources chaudes qui naissent sur le volcan; ils se trouvent même en fusion et mélangés à la lave. En un mot on rencontre ces sels partout où il y a une activité volcanique considérable, et plus cette énergie est grande, plus on peut retrouver facilement parmi les produits volcaniques, les substances les plus rares et les plus insignifiantes de l'eau de mer.

La proportion des diverses matières salines de la mer se trouve même conservée dans les produits volcaniques. Les sels les plus rapprochés du sel marin (c'est-à-dire les chlorures) sont le plus richement représentés dans l'eau marine et dans les produits volcaniques; puis viennent les sulfates (sulfate de magnésie, sulfate de soude, etc.), et enfin des traces de sels plus rares (phosphates, etc.), et enfin les substances métalliques (cuivre, plomb, thallium, etc.). Les substances organiques que contient l'eau de la mer ne disparaissent pas même complétement dans les produits volcaniques quoiqu'elles soient détruites facilement par une température élevée et par l'incandescence de la lave. Il est vrai que ce n'est que dans des circonstances très-favorables que l'on rencontre des hydrocarbures ou d'autres produits de décompositions organiques, parmi les gaz. Il est probable, sinon entièrement certain, que les grandes quantités de sel ammoniac, qui prédominent dans les sublimations volcaniques et dont l'origine n'a pu être expliquée jusqu'ici, sont dues à la présence de ces matières organiques.

Les sels de la mer ne se retrouvent qu'en partie inaltérés parmi les produits volcaniques. Sous l'influence d'une haute température, ces sels donnent naissance à des réactions chimiques compliquées et nombreuses dont nous avons déjà parlé et qui se produisent dans toute éruption volcanique. Ils se décomposent mutuellement et groupent leurs éléments d'une façon différente de sorte qu'il se forme un grand nombre de sels et de gaz nouveaux. Les plus importants des gaz de fumeroles, dont nous avons déjà parlé à différentes reprises (acide chlorhydrique, hydrogène sulfuré, acide sulfureux, etc.), sont le résultat de la décomposition des sels contenus dans l'eau de la mer.

Ces sels exercent aussi une action marquée sur la composition de la lave. Sous leur influence, la lave en fusion perd continuellement certains éléments et par contre en gagne d'autres, de façon que sa constitution chimique est plus ou moins altérée, ce qui se réconnaît à la formation de minéraux différents pendant le refroidissement.

Nous ne pouvons pas nous attendre à rencontrer en même temps tous les sels contenus dans l'eau de mer, pendant une même éruption. Les uns sont plus facilement décomposés que les autres, ou ont besoin d'une température plus élevée pour se vaporiser ou devenir gazeux; c'est donc de l'activité volcanique que dépend la présence de tous les sels ou la participation de quelques-uns d'entre eux seulement aux réactions chimiques produites.

Comme les conditions variées dont dépendent les réactions chimiques qui se produisent pendant l'activité volcanique, se modifient, non-seulement dans des éruptions différentes mais même dans le cours d'une seule et même éruption, il en résulte que les réactions deviennent si compliquées et si variées qu'il n'est point du tout étonnant qu'on n'ait pas, pendant longtemps, trouvé le fil qui devait mener à la solution du problème. Actuellement la plupart de ces réactions chimiques, au moins les plus importantes et les plus générales, peuvent être suivies dans tout leur développement.

La participation de l'eau de mer à l'activité volcanique est suffisamment prouvée par la présence de tous les sels marins dans les produits volcaniques, et par la connaissance des réactions chimiques qui en résultent. Les sels et les corps qui en sont le produit sont des compagnons aussi inséparables de l'activité volcanique que les vapeurs qui sont expulsées pendant cette activité, car sels et vapeurs proviennent de la même source inépuisable, la mer, et sont fournis par elle au foyer volcanique.

Ces réactions nous donnent aussi la solution d'une question dont nous avons parlé à diverses reprises, celle de la dépendance des volcans actifs du voisinage de la mer. Les volcans actifs sont presque exclusivement situés sur les rivages immédiats de la mer, la plupart même dans des îles, au milieu de l'Océan. Sur 139 volcans qui ont eu des éruptions depuis le milieu du siecle passé, 98 sont des volcans insulaires et les autres sont presque tous situés tout près des côtes. La plupart des volcans apparus depuis les temps historiques, doivent leur existence à des éruptions sous-marines. Les volcans qui présentent l'activité la plus énergique sont indubitablement ceux qui par leur position insulaire ou par leur situation près des côtes sont immédiatement baignés par la mer, tandis que les volcans situés à l'intérieur des terres sont ou éteints ou sur le point de s'éteindre. Nous ne prétendons cependant pas que de grands amas d'eau douce ne puissent pas exciter l'activité volcanique. On prétend avoir observé, dans l'Amérique méridionale, que les volcans situés près de la côte produisent seuls de l'acide chlorhydrique, provenant évidemment des sels de la mer, et que cet acide manque au contraire complétement dans les volcans situés plus à l'est des Andes.

C'est le foyer invisible et situé dans les profondeurs de la terre qui constitue le véritable volcan. Il produit en un endroit favorable, avec les scories, les cendres et la lave, un monument visible et durable de son activité, une montagne volcanique. Plus le temps d'activité d'un volcan a été long, plus ses éruptions étaient fortes, et plus aussi les diverses couches de produits s'accumulent les unes sur les autres; c'est pourquoi la hauteur d'une montagne volcanique nous indique la plus ou moins grande énergie du volcan.

On prend habituellement la montagne volcanique pour le volcan lui-même, quoiqu'elle n'en soit que le produit et qu'elle n'ait d'influence que sur l'intensité de l'activité volcanique. La montagne n'est qu'un lieu de passage pour la lave. Un canal s'étend depuis le foyer et à travers la masse solide de la terre, jusqu'à une grande cavité autour de laquelle la montagne s'est accumulée.

Cette cavité se forme et s'agrandit parce que la lave en fusion fond elle-même, en montant, les anciens produits avec lesquels elle se trouve en contact, et les entraîne avec elle au dehors.

La lave s'accumule périodiquement dans la cavité jusqu'à ce que les vapeurs parviennent à la soulever jusqu'au cratère du sommet, ou bien que par son poids elle réussisse à briser les parois de la montagne et s'échappe sous forme de coulée.

La structure d'une montagne volcanique consistant en des couches alternatives de tuf, de scories et de lave, est un fait prouvé. Nous faisons cependant un pas dans le domaine des hypothèses, en admettant l'existence, dans l'intérieur de la montagne, d'un grand espace que celle-ci entoure d'une espèce de couverture conique (fig. 25). Cependant cette hypothèse explique un grand nombre de faits difficiles à comprendre autrement, et s'appuie sur des analogies d'une grande valeur.

Les grands bassins cratériques des anciens volcans et les

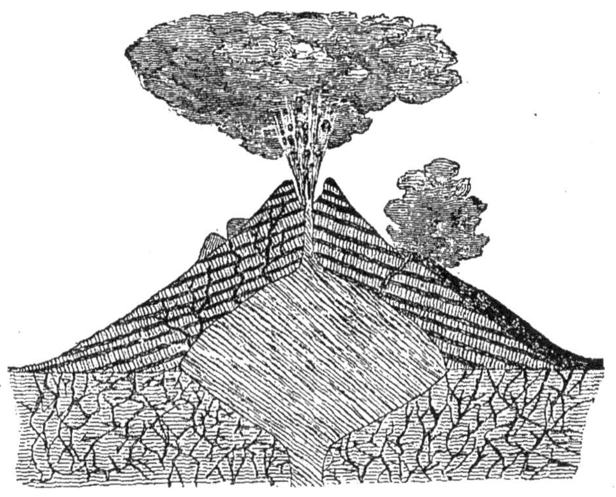

Fig. 25. — Coupe idéale à travers un volcan.

cônes abruptes composés de lave massive, peuvent être expliqués facilement par l'existence de ce grand espace rempli de laves.

Lorsque dans une éruption la masse de lave existante est complétement rejetée du volcan par l'action des vapeurs, ou qu'elle a trouvé un écoulement plus facile dans une autre direction, la montagne volcanique n'enveloppe plus qu'un grand espace vide au-dessous d'un cratère superficiellement recouvert. Il peut alors arriver facilement que les couches meubles et non étayées de la montagne s'écroulent et transforment le cratère en un énorme bassin. Les grands cratères circulaires se sont peut-être formés de cette manière (fig. 26).

Un volcan de cette espèce peut être réellement éteint lorsque la lave prend une autre direction; mais il peut aussi retourner à l'état d'activité, après un temps très-long, lorsque la lave rentre dans la voie abandonnée. Alors une nouvelle période commence et il se produit dans le grand cratère effondré un nouveau cône, qui paraît être le véritable siége de l'éruption. Des accidents de ce genre se sont produits sur le Vésuve et sur un grand nombre d'autres volcans importants.

Mais des résultats différents peuvent se produire lorsque le volcan s'éteint graduellement. Lorsque la lave n'est point épuisée, mais que les vapeurs n'ont plus assez de tension pour l'élever jusqu'au cratère, ou bien lorsqu'elle est en quantité suffisante pour remplir l'espace vide intérieur, il se formera par le refroidissement de cette lave un noyau solide à l'intérieur de l'enveloppe stratifiée de la montagne.

Les volcans de cette catégorie sont ordinairement éteints et le canal éruptif est fermé pour toujours. Les couches meubles de la montagne se détruisent facilement et lorsqu'elles sont décomposées et détruites par le temps ou enlevées par l'action érosive des eaux, le noyau interne plus résistant finit par être mis à nu. Ce noyau a la forme d'un cône ou d'un dôme et est parfois encore recouvert sur ses bords par des restes de couches de tuf ou de scories (fig. 27).

Ces faits relient les vieux basaltes et les trachytes aux véritables volcans. Les volcans actifs pendant la période tertiaire, mais qui se sont éteints avant la période actuelle, ont été soumis, pendant un temps si long, aux influences destructives de l'atmosphère et des eaux, que ceux d'entre eux qui n'étaient formés que de couches incohérentes sont déjà complètement détruits, tandis que les autres montrent encore leur noyau solide et massif recouvert, çà et là, d'une faible couche de tuf ou de scories. C'est pour ces raisons que les basaltes et les trachytes paraissent ordinairement sous la forme de dômes ou de cônes massifs, quoiqu'ils ne soient que le produit des plus anciens volcans tertiaires.

Une reproduction artificielle de ces phénomènes ajouterait une grande force à la démonstration tirée de ces explications. Mais la lave et les roches analogues ne peuvent plus être remises artificiellement dans l'état où elles se trouvaient dans l'intérieur du volcan, car nous ne pouvons pas produire une température assez élevée ni une pression assez forte. Mais nos explications trouvent cependant un appui d'une grande valeur dans les phénomènes analogues que présente le soufre. Le soufre est en effet une substance qui peut être amenée, par des moyens dont disposent les chimistes, à un état de fusion aqueuse analogue à celui dans lequel se trouve la lave dans le volcan.

Le soufre que l'on retire des résidus de la fabrication de la soude, est fondu, pour sa purification, dans un appareil à vapeur et sous une haute pression. Lorsqu'on le laisse écouler dans de grands vases en bois pour le refroidir, il est dans un

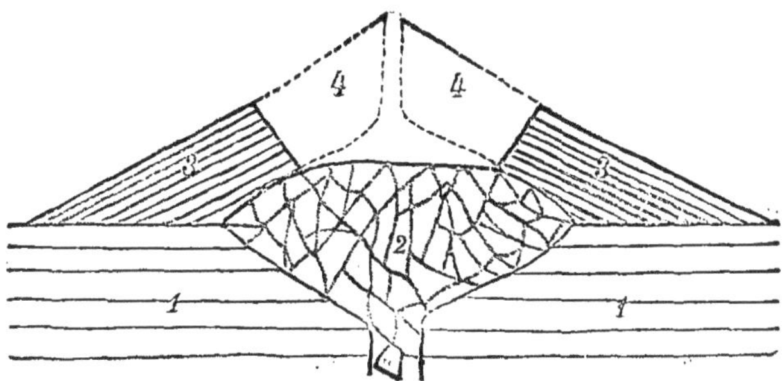

Fig. 26. — Coupe à travers un cratère en cirque. — 1. Roches fondamentales. 2. Lave. 3. Montagne volcanique. 4. Sommet détruit par éboulement.

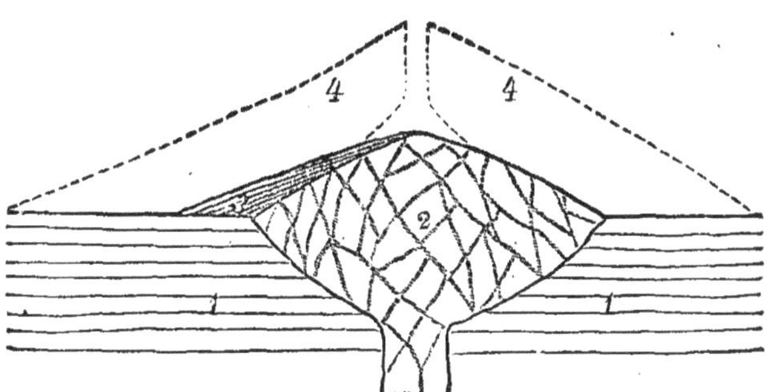

Fig. 27. — Coupe à travers un cône basaltique ou de lave. — 1. Roches fondamentales. 2. Lave 3. Tuf, scories et débris de la montagne. 4. Forme de la montagne volcanique avant la destruction.

état de fusion aqueuse analogue à celui de la lave. Immédiatement après son écoulement il se forme à sa surface, par le refroidissement, une croûte solide percée, par-ci par-là, de trous béants et à travers lesquels on peut voir bouillonner le soufre qui se trouve à l'intérieur.

Lorsque les ouvertures deviennent plus petites par une solidification prolongée, il se forme de véritables éruptions.

L'eau que le soufre avait incorporée ne se sépare en effet que lentement de la masse, et pendant cette séparation elle entraîne des particules de soufre en fusion. Il se forme de cette façon des cônes qui s'agrandissent de plus en plus et sur lesquels il se produit un petit cratère. Les éruptions deviennent alors plus fortes, des courants de soufre s'échappent du cratère et des gouttelettes fondues sont projetées dans l'air comme des scories.

Lorsque le phénomène tire à sa fin, la lave de soufre contenue dans le cône se solidifie et forme un noyau solide qui est enveloppé, comme d'un manteau, des couches du soufre écoulé.

Mais on peut aussi interrompre le phénomène en perçant une ouverture à la partie inférieure du vase dans lequel se trouve le soufre et en laissant écouler la partie encore en fusion qui se trouve sous l'écorce solidifiée. Les éruptions cessent alors immédiatement et la lave de soufre qui remplit les cratères retombe. L'examen démontre alors que les cônes sont creux à l'intérieur parce que le soufre liquide fond, en s'élevant, une partie du soufre qui remplissait le cône, de sorte qu'il en résulte une cavité vide entourée d'un manteau relativement peu épais.

Ces cônes de soufre, produits par des phénomènes éruptifs tout à fait analogues à ceux des volcans, peuvent être considérés comme des modèles de montagnes volcaniques. Ils nous permettent de maintenir l'hypothèse que nous avons proposée pour remplir les lacunes qui existent encore dans la science.

Nous pouvons cependant espérer, en suivant la voie de l'examen qui nous a fait connaître dans ces derniers temps la structure véritable des montagnes volcaniques, les réactions chimiques qui accompagnent les phénomènes de l'action volcanique et enfin la nature véritable de la lave, nous pouvons espérer, dis-je, de remplacer, dans un temps très-prochain, ces hypothèses par des faits réellement scientifiques.

LIVRE DEUXIÈME

LES TREMBLEMENTS DE TERRE

On donne le nom de tremblements de terre à des ébranlements de la masse solide du globe, qui ont leur siége sous la surface terrestre et qui sont produits par une cause inconnue.

Cette expression a été admise instinctivement par toutes les nations, et l'on s'en sert involontairement dans les circonstances qui produisent des effets semblables à ceux des véritables tremblements de terre. De grandes explosions ou des chutes de grandes masses de rocs produisent des ébranlements analogues s'étendant de tous côtés et ayant les mêmes effets qu'un véritable tremblement de terre. On croit facilement qu'il y a eu un tremblement de terre dans les endroits où l'on a ressenti des commotions du sol, sans savoir qu'il y a eu explosion ou avalanche de rochers. Les journaux ont souvent mentionné des tremblements de terre de ce genre, mais dès que la cause en était connue, la dénomination de tremblement de terre disparaissait des récits. Il résulte de ces faits qu'on n'a pas désigné sous ce nom un mode particulier d'ébranlement, ni des effets spéciaux produits par lui, mais qu'on n'a voulu désigner que la cause : celle-ci est souterraine dans le véritable tremblement de terre, et n'est pas artificielle (comme lorsqu'on fait sauter les roches dans les mines).

Il est nécessaire de bien comprendre le sens que toutes les nations attachent à l'expression de tremblement de terre, car c'est par ce sens que la science reçoit une tâche précise, puisqu'elle doit porter ses recherches sur l'objet que l'on désigne généralement sous ce nom de tremblement de terre. La géologie doit étudier la forme sous laquelle apparaissent ces tremblements et leurs effets, puis en rechercher la cause.

NATURE DES TREMBLEMENTS DE TERRE.

Les tremblements de terre se présentent parfois comme de légers ébranlements ou frémissements à peine perceptibles, qui parcourent la partie solide du globe et lui font subir comme de petits tressaillements : mais souvent ils se font sentir avec une violence si épouvantable, que l'homme reste confondu et impuissant devant cette force écrasante. Ils produisent alors à la surface de la terre des changements durables qui ont une très grande importance au point de vue de sa structure et de son relief.

En Europe, les tremblements de terre les plus renommés pour leur extraordinaire violence et pour les épouvantables destructions qu'ils ont produites sont, dans les temps anciens, celui qui eut lieu sous l'empereur Tibère, puis celui de 526, sous l'empereur Justin, qui coûta, dit-on, la vie à 120,000 personnes, enfin celui de 1693, en Sicile, qui fit périr plus de 60,000 hommes.

L'Europe a aussi éprouvé de violents tremblements de terre dans les temps modernes : en 1755 celui de Lisbonne, en 1783 celui de la Calabre, où il y eut de nouveaux et violents tremblements en 1854 et en 1870. Mais les tremblements de terre de l'Amérique méridionale surpassent de beaucoup en étendue et en violence ceux de l'Europe. Les plus renommés de ces tremblements sont ceux de Lima en 1746, de Riobamba (février 1797), de Caracas, en 1812, de Mendoza, en 1861, et celui du Pérou en 1868.

L'espèce de mouvement auquel la terre est soumise peut varier aussi bien dans les tremblements faibles que dans les tremblements violents.

L'espèce de mouvement est très-peu apparente dans ces frémissements et ces tressaillements terrestres que l'on a désignés dans les régions de l'Amérique méridionale sous le nom de *Tremblores*, pour les distinguer des tremblements de terre véritables appelés *Teremotes*. Ces *tremblores* sont si fréquents et si inoffensifs dans ces pays que la plupart du temps on n'y fait point attention. Ils n'excitent l'intérêt que dans les pays où les tremblements de terre sont des phénomènes rares, comme dans les pays du nord et du centre de l'Europe, et cependant il arrive rarement que l'on puisse obtenir de divers observateurs, des observations concordantes sur l'espèce de mouvement imprimé à la terre.

On a distingué les mouvements de la terre, qui se font remarquer dans les tremblements plus forts, en :

1° MOUVEMENTS DE SUCCUSSION, que l'on ressent comme un choc perpendiculaire donné de bas en haut. Lorsque ce mouvement est fort, on croit sentir d'abord un mouvement d'élévation puis un mouvement d'affaissement de la terre.

Le mouvement de succussion ne se produit qu'aux endroits qui sont le véritable siége du tremblement de terre : il passe graduellement au mouvement ondulatoire pour les endroits éloignés et même au point d'origine, lorsque l'effet de la secousse est passé. Les succussions peuvent cependant se répéter à différentes reprises, soit en se suivant coup sur coup, soit après de longs intervalles seulement. La première succussion est souvent la plus violente, mais d'autres fois c'est l'une des succussions suivantes : il n'y a point de règle à cet égard.

Les tremblements de terre à succussions sont les plus redoutés, et leurs effets, qui ressemblent souvent aux effets d'une explosion de mine, peuvent amener de terribles dévastations.

Des documents contemporains nous apprennent que pendant le grand tremblement de terre de la Calabre en 1783, les montagnes étaient si profondément ébranlées que leurs cimes semblaient sautiller en l'air. Certaines maisons furent soulevées avec une grande force et transportées en d'autres endroits sans qu'un certain nombre d'entre elles eussent éprouvé des dégâts sensibles ; d'autres maisons au contraire furent violemment projetées en l'air avec leurs fondations, et détruites complétement. — Le tremblement de terre de Riobamba, en 1797, montra une pareille force de projection, car un grand nombre de cadavres d'indigènes furent lancés sur une colline de plusieurs centaines de pieds de hauteur qui est située de l'autre côté de la rivière de Lican.

2° MOUVEMENTS ONDULATOIRES. La surface de la terre semble s'élever et s'abaisser régulièrement pendant que le mouvement se propage dans une direction déterminée. Pendant les forts tremblements de cette catégorie, la terre semble avoir perdu sa solidité et ressemble à un liquide en mouvement. Le mouvement ondulatoire ne se fait alors pas seulement sentir, comme si l'on était sur un bateau vacillant;

mais on peut quelquefois véritablement voir les mouvements du sol.

Dans les tremblements de terre violents c'est la forme ondulatoire qui se fait sentir le plus souvent et qui s'étend le plus loin. Dans certains cas, ces mouvements s'étendent sur des surfaces qui comprennent plusieurs centaines de lieues carrées. Souvent le tremblement de terre ondulatoire n'est que la conséquence d'une succussion, lorsque le choc produit par celle-ci se propage loin du siége primitif. Mais souvent aucun endroit précis n'est désigné comme ayant éprouvé une succussion, et comme servant de point de départ au tremblement, en sorte que l'on ne peut juger de l'approche du point central que par les mouvements ondulatoires plus ou moins prononcés.

Les mouvements ondulatoires sont moins redoutables dans les forts tremblements de terre que les succussions. Ce n'est que quand ils atteignent un degré de violence extraordinaire que leurs effets sont quelquefois terribles.

Les tremblements successifs qu'éprouva l'Etna pendant une petite éruption, le 2 septembre 1852, firent naître sur le géologue Gemellaro et sur son guide, qui se trouvaient en ce moment dans le Val del Bove, tous les symptômes du mal de mer. — Lors du tremblement de terre d'Ardebil, au mois d'octobre 1848, le sol resta pendant une heure soumis à des mouvements ondulatoires, et lors du célèbre tremblement de Caracas, le 26 mars 1812, le mouvement ondulatoire était si marqué, que le sol ressemblait à un liquide en ébullition. Des observations tout à fait récentes prouvent que ces récits ne sont point exagérés et que des mouvements aussi violents ne sont pas très-rares, quoiqu'ils nous paraissent tout à fait incompatibles avec l'idée que nous nous faisons ordinairement de la solidité de la terre. En avril 1871, la terre de Batlang, en Chine, éprouva un violent tremblement de terre. A des succussions violentes qui se firent sentir de temps en temps pendant plusieurs jours, succédèrent des mouvements si considérables que le sol ressemblait à un vaisseau ballotté par les vagues. Pendant la même année il y eut à l'Albay une éruption qui fut accompagnée d'un tremblement de terre si violent, que le 2 décembre, à 6 heures du soir, le sol des environs de Cotta-Cato ondulait comme les vagues de la mer.

La transmission du mouvement ondulatoire se voit quelquefois très-bien aux arbres. Dolomieu rapporte que l'on vit, en 1783, pendant le tremblement de terre de la Calabre, des arbres s'incliner si profondément, lorsqu'une ondulation passait, que leur sommet touchait le sol. On observa de même, pendant le tremblement de terre du Missouri, en 1811, que les arbres s'inclinaient d'abord, puis se redressaient à chaque passage d'une ondulation.

L'effet produit par les tremblements de terre ondulatoires sur les objets situés à la surface de la terre ne répond pas uniquement à la force des mouvements, mais aussi à la position qu'occupent ces objets relativement à la direction de ces mouvements. Lorsque l'objet se trouve dans la direction que suit le mouvement ondulatoire, il est soulevé d'abord par l'onde, puis abaissé lentement et également comme si c'était un corps flottant. Dans ces cas il arrive fréquemment que des tremblements de terre assez violents ne produisent que peu de dommages. Mais si la situation du corps ne correspond point à la marche du tremblement, alors ses diverses parties ne sont pas atteintes en même temps ni également par le mouvement, et il est alors facilement déchiré et brisé même par des tremblements de terre dont la force n'est pas extraordinaire.

Un fait, arrivé pendant le tremblement de terre de 1851, à l'arsenal de l'île Majorque, nous indique très-bien l'effet d'un mouvement ondulatoire sur des objets se trouvant dans des directions diverses relativement à la direction du mouvement. Il y avait dans cet arsenal des séries de fusils appuyés contre les murailles, et, au début du tremblement de terre, qui se dirigeait de l'ouest à l'est, les fusils appuyés contre la muraille est restèrent debout, tandis que ceux qui se trouvaient à l'ouest furent tous couchés très-régulièrement à terre, la bouche du canon tournée à l'est. Les fusils appuyés contre les murailles nord et sud furent aussi renversés mais irrégulièrement et s'entassèrent en s'entrecroisant dans tous les sens.

3° MOUVEMENTS ROTATOIRES. — Parmi les mouvements divers qui agitent le sol pendant les tremblements de terre on a parfois cité le *mouvement rotatoire*. On admet, par conséquent, que la surface de la terre est soumise dans ces cas à un mouvement circulaire. Mais on n'a jamais pu observer réellement des mouvements de ce genre et l'on ne s'est cru autorisé à les admettre que d'après les effets produits par certains tremblements de terre.

Ces effets indiquent une puissance de destruction considérable, et les objets renversés et détruits sont irrégulièrement dispersés et mélangés entre eux : ils semblent tous avoir été

projetés par un violent tourbillon. On avait encore d'autres
motifs pour admettre le mouvement rotatoire dans certains
tremblements, entre autres ce fait bien connu, qui s'est passé
pendant le tremblement de terre de Cosenza.

Devant le couvent de Saint-Bruno, dans la ville de San-
Stefano, se trouvaient deux obélisques quadrangulaires. Pendant le tremblement de terre de 1782, ces deux obélisques ne
furent pas complétement brisés, mais les différentes parties qui
les composaient furent déplacées de telle façon qu'elles parais-

Fig. 28. — Obélisque de San-Stefano.

saient avoir tourné sur leurs axes ; les arêtes et les angles de la
partie supérieure proéminaient sur les faces de la partie inférieure. On dit aussi qu'après le tremblement de terre de Majorque, en 1851, la partie inférieure d'une tour s'était déplacée
de 60 degrés dans le sens horizontal tandis que la partie supérieure avait conservé sa position primitive.

Mais ces effets ne nous obligent en aucune façon à admettre
des tremblements de terre rotatoires tant qu'on n'aura pas pu
les observer directement. Ils prouvent seulement que le sol a
été soumis à des mouvements très-irréguliers. Lorsque plusieurs commotions puissantes et des mouvements ondulatoires
se suivent rapidement sur le même point, ou lorsque des mouvements ondulatoires de directions différentes passent au même
endroit, il est évident que les restes des objets détruits seront
jetés pêle-mêle dans toutes les directions, comme ce serait le

cas pour les mouvements rotatoires. Des effets semblables à
ceux qui se sont produits sur les obélisques de San-Stefano,
ne peuvent même pas être attribués à des mouvements rotatoires, car ces mouvements les eussent détruits complétement,
tandis qu'ils s'expliquent très-bien par des mouvements de
succussion. On peut obtenir des effets tout à fait semblables,
lorsque l'on place plusieurs pierres les unes sur les autres
sans les relier intimement et qu'on ébranle alors cette pile par
des chocs successifs appliqués à sa base.

Un fait très-remarquable et très-curieux, c'est que, dans
certains tremblements de terre, l'on ne ressent les mouvements qu'à la surface du sol, tandis qu'à une profondeur mé-
diocre on les ressent à peine ou pas du tout. Des tremblements
de terre très-violents et qui avaient produit des dévastations
formidables à la surface du sol, passèrent quelquefois inaperçus dans les mines situées au-dessous de la contrée ébranlée. Ces observations ne sont point isolées et on en a fait de
semblables encore tout récemment.

Dans la partie sud-est de la Californie il y eut un violent
tremblement de terre le 17 mars 1872. Il affecta surtout le
district minier de Lone-Pine. La petite ville qui s'y trouvait fut
totalement détruite, à l'exception des maisons en bois ; le sol
fut largement crevassé et l'écoulement des eaux fut entravé
par les changements qu'éprouva le sol. Il y eut plus de cent
secousses et les ouvriers qui travaillaient dans les mines n'en
ressentirent pas même les plus violentes.

Les mouvements du sol ne se propagent donc pas toujours
avec la même violence à de grandes profondeurs : ils se bornent à la surface, et souvent ils passent presque inaperçus,
même à des profondeurs médiocres.

On a inventé divers instruments nommés seismographes,
pour signaler les tremblements de terre faibles et pour reconnaître la direction et la propagation de leurs mouvements.
Ces instruments peuvent être très-simples de forme, lorsqu'on
veut se contenter d'observations superficielles. On prend une
jarre pleine d'eau dont on saupoudre la surface avec du son :
le plus léger mouvement fait vaciller l'eau, qui vient frapper
les bords du vase où des particules de son se fixent et indiquent par conséquent la direction dans laquelle la surface de
l'eau s'est inclinée, ou la direction dans laquelle l'ébranlement
terrestre s'est propagé.

Un autre appareil tout aussi simple consiste en un long
fil à plomb, dont le poids se termine en pointe effilée : cette

pointe touche une surface plane de sable fin, contenu dans un vase placé au-dessous du poids. Dès qu'un ébranlement se fait sentir, le fil à plomb se met en oscillation et sa pointe trace sur le sable un sillon qui indique la direction des oscillations, et par conséquent la direction dans laquelle les mouvements du sol se sont propagés.

On possède actuellement des instruments bien plus délicats et aussi plus compliqués, parmi lesquels on remarque surtout un instrument électro-magnétique employé à l'observation du Vésuve. Cet instrument indique les ébranlements les plus faibles, l'heure de leur apparition, la direction dans laquelle ils se propagent et même leur énergie. Jusqu'ici cependant les observations de ce genre restent isolées, d'abord parce que les tremblements de terre sont si rares dans nos contrées que les résultats obtenus ne seraient point en relation avec le prix d'instruments aussi chers, ensuite parce que les pays où les tremblements de terre sont fréquents, sont ordinairement très-éloignés de nous.

DISTRIBUTION GÉOGRAPHIQUE ET EXTENSIONS DES TREMBLEMENTS DE TERRE.

L'expérience nous apprend que des tremblements de terre peuvent se faire sentir partout : aucune contrée n'en est complétement garantie et il n'existe point de terrain géologique qui les exclue tout à fait.

Faisons d'abord abstraction des volcans actifs et des contrées avoisinantes et nous verrons que ce ne sont point les terrains volcaniques ni les terrains cristallins massifs, comme le granite, le porphyre, etc., qui sont le plus fréquemment visités par les tremblements de terre ainsi qu'on le croyait autrefois ; ce sont, au contraire, le plus souvent, les terrains stratifiés ordinaires, les calcaires et les grès, ou des terrains meubles composés de gravier et d'éboulis.

En Allemagne ce ne sont pas les nombreux basaltes anciens ni les trachytes qui sont le plus fréquemment ébranlés, ni les contrées où l'on rencontre de véritables volcans éteints ; les tremblements de terre les plus violents et les plus durables ont au contraire remué plus fréquemment, dans les temps récents, les anciennes formations sédimentaires du Rhin inférieur, les couches de diluvium du Rhin moyen ainsi que celles de l'Odenwald qui en sont voisines, enfin et surtout les contrées alpines.

De l'année 1865, à laquelle se rapporte le commencement de

mes notes statistiques, jusqu'à l'année 1873 inclusivement, il y eut 74 tremblements de terre dans les Alpes allemandes. La plupart d'entre eux se firent dans les chaînes latérales du nord et du sud, où l'on rencontre principalement du calcaire et d'autres couches sédimentaires. Pendant toute cette période, la chaîne principale et centrale, qui est composée de granite, de gneiss, ou de schiste micacé, ne subit aucune secousse ; quelquefois seulement des tremblements de terre dont l'origine était dans les montagnes calcaires ou même au delà des Alpes envoyaient, pour ainsi dire, leurs derniers et faibles tressaillements jusqu'aux Alpes centrales. Les vrais centres d'origine des tremblements de terre, d'où partaient de nombreuses secousses, étaient, pendant cette période : la rive méridionale du lac de Garde, où les chocs se succédèrent depuis le mois de mai 1866 jusqu'au mois de mars 1870; l'Innthal inférieur avec Kundl; Landstrass en Kraine; Bleiberg en Carinthie ; Glurns en Vintsgau; Laibach et la contrée voisine de Belluno, où les tremblements de terre de 1873 produisirent des dévastations considérables dans toute la région des Alpes vénitiennes.

Les points d'où partent les tremblements de terre n'ont qu'une petite étendue ; mais, comme le mouvement commencé se propage à travers la masse solide du sol, les ébranlements s'étendent sur de grandes surfaces. L'extension du cercle d'ébranlement ne dépend pas seulement de la violence du mouvement primitif, car souvent des tremblements de terre assez violents sont bornés à un petit espace, tandis que des mouvements légers du sol s'étendent à de grandes surfaces ; cette extension dépend, au contraire, de la composition du sol de la contrée atteinte.

La nature des roches et la structure géologique d'un pays ont la plus grande influence sur ces phénomènes. Il est facile de comprendre que l'ébranlement s'étend de tous côtés et également, lorsque les roches sont denses et solides, et qu'il ne s'affaiblit que graduellement par la distance; dans ces cas l'extension dépend évidemment de la force de l'ébranlement primitif. Dans les masses meubles au contraire, la force de l'ébranlement se perd très-rapidement.

Lorsqu'une contrée est composée de roches de dureté et de densité différentes, et diversement groupées entre elles, le mouvement s'affaiblira chaque fois qu'il passera d'une roche à l'autre et cet affaiblissement sera plus ou moins rapide selon la nature des roches. Ce mouvement pourra donc être ressenti avec plus ou moins d'intensité dans diverses directions et se

terminer à une distance plus ou moins grande du point d'origine.

Une roche divisée par de nombreuses fissures exercera une
action tout à fait analogue sur le mouvement, c'est-à-dire,
qu'elle l'affaiblira irrégulièrement ou le divisera. Si l'on remarque aussi la structure géologique du sol, la direction des diverses couches, on verra que les tremblements de terre sont
soumis à des influences si compliquées que l'on ne peut pas,
même lorsqu'on connaît parfaitement la structure géologique
du sol, calculer à l'avance l'effet d'un tremblement de terre
d'après la violence du choc primitif.

Il existe des obstacles naturels que les tremblements de
terre franchissent rarement, d'après notre expérience. Ce
sont parfois de grandes vallées fluviales qui les empêchent
de se propager, lorsqu'elles ne sont pas elles-mêmes centres
d'action, mais le plus souvent ce sont de grandes chaînes
de montagnes qui limitent leur extension. Dans ce dernier
cas le tremblement de terre ne comprend pas un cercle
d'extension dirigé de tous côtés, il présente au contraire une
direction allongée et parallèle à la direction de la chaîne de
montagnes.

Pendant le formidable tremblement de terre de 1783, aussi
bien que pendant celui du mois d'octobre 1870, la chaine des
Apennins a servi de mur de protection aux provinces occidentales de la presqu'île italienne. Tandis que des milliers de
secousses se faisaient sentir du côté est de la chaîne et y
produisaient de grands désastres, on ne ressentit absolument
rien sur le versant opposé. — Les tremblements de terre qui
eurent lieu en mars 1872, dans le district minier de Lone-Pine,
en Californie, et qui ébranlèrent le sol si singulièrement et
d'une manière si continue, furent complétement arrêtés par
les montagnes, en sorte qu'on ne ressentit rien de l'autre côté
de la chaîne. Les Andes de l'Amérique du Sud forment de
même une limite que les plus violents tremblements de terre,
qui ravagent si souvent le côté occidental de ce continent, n'ont
presque jamais franchie ; et si parfois quelques secousses se
propageaient au-delà, elles étaient tellement affaiblies par ces
montagnes qu'elles avaient perdu toute leur force, lorsqu'elles
arrivaient de l'autre côté.

Pendant le tremblement de terre de Belluno, le 29 juin 1873,
le cercle des oscillations s'étendit depuis les pentes méridionales des Alpes, non-seulement sur tout le nord-est de l'Italie,
mais encore par-dessus la chaîne principale des Alpes jusqu'à

Innsbruck, Salzbourg, Rosenteim, etc. : on le sentit même à Munich, à Augsbourg et à Berne. Dans le parcours ultérieur de ces grands tremblements de terre, les oscillations des terrains ne se propagèrent pas seulement jusqu'au centre des chaînes de montagnes, mais elles les franchirent plusieurs fois, notamment le 12 mars et le 25 décembre.

Cette observation n'est point isolée. Les chroniques nous parlent d'un violent tremblement de terre qui eut lieu le 25 janvier 1348, et qui s'étendit depuis l'Allemagne jusqu'à Rome sans être arrêté par les Alpes. — Les tremblements du 25 décembre 1212; du 17 juillet 1670 (à Hall, en Tyrol); du 26 décembre 1810; du 25 octobre 1812 (près de Belluno) et du 20 juillet 1836 (à Borso, près de Belluno), franchirent tous les Alpes.

Des tremblements de terre, même faibles, peuvent s'étendre sur un grand espace lorsque les circonstances sont favorables. Le tremblement de terre qui se fit sentir le 6 mars 1872 dans l'Allemagne centrale, aurait à peine été remarqué dans des contrées riches en phénomènes de ce genre à cause de sa faiblesse, et il s'étendit cependant sur une surface dont les limites sont à peu près tracées par les villes de Berlin, de Wiesbaden, de Stuttgard, de Munich, de Prague et de Breslau. — Pendant ce tremblement de terre qui régna au Rhin moyen depuis 1869 jusqu'en 1873, un seul choc, qui se fit sentir violemment entre Mannheim et Grossgerau, le 10 février 1871, et qui cependant était des plus insignifiants, s'étendit sur une région comprise entre Francfort, Wiesbaden, Saarbrück, Strasbourg et Pfortzheim.

Le cercle des oscillations du sol peut être beaucoup plus étendu dans les tremblements de terre plus violents. Il ne faut cependant adopter qu'avec la plus grande réserve les récits d'autrefois, car on admettait souvent les observations les moins justes et les moins exactes pour augmenter la curiosité et l'intérêt qu'inspiraient les grands tremblements de terre. Ceci est mis en évidence par l'histoire du tremblement de terre de Lisbonne.

Si l'on en croyait les récits contemporains, ce tremblement se serait étendu sur un espace presque quatre fois plus grand que l'Europe et eut compris environ 39,375,000 kilomètres carrés. Mais ces récits qui ont, en partie du moins, dû leur origine au malheur qui frappait une ville si grande et alors si importante, ces récits, dis-je, ne peuvent pas soutenir la critique, quoique ce tremblement appartienne sans aucun doute aux plus violents et aux plus étendus.

Mais, même en n'admettant pas toutes ces exagérations, il restera toujours ce fait positif que certains tremblements de terre ne se distinguent pas seulement par leur violence inouïe, mais qu'ils s'étendent aussi sur des espaces si vastes que la puissance de phénomènes naturels aussi formidables dépasse toutes nos conceptions. Il est difficile de se soustraire aux impressions que font naître de tels phénomènes même chez les personnes qui habitent les districts fréquentés par les tremblements de terre. Nous croyons que les roches sont seules inébranlables et fermes au milieu des changements continuels et de la mobilité universelle qui nous entoure, et cette croyance est tellement ancrée en nous, que les sentiments de désabusement et d'insécurité que nous éprouvons, surtout lorsque nous sentons pour la première fois un tremblement de terre violent, se développent avec une vivacité extraordinaire. Aussi peut-on à peine s'imaginer l'état de perplexité et de détresse de l'homme, lorsque le sol, sur lequel il bâtit tout ce qui doit être inébranlable et auquel il confie tout ce qui doit durer, lorsque ce sol, dis-je, commence à trembler sous ses pas et que, changeant pour ainsi dire de nature, il se joint à tout ce qu'il y a de plus mobile et de plus instable ici-bas.

Le 16 novembre 1827 il y eut un tremblement de terre à Bogota. Popoyan, qui est distant de Bogota de 1480 kilomètres, en fut sérieusement endommagé et les oscillations plus faibles se propagèrent encore plus loin. — Le tremblement de terre qui ébranla les pays riverains de la Méditerranée le 12 octobre 1836, s'étendit depuis la Sicile et l'Italie méridionale à travers la Dalmatie, la Grèce et l'Égypte, jusqu'en Syrie et jusqu'au centre de l'Asie Mineure. — Les tremblements de terre qui frappèrent à diverses reprises les côtes de l'Amérique du Sud, sont comptés parmi les plus violents. L'un de ces tremblements, celui du 19 novembre 1822 au Chili, s'étendit sur un espace qui, mesuré du nord au sud, comprenait 9000 kilomètres; et à des époques plus rapprochées il y eut dans les mêmes parages des tremblements de terre ayant une étendue aussi prodigieuse. Du 13 août jusqu'au milieu de septembre 1868, un tremblement de terre épouvantable se fit sentir au Pérou, à Quito et dans l'Ecuador : il se prolongea le long des pentes de la chaîne des Andes et le long des côtes depuis le 8° jusqu'au 24° de latitude sud. Le premier choc, celui du 13 août, à 5 heures 1/2 du soir, fut ressenti dans sa plus grande violence à Arequipa et à Tacna et se propagea vers le sud jusqu'à Copiago, vers le nord jusqu'à Lima et à l'est jusqu'à Paz.

DURÉE ET FRÉQUENCE DES TREMBLEMENTS DE TERRE.

Pour pouvoir s'entendre au sujet de la durée des tremblements de terre, il est nécessaire de faire une distinction entre *une secousse unique* ou *des secousses successives mais isolées* et *le véritable tremblement de terre qui se compose de chocs ou de secousses multiples;* car dans le langage ordinaire on se sert habituellement du même mot pour désigner les deux phénomènes.

La durée d'un choc unique est très-courte. D'ordinaire cependant, cette durée est exagérée parce que l'on est sous l'influence de l'impression très-vive que fait naître l'événement : on ne peut donc ajouter foi qu'aux observations fidèles et préparées à l'avance. Le plus souvent la durée d'un choc est plus courte qu'une seconde et rarement un peu plus longue. Il se produit à l'improviste comme un éclair et passe aussi rapidement.

La durée est plus longue pour les oscillations ou ondulations irrégulières que pour les chocs, quoiqu'elle soit toujours très-courte. Dans les cas ordinaires, ces oscillations ne dépassent pas une seconde ou un petit nombre de secondes : la durée d'une minute est déjà extraordinaire. Cependant il arrive quelquefois que l'équilibre entre les diverses couches qui constituent le terrain est si complétement rompu par un choc, qu'il se produit des balancements, des vacillements et des glissements continus jusqu'à ce que les masses aient retrouvé leur équilibre et une situation stable.

Parmi un grand nombre de cas de tremblements de terre prolongés outre mesure, dans les temps récents, on peut citer les suivants : Dans les petites Antilles et surtout à la Martinique, il y eut le 11 janvier 1839, deux secousses qui se succédèrent rapidement et qui durèrent en tout 30 secondes : ce temps avait suffi pour produire les plus terribles dévastations. Ce même tremblement de terre s'était propagé jusqu'à Lima où le sol oscilla pendant deux minutes, sans interruption, quoique cette ville fût à la limite méridionale du phénomène. — L'oscillation terrestre produite par le premier choc, à Arequipa, le 13 août 1868, se prolongea pendant sept minutes. — Pendant un tremblement de terre qui eut lieu, le 18 novembre 1867, à l'île Saint-Thomas, les premières oscillations du sol, les plus violentes, durèrent une demi-minute, mais le tremblement se prolongea encore pendant dix minutes.

La durée d'un tremblement de terre est toute différente.
Un tremblement de terre consiste rarement, et seulement
lorsqu'il est faible, en une seule secousse. Des chocs violents
alternent habituellement avec des tremblements et des tressaillements faibles et cela d'une manière tout à fait irrégulière.
Quelquefois, en effet, tous les chocs puissants se succèdent
rapidement au début et diminuent peu à peu d'intensité jusqu'à ce que le phénomène se termine par des oscillations à
peine sensibles. D'autres fois les tremblements débutent par
des secousses faibles qui atteignent leur maximum d'intensité
pour s'affaiblir ensuite de nouveau. D'autres fois encore les
chocs violents sont séparés entre eux par un nombre plus ou
moins grand d'ébranlements presque insensibles. De même
les chocs et les ébranlements se succèdent quelquefois immédiatement; d'autres fois, au contraire, après quelques minutes
ou même quelques heures d'intervalle. Un tremblement de
terre peut donc avoir une durée plus ou moins longue d'après
le nombre d'intervalles de repos. Plusieurs tremblements de
terre semblables interrompus par des pauses un peu plus longues constituent quelquefois une *période de tremblements* de
terre, période qui peut durer plusieurs mois et même plusieurs
années, jusqu'à ce que le repos se rétablisse dans la contrée.

Parmi le grand nombre d'exemples démontrant ces faits, les
suivants nous paraissent les plus probants. Le tremblement de
terre de Lisbonne commença le 1er novembre 1755, par un
choc épouvantable, auquel succédèrent au bout de quelques
secondes, un second et un troisième, de sorte qu'au bout de
cinq minutes les plus épouvantables destructions étaient accomplies. Cependant pendant tout le mois de novembre et de
décembre on ressentit à Lisbonne et dans ses environs un
grand nombre de secousses plus faibles, entre lesquelles il y
eut, le 9 décembre, un choc presque aussi violent que le premier. — Trois chocs formidables, non précédés de secousses,
détruisirent, le 26 mai 1812, la ville de Caracas, et les mouvements ondulatoires qui leur succédèrent se firent sentir
très-longtemps. — Le tremblement de terre de Visp, dans le
Valais, débuta le 25 juillet 1855 et se prolongea, avec des
intervalles assez courts, pendant quatre mois, mais en 1857
on ressentait encore de temps en temps de légères oscillations.
— Le tremblement de terre de la Calabre, en 1783, dura presque une année entière avec une assez grande violence, et pendant plus de dix ans la terre ne trouva pas de repos complet.
Des chocs violents, mais isolés, semblaient annoncer le réveil du

tremblement de terre qui diminuait cependant peu à peu d'intensité. Au début, la terre se trouvait dans un état de tressaillement presque continu entre les fortes secouses, mais peu à peu il y eut des pauses de plus en plus prolongées. — Le tremblement de terre de Belluno dura depuis le mois de mars 1873 jusqu'à la fin de l'année. Le 12 mars on ressentit le premier choc dans les Alpes du sud-est, puis il y eut un repos complet qui dura jusqu'au 29 juin, jour où le choc le plus violent se produisit. A partir de ce moment les ébranlements se succédèrent plus rapidement ; il y eut cependant des journées entières et même des semaines où l'on n'en sentit pas, mais il y eut encore un choc très-violent le 25 décembre.

Il n'y a que les environs des volcans actifs qui soient exposés coniinuellement aux tremblements de terre. Lorsque les volcans sont complétement éteints, les contrées qui les avoisinent rentrent dans les mêmes conditions que les autres pays de la terre.

Depuis le temps où l'on a fixé l'attention sur les phénomènes de ce genre, on a appris par expérience qu'il existe des contrées fréquemment visitées par de terribles tremblements de terre. Ces phénomènes sont pour ainsi dire journaliers sur le rivage occidental de l'Amérique du Sud, et les habitants y sont tellement habitués qu'ils ne font attention qu'aux plus violents et aux plus dangereux. — La vallée de San-Salvador dans l'Amérique centrale est soumise à des oscillations si continues que les naturels du pays lui ont donné le nom de « Cuscutlan », c'est-à-dire « Hamac. » Les îles orientales de l'Asie, la Calabre, en Europe, l'Italie méridionale, les Alpes et les Pyrénées, sont aussi des pays qui subissent fréquemment les effets des tremblements de terre.

D'autres pays, au contraire, n'éprouvent que rarement ces effets et ordinairement ils y sont faibles. Ainsi la Chine, l'Egypte, l'Allemagne, le Brésil, etc., sont dans ce cas et les tremblements de terre n'y occasionnent presque jamais des dégâts considérables.

Les pays qui ne sont point compris dans les districts sujets aux tremblements de terre, sont souvent pendant de longues périodes à l'abri de ces phénomènes. Puis arrive à l'improviste une période de tremblements accompagnés de chocs multiples et de secousses qui durent souvent plusieurs mois, quelquefois même plusieurs années, jusqu'à ce que le repos se rétablisse.

Ces périodes de tremblements de terre se sont, à diverses

reprises, présentées dans la région rhénane moyenne. Entre Darmstadt et Mannheim, se trouve un endroit nommé Gross-gerau qui a été récemment le centre d'une de ces périodes. Déjà en novembre 1588, puis en novembre 1785, il y eut en ce point de violents tremblements de terre. A partir du mois de janvier 1869, une nouvelle période, extraordinairement riche en secousses, débuta de nouveau dans la même contrée. Après un petit nombre de secousses arrivées dans ce mois, il se fit un repos complet qui dura jusqu'au mois d'octobre, mais après les secousses se multiplièrent si rapidement qu'on en compta plus de six cents jusqu'à la fin de l'année. Ces secousses furent encore très-fréquentes, avec quelques interruptions toutefois, pendant les années suivantes et jusqu'à la fin de 1873.

Des secousses analogues se produisirent le 2 mai 1866, aux environs de Desenzano, situé sur le rivage méridional du lac de Garde, et commencèrent une période semblable dans une con-trée jusque-là rarement ébranlée par les tremblements de terre. A partir de cette date, les secousses continuèrent avec des inter-valles plus ou moins longs, mais en augmentant d'intensité jusqu'à la fin de l'année. Elles cessèrent alors pendant près d'un an. En 1868, elles recommencèrent au Monte-Baldo, l'un des chaînons les plus méridionaux des Alpes, d'où elles s'éten-dirent jusqu'aux rivages sud-est du Lac de Garde ; elles durè-rent jusqu'en 1870.

On ne possède que quelques rares documents sur les trem-blements de terre de l'antiquité et ces documents ne peuvent pas nous donner une idée bien nette de la fréquence de ces phénomènes.

Peu de jours avant la mort de l'empereur Tibère, un grand tremblement de terre ébranla l'île de Capri. Pendant les an-nées 50 et 63 après Jésus-Christ, des tremblements de terre ravagèrent l'Italie méridionale et détruisirent Herculanum et Pompéi, au pied du Vésuve. A peine ces villes avaient-elles été reconstruites, que de nouvelles secousses annoncèrent la première éruption historique du Vésuve qui amena, comme on sait, la destruction complète de ces villes. — Sous Vespa-sien, trois villes furent détruites dans l'île de Chypre, et en 115, Antioche éprouva le même sort. Pendant le moyen âge il y eut de formidables tremblements de terre en Sicile, par exemple en 373, 448, 1000 et 1097. — En Calabre, des trem-blements de terre violents se firent sentir en 1627 et 1638, et se répétèrent en 1783 et 1870.

On connaît 127 tremblements de terre pour les environs de

Bâle. Le plus violent d'entre eux fut celui du 18 octobre 1356, pendant lequel 300 personnes perdirent la vie, et la ville fut presque complétement ruinée. Les tremblements de terre du 21 juillet 1416, du 7 septembre 1601 et du 17 novembre 1650 furent aussi remarquables par leur grande violence.

Aix-la-Chapelle et ses environs ont aussi été éprouvés par de violents tremblements de terre en 823, 830, 1640, 18 septembre 1692, décembre 1755, 18 février 1756, 9 juin 1771, 15 juillet 1773. On y ressentit de nouveau d'assez fréquentes mais faibles secousses au mois d'octobre 1873.

La ville de Lima, fondée pendant le XVIe siècle, a été fréquemment détruite depuis, en 1585, 1687, 1697, 1699, 1716, 1724, 1732, 1734, 1745, 1746, et le port de Callao en 1868.

Les tremblements de terre nous paraissent être des phénomènes rares parce que les pays dans lesquels nous vivons et avec lesquels nous sommes en relation journalière ne sont heureusement pas souvent visités par ces phénomènes qui y sont en outre habituellement très-faibles. On ne peut, par conséquent, se faire que très-difficilement une juste idée de leur importance.

Dans ces derniers temps, on a essayé, en faisant une statistique des tremblements de terre, non pas d'en connaître seulement le nombre mais aussi d'acquérir des notions sur leur nature et sur les particularités qu'ils présentent. Mais un tableau statistique de cet ordre ne peut être que très-incomplet. Si nous songeons que la mer recouvre à peu près les deux tiers du globe, nous pouvons facilement concevoir que les mouvements du sol au fond de la mer parviendront rarement et seulement par hasard à notre connaissance, par exemple, lorsque le sol communique ses mouvements aux eaux et qu'un vaisseau, situé justement à l'endroit, perçoit ces mouvements sous forme de tremblement de mer. La plus grande partie de l'autre tiers du globe, composée de terre ferme, nous est encore inconnue ou n'est pas en relations suivies avec nous ; ainsi, par exemple, l'Asie centrale, presque toute l'Afrique, la plus grande partie de l'Australie, de l'Amérique du Sud et même de l'Amérique du Nord. Nous ne connaissons donc qu'une petite partie de la terre, et les tremblements de terre que nous avons enregistrés se sont produits dans cette partie. A ce point de vue le nombre de tremblements de terre que nous pouvons énumérer paraîtra très-considérable.

De 1865 jusqu'à la fin de 1873 j'ai eu connaissance de 1184 tremblements de terre, qui se firent en 517 endroits différents.

L'Allemagne (y compris l'Autriche allemande), qui compte parmi les pays les plus pauvres en tremblements de terre, présente pendant cette période 94 tremblements en divers endroits.

De ces 1184 tremblements de terre quelques-uns ne comprirent qu'un seul choc ; beaucoup durèrent plusieurs semaines ou plusieurs mois et certains durèrent même plusieurs années. On a noté pour chaque jour particulier de cette période de 9 ans, un ou plusieurs ébranlements. Du 1er au 6 mai 1870 la seule ville de Yokohama éprouva 123 chocs, et lorsque la ville de Batang, en Chine, fut détruite le 10 avril 1871, les secousses qui suivirent cette catastrophe durèrent presque sans interruption pendant 10 jours de façon que le sol était agité comme un vaisseau sur une mer houleuse. Pendant un de ces tremblements de terre qui dura plusieurs mois, en 1868, à l'île Hawaï, on compta, pendant le mois de mars seulement, 2000 secousses et encore avait-on négligé de tenir compte des plus faibles.

Il n'y a donc point de jour ni même d'heure sans tressaillements terrestres. On peut même soutenir sans exagération que la terre est dans un état perpétuel d'ébranlement et de mouvement soit sur un point soit sur un autre de sa surface.

PHÉNOMÈNES QUI ACCOMPAGNENT LES TREMBLEMENTS DE TERRE.

Les tremblements de terre sont habituellement accompagnés d'un fracas souterrain. Ce bruit ne fait défaut que dans les très-faibles ébranlements ; mais son énergie n'est cependant pas toujours en rapport avec la violence du phénomène.

Le tremblement de terre du 4 février 1797, à Riobamba, qui a cependant été des plus violents, parcourut toutes ses phases sans fracas souterrain.

Le bruit, en se propageant à travers les roches solides de la terre, peut s'étendre au loin et être perçu dans une très-grande étendue.

On entendit ainsi pendant sept heures consécutives et dans un cercle de 2625 kilomètres le fracas violent qui accompagna le tremblement de terre du 15 mars 1835, à San-Martha, en Colombie. — Pendant l'éruption du Cotopaxi de 1774, qui fut accompagnée de nombreux chocs terrestres, on perçut le fracas souterrain à Honda sur les rives de la Madeleine, et cependant cette ville est éloignée de 817 kilomètres du volcan et en est séparée par les massifs considérables des montagnes de Quito et de Popoyan.

Le plus souvent les mouvements du sol apparaissent en même temps que le fracas ; dans d'autres cas, au contraire, comme dans le tremblement de terre de la Nouvelle-Grenade, du 16 novembre 1827, les mouvements du sol ne se font sentir qu'après le bruit souterrain. Comme la vitesse de translation du son ne concorde pas toujours avec celle des mouvements de la terre, il arrive fréquemment que dans les endroits éloignés du point de départ, le bruit et les mouvements ne se font point sentir en même temps. Le plus souvent c'est le son qui précède l'ébranlement et qui en annonce l'arrivée, et comme la propagation du premier ne rencontre pas autant d'obstacles que celle du second, il est arrivé souvent que le bruit dépassait le cercle d'extension des secousses et jetait l'alarme parmi les habitants de ces contrées, sans qu'il fût suivi de tremblements de terre. Le 30 avril 1812, on entendit dans la province de Venezuela et surtout le long du Rio-Apure, un bruit souterrain formidable qui ne fut pas suivi de tremblement de terre. On apprit plus tard que le volcan Saint-Vincent, dans les petites Antilles, s'était mis en éruption, et que la petite île de Saint-Vincent avait été ravagée par un tremblement de terre.

Le bruit souterrain est très-variable : le plus souvent il ressemble à un roulement de tonnerre qui peut atteindre souvent une violence épouvantable. Mais les variétés de ce bruit sont si nombreuses qu'on peut trouver pour elles les comparaisons les plus diverses ; tantôt c'est un roulement ou un grondement sourd, d'autres fois c'est un grincement, un cliquetis ou un bruissement.

On remarque souvent, pendant les tremblements de terre, des changements opérés sur les sources : ces changements sont très-variés et présentent les plus grandes oppositions. Les sources sont appauvries ou même complétement taries dans un endroit, tandis que dans un autre elles deviennent plus abondantes; ou bien il se forme des sources nouvelles sur des points autrefois arides. Les sources chaudes perdent fréquemment une partie de leur température, les unes temporairement, les autres pour toujours : on a cependant aussi remarqué, de temps en temps, une augmentation de température pour certaines sources. Parfois des sources d'eau minérale disparaissent, d'autres fois il s'en produit de nouvelles et leur tenure en principes minéraux est augmentée ou diminuée. Les observations sur la hauteur de l'eau dans les puits sont moins remarquables, mais elles sont généralement connues dans les pays riches en tremblements de terre.

Pendant le tremblement de terre qui, en 1855, ébranla pendant presque une année le canton du Valais, en Suisse, un grand nombre de nouvelles sources jaillirent dans les environs de Visp. Beaucoup de ces sources donnaient une eau douce et pure, d'autres étaient ferrugineuses et recouvraient bientôt le sol, sur lequel elles s'étaient épanchées, de précipités brun rouge d'ocre ferrugineuse.

La température des sources chaudes d'Ardebil, qui était d'environ 46° C. avant le tremblement de terre d'octobre 1848, arriva presque au point d'ébullition à cette époque. — Les sources chaudes de Louèche ont gagné, dit-on, 7 degrés et la masse d'eau qu'elles fournissent a considérablement augmenté, depuis que la vallée supérieure du Rhône a été dévastée par le tremblement de terre de 1855.

Les auteurs anciens, Aristote et Pline entre autres, nous ont transmis la croyance d'une relation entre les tremblements de terre et certains phénomènes atmosphériques. Cette antique croyance n'a pu être, jusqu'ici, ni complétement confirmée ni complétement réfutée.

On prétend qu'un abaissement considérable de la colonne barométrique, coïncidant avec une violente tempête, favorise les tremblements de terre ou les annonce à l'avance. De violents coups de vent se firent sentir pendant les tremblements de terre qui ébranlèrent l'Italie en 1870 et l'Angleterre en 1795. Dans 84 cas de tremblements de terre en Suisse, le Fœhn [1] soufflait avec violence et l'un des plus grands chocs qui se fit sentir à Grossgerau, dans la nuit du 19 au 20 janvier, avait été précédé d'un abaissement barométrique considérable et d'une tempête. Il y a donc eu indubitablement des cas où le tremblement de terre a coïncidé avec un abaissement considérable de la colonne barométrique et avec des mouvements atmosphériques extraordinaires, mais dans un plus grand nombre de cas encore cette coïncidence a manqué complétement ; il est donc difficile de savoir au juste, si les tremblements de terre et cet état remarquable de l'atmosphère ne se sont pas rencontrés par hasard ou s'il existe réellement entre eux un rapport intime.

Les tremblements de terre coïncident plus fréquemment avec des pluies prolongées. Les mois d'été de 1755 qui précé-

1. Vent du sud.

dèrent le tremblement de terre de Lisbonne avaient été remarquables par leur richesse en pluies. Dans le Dauphiné, on
prétend que les tremblements de terre ont lieu le plus souvent au printemps, à la fonte des neiges : le tremblement de
terre qui, le 5 février 1851, s'étendit à la Suisse, au Tyrol et à
une partie de l'Italie, fut accompagné dans tous ces pays de
pluies abondantes. La période de tremblements de terre qui
eut lieu à Grossgerau, de 1869 à 1873, fut remarquable par les
chocs nombreux et violents qui se manifestèrent en 87 jours ;
73 de ces jours sont compris dans la période pluvieuse de nos
contrées, c'est-à-dire du 1er octobre au 30 avril, et 14 seulement dans la période de sécheresse, du 1er mai au 30 septembre.

Mais la partie boréale de notre zone tempérée présente un
caractère météorologique si capricieux et si pluvieux, et le
nombre des tremblements de terre est si considérable qu'il
n'est pas étonnant qu'ils se rencontrent fréquemment avec la
pluie, même s'il n'existe pas de relation entre eux. Cependant
la croyance à cette relation est tellement répandue, que les
habitants des pays riches en tremblements de terre, comme
le Pérou et les Moluques, redoutent surtout la saison pluvieuse, et que certains insulaires abandonnent leurs maisons
pour aller habiter, à cette époque, dans des cabanes construites
légèrement.

La relation que l'on dit exister entre les tremblements de
terre et des états magnétiques et électriques de l'atmosphère
et les aurores boréales, est encore bien plus incertaine. On n'a
pas pu non plus prouver l'influence du soleil ni de la lune que
l'on avait acceptée autrefois et que l'on a invoquée de nouveau
récemment. Le perfectionnement de la statistique des tremblements de terre fournira plus tard les éléments nécessaires
pour élucider toutes ces questions.

MOUVEMENTS DE LA MER.

La plupart des tremblements du fond de la mer passent
inaperçus, parce qu'ils se divisent rapidement et s'éteignent
dans l'eau. Dans certains cas toutefois, probablement dans
les chocs perpendiculaires, l'ébranlement traverse la masse
de l'eau jusqu'à la surface, et si un vaisseau se trouve en ce
point, il le ressentira aussi sous forme de choc et sans qu'il y
ait mouvement apparent de la mer. Ce phénomène constitue
les *tremblements de mer*, et ces tremblements nous fournis-

sent la preuve que le sol situé dans les profondeurs de la mer peut être agité de la même façon que la surface de la terre ferme.

Mais parmi les phénomènes les plus intéressants qui accompagnent souvent les grands tremblements de terre, il faut ranger les *mouvements de l'eau de mer*, qui se font sans tremblement de mer.

Pendant les forts tremblements de terre qui s'exercent dans les pays côtiers, un mouvement très-vif des eaux de la mer se produit, soit en même temps que les chocs terrestres, soit immédiatement après. L'eau s'éloigne d'abord rapidement des rives et sur une étendue souvent très-considérable, le fond de la mer est mis à sec même pendant le flux, jusqu'à ce que l'eau rassemblée en une vague immense revienne avec une violence inouïe, et, franchissant ses bords, inonde l'intérieur du pays.

La retraite et le retour des eaux se répètent ordinairement plusieurs fois avec une énergie décroissante, jusqu'à ce que l'équilibre soit rétabli. Mais si la cause de l'agitation persiste, l'eau de la mer se retire de plus en plus, les vagues deviennent de plus en plus hautes avant de revenir à l'assaut, le ressac augmente et devient de plus en plus violent et de plus en plus élevé.

Lorsque les côtes ne sont pas escarpées, de grandes étendues de la plage peuvent ainsi être mises à nu. Pendant le tremblement de terre qui coïncida avec l'éruption du Monte Nuovo, près de Pouzzoles, le 27 septembre 1538, l'eau se retira si loin que presque tout le golfe de Baja se trouvait à sec. En 1699, pendant un tremblement de terre, la mer se retira de la côte de Catane à 4000 mètres de distance, et en 1690, pendant le tremblement de terre de Pisco, la mer se retira même à la distance de 15 kilomètres, et la grande vague n'apparut qu'au bout de trois heures pour reprendre de nouveau possession de l'ancien domaine de la mer.

Quelquefois la vague apparaît d'abord et la retraite ne se fait qu'après. La structure de la côte a peut-être quelque influence sur ce phénomène, mais d'ordinaire ce mode de mouvement se fait sur des points éloignés du siége du tremblement de terre, et la vague n'est que la contre-partie de la retraite des eaux sur un autre point.

En effet la rupture d'équilibre qui se fait dans l'eau ne se borne pas aux côtes frappées par le tremblement de terre, mais se propage en grandes vagues au milieu de l'Océan. On ne remarque pas ces vagues en pleine mer, car elles sont très-larges et elles se gonflent si graduellement que leur élévation disparaît dans l'immensité de l'espace. On peut aussi difficilement voir sur la mer la vague produite par un tremblement de terre qu'on y peut apercevoir la grande vague, qui, suivant le mouvement de la lune, roule perpétuellement sur l'Océan. Ce n'est que sur les côtes, où les vagues viennent se heurter, que l'on peut reconnaître le mouvement par le gonflement des flots et par leur débordement.

Pour les côtes habitées, ces troubles de la mer sont habituellement beaucoup plus dangereux que les tremblements de terre qui leur ont donné naissance. L'eau se précipite avec une fureur extraordinaire par-dessus les bords, détruit tout ce qui n'est pas capable d'opposer une résistance suffisante, et emporte au retour les débris pour les déposer au fond de l'Océan. Le phénomène se produit en outre d'une manière si imprévue et avec tant de rapidité qu'il est impossible de sauver quelque chose.

Immédiatement après les premiers chocs du tremblement de terre de Lisbonne, en 1755, la mer s'éleva comme un rempart de 15 à 20 mètres de hauteur au-dessus de son plus haut niveau. Les vaisseaux furent jetés de tous côtés comme pendant la tempête la plus violente, puis la mer tomba dans la même proportion au-dessous du niveau le plus bas du reflux. La vague du tremblement de terre se répéta quatre fois mais à un moindre degré. De grands dégâts furent ainsi produits sur toute la côte occidentale de l'Espagne et du Portugal. Cependant le mouvement se propagea encore très-loin dans la mer et fut observé non-seulement sur les côtes de l'Afrique, de l'Irlande, de Madère, mais même à l'autre extrémité de l'Océan, aux Petites Antilles. Le 28 octobre 1724, Lima fut détruit par un tremblement de terre. La mer s'éleva dans la soirée du même jour à 27 mètres au-dessus de son niveau ordinaire à Callao, port de Lima très-rapproché de la ville, se précipita ensuite sur celle-ci et la détruisit si complétement qu'il n'y resta plus une seule maison ni presque plus d'habitants. Il y avait dans le port des vaisseaux dont plusieurs sombrèrent immédiatement et dont les autres, arrachés de leurs ancres, furent entraînés par la vague de sorte qu'on les retrouva, après le départ des eaux, couchés sur la terre à une lieue du rivage. La vague la plus haute que l'on ait observée pendant un tremblement de terre fut celle qui se forma le 6 octobre 1737 sur la côte de Lepatka et que l'on croit avoir atteint 70 mètres.

Les violents tremblements de terre qui régnèrent au mois

d'août 1868 le long de la côte occidentale de l'Amérique du
Sud, produisirent, dans l'Océan Pacifique, des phénomènes
qui s'étendirent sur toute la mer et qui portèrent leurs ravages
sur les rives les plus éloignées. Mais cette fois on eut l'occasion d'étudier le phénomène de la manière la plus exacte.

Les oscillations de la mer et les destructions étaient naturellement plus considérables sur les côtes de l'Amérique méridionale que partout ailleurs. Mais même sur le côté opposé de
l'Océan, où l'on ne savait absolument rien du tremblement de
terre, les dégâts furent immenses. La côte orientale de la Nouvelle-Zélande et les îles Chatam furent dévastées le 15 août,
et surtout la petite baie de la presqu'île de Banks qui se trouve
dans l'île la plus méridionale de la Nouvelle-Zélande. A Lyttelton
(Litteltown?) la mer se retira, entre 3 et 4 heures du matin, de
façon que la baie qui se trouve près de la ville fut mise complétement à sec. Mais à 4 heures et demie elle reparut sous la
forme d'une vague de plus de trois mètres de haut et dépassa de
plus d'un mètre la hauteur ordinaire du flux. Vers 5 heures du
matin l'eau se retira de nouveau et ne revint qu'à 7 heures 1/4.
La troisième fois le retour de la mer eut lieu à 9 heures et
demie et la dernière fois à 11 heures. A la baie du Pigeon, il
y eut successivement sept vagues qui laissèrent une multitude
de poissons sur le sol. La première de ces vagues fut la plus
forte et les autres allèrent toujours en diminuant; cependant le
flux et le reflux ne redevinrent normaux que le 18 août. Les
îles Chatam sont éloignées d'environ 3750 kilomètres des îles de
Banks, et cependant elles furent elles-mêmes considérablement ravagées. Il s'y forma trois grandes vagues qui détruisirent toutes les habitations de la côte. En Australie ce fut surtout la Nouvelle-Galles du Sud qui fut atteinte, et dans le port
de Sidney, l'eau s'éleva et s'abaissa de plusieurs pieds à différentes reprises.

Le tremblement de terre avait débuté le 13 août 1868. Vers
cinq heures, on sentit le premier coup violent dans la contrée
montagneuse située derrière Arica, et de là le tremblement
s'étendit vers le nord jusqu'à Callao (à 4875 kilomètres) et vers le
sud jusqu'à Cobijia (à 2100 kilomètres du point d'origine). Trois
oscillations succédèrent à ce premier choc et chacune d'elles
fut suivie d'une vague. A Islay et à Iquique la vague avait
13 mètres de hauteur. Comme le premier choc fut ressenti
presque en même temps dans ces deux endroits, et qu'Arica se
trouve à peu près à égale distance des deux, on peut considérer
ce point de la côte comme le point central de l'ébranlement.

La vague qui partit de là pour s'étendre sur tout l'Océan,
avait une vitesse de translation différente selon les directions.
Les résultats de l'observation de cette vague se trouvent con-
signés dans la tableau suivant qui est très-instructif.

Chemin suivi par le flot	Distance en milles marins	Durée du parcours	Vitesse de la va- gue par heure, exprimée en milles marins
D'Arica à Valdivia.......	1420	5 h. 00 m.	284
— à Newcastle.....	7380	16 h. 02 m.	319
— aux îles Chatam	5520	15 h. 19 m.	360
— à l'île Oparo (à 144°17′long. ouest 27° 40′ latit. sud).	4057	11 h. 11 m.	362
— jusqu'à Honolulu (îles Sandwich)..	5580	12 h. 37 m.	442

La vitesse différente dans les diverses directions s'explique
par la profondeur variable de la mer qui facilitait ou retardait
le mouvement parce que toute la masse d'eau y prit part et
non pas seulement la surface comme dans les tempêtes.

Le grand flot produit par la lune se meut absolument comme
le flot des tremblements de terre; en effet, la rapidité de transmission de la vague lunaire correspond exactement, dans
les parages cités précédemment, à la vitesse de la vague du
tremblement de terre. Ainsi, par exemple, le flot lunaire met
16 heures pour arriver d'Arica aux îles Samoa, le flot du tremblement de terre y est arrivé en 16 h. 2 min. ; le flot lunaire
met 13 heures pour aller d'Arica aux îles Sandwich, le flot du
tremblement de terre y est arrivé en 12 h. 37 minutes.

Des résultats identiques avaient été déjà obtenus lors du
tremblement de terre de Simoda, au Japon, le 23 décembre
1854. Une vague formidable, qui avait d'abord inondé le pays,
arriva 12 heures et demie plus tard sur les côtes de Californie
qui sont séparées de 4810 milles marins du point d'origine de la
vague : elle avait donc parcouru 360 milles marins par heure.

Les grandes vagues produites par les tremblements de terre
constituent des phénomènes si remarquables qu'on a, cela
se comprend facilement, essayé à diverses reprises de les
expliquer. On a prétendu d'abord que les tremblements de
terre sous-marins produisaient des affaissements considérables,
et que ces affaissements en appelant pour ainsi dire les eaux
de la mer, produisaient la retraite des eaux le long des côtes;

on a aussi admis que le fond de la mer se soulevait en formant
une espèce de tuméfaction considérable suivie d'un affaissement, et produisait ainsi un dérangement dans l'équilibre des
eaux. On a encore recherché des explications bien plus compliquées; on a invoqué le magnétisme terrestre et d'autres
forces semblables. Et cependant la cause semble être très-
simple et tout à fait mécanique!

L'Océan peut être considéré comme un vase rempli d'eau et
dont les parois sont formées par les rivages du continent.
Comme chaque coup un peu fort donné contre un vase plein
d'eau produit un mouvement très-vif dans le liquide, de
même tout ébranlement suffisant des côtes de l'Océan mettra
en mouvement les eaux qu'il contient.

Les effets du choc ne sont souvent pas appréciables sur le
vase, ses parois tremblent à peine et cependant l'eau éprouve
des mouvements marqués. Les ébranlements terrestres des
côtes peuvent de même produire des oscillations considérables
dans l'eau de la mer sans que le sol de la terre ferme présente
des mouvements sensibles.

EFFETS DES TREMBLEMENTS DE TERRE.

Si les effets des tremblements de terre faibles sont d'ordinaire tout à fait insignifiants, les effets des tremblements de
terre violents peuvent devenir terribles, surtout si ces phénomènes se sont produits subitement. Ils deviennent alors plus
dangereux pour l'homme que les éruptions volcaniques les
plus formidables. Les tremblements de terre de Lisbonne, de
Riobamba, de Caracas, du Pérou, en 1868, etc., vivront dans
la mémoire des hommes aussi longtemps qu'il y aura une histoire.

La puissance destructrice des tremblements de terre s'exerce
d'abord sur les objets qui sont faiblement rattachés à la surface
de la terre et qui ne possèdent qu'une élasticité trop faible
pour céder aux ébranlements du sol. Les murailles se fendent
et s'écroulent, les bâtiments sont arrachés du sol avec leurs
fondations et brisés, et leurs ruines présentent l'image d'une
effroyable destruction. Peu d'instants suffisent pour produire
les dévastations les plus formidables.

Pendant le tremblement de terre du 7 juin 1692, à la Jamaïque
la terre oscilla visiblement à Port-Royal; tout s'effondra pêle
mêle, des hommes furent renversés et jetés de côté et d'autre,
tandis que plusieurs d'entre eux furent lancés directement en

l'air. Il y en eut même qui, se trouvant au milieu de la ville, furent lancés par-dessus les ruines jusque dans le port et purent alors se sauver à la nage! Le grand tremblement de terre (déjà plusieurs fois cité) du mois d'août 1868, dans l'Amérique du Sud, détruisit (le 13 du mois) les villes d'Iquique, de Moquegua, de Locumba, de Pisagua; Arica, ville de 12,000 habitants, ne formait plus qu'un monceau de ruines : presque rien ne fut épargné dans un cercle de plusieurs centaines de kilomètres. Le 16 août, jour où le tremblement de terre reprit de nouvelles forces, les villes d'Ibarra, de San-Pablo, d'Atuntaqui et d'Imantad furent dévastées et un grand nombre de petites localités complétement détruites. Le nombre des hommes qui périrent a été évalué à 4,000 dans l'Ecuador et à 30,000 dans la Nouvelle-Grenade. — Le 29 juin 1873, c'est-à-dire le premier jour du tremblement de terre de Belluno, que l'on peut compter parmi les plus violents qui se soient fait sentir dans les Alpes, mais qui ne peut être comparé aux grands tremblements de terre des autres contrées, ce jour, dis-je, la plupart des maisons de Conegliano, de Puas, de Curango, de Visone et d'un grand nombre d'autres endroits furent ruinées; plusieurs maisons s'écroulèrent même à Vérone, et l'église Saint-Pierre de Venise fut fortement endommagée. — L'année 1870, qui cependant ne présenta pas de tremblement de terre considérable en Italie, fournit, d'après un relevé officiel, 2,225 maisons ruinées, 98 personnes tuées et 223 grièvement blessées.

Les effets les plus terribles des tremblements de terre ne sont pas dus aux oscillations du sol ni à ses crevassements, mais aux conséquences de ces phénomènes : l'envahissement du sol par la mer, la ruine des constructions humaines, la chute des maisons et des églises, les avalanches de roches détachées par les éboulements. Ce sont ces conséquences qui ont coûté la vie à tant d'hommes pendant certains tremblements de terre.

On prétend que le tremblement de terre de Sicile, en 1693, coûta la vie à environ 6,000 personnes, et l'on assure que celui de 526, sous l'empereur Justin, en détruisit plus de 120,000. Dans l'Amérique méridionale, le tremblement de terre de Riobamba coûta la vie à 40,000 personnes à peu près dans la seule journée du 4 juillet 1797, et le désastre ne fut guère moindre, d'après les évaluations les plus faibles, pendant le tremblement de terre du Pérou, au mois d'août 1868.

Les tremblements de terre ont une importance d'une nature toute différente pour le sol parce que la plupart d'entre eux

passent sans avoir produit d'effets visibles : beaucoup de
grands tremblements de terre ne laissent pas de changements
apparents à la surface du globe. Très-souvent cependant les
montagnes et les autres roches sont fissurées et désagrégées
assez profondément pour qu'un choc léger puisse les réduire
en fragments. Dans ces cas, des ébranlements terrestres très-
faibles peuvent devenir dans une contrée la cause de modifications considérables.

Pendant un tremblement de terre qui ne dura que quelques
secondes, le 9 mars 1830, la partie supérieure d'une haute montagne, située près de Kisliar, dans le Caucase, fut précipitée
en bas et couvrit de décombres et de blocs de rochers une
riche et fertile vallée, avec toutes ses habitations.

La Maurienne, en Savoie, fut ébranlée pendant les mois de
janvier et de février 1840 par des ébranlements terrestres
presque continus. Le 30 janvier plusieurs montagnes situées
près de Salins, dans le Jura français, s'écroulèrent, et entre
autres le Cernans, montagne d'une hauteur assez considérable.

Des masses d'éboulis et de quartiers de rocs furent précipités, pendant le tremblement de terre de la Calabre, en 1783,
dans la partie inférieure d'une vallée située près de Sitizzano, et
ils la bouchèrent si complétement que la rivière qui la traversait
ne put franchir l'obstacle et se transforma en lac. Un événement tout à fait semblable eut lieu au Mexique le 9 octobre
1868 : des éboulements de montagnes entravèrent un cours
d'eau et le transformèrent en lac.

Lorsque les roches et les montagnes ne sont ni fissurées
ni fracturées, il faut des secousses terrestres plus violentes
pour amener des changements visibles à la surface de la
terre. Ces changements dépendent cependant beaucoup plus
de la structure géologique de la contrée que de la force des
secousses. Ces secousses peuvent passer sans laisser de traces
dans des terrains meubles, mous ou tenaces comme le sable,
le gravier ou l'argile. Mais lorsque les couches de la surface
terrestre sont peu flexibles ou trop cassantes pour résister aux
mouvements violents du sol, alors elles se brisent et donnent
lieu à des crevasses larges et béantes.

On sait que dans certains districts, des centaines de fentes
semblables se sont produites et que le terrain y était déchiré
dans tous les sens. Le tremblement de terre de la Calabre, en
1783, fut surtout remarquable par le grand nombre et la largeur
des fentes produites : il y en avait de plusieurs pieds de largeur
et qui s'étendaient à plusieurs kilomètres. Il s'en forma entre

autres une au pied des monts granitiques, près de Polistena, qui présentait plusieurs mètres de largeur et qui avait une étendue de 9 lieues. Près de Plaisáno on voyait une crevasse de 35 mètres de largeur, de 75 mètres de profondeur et qui s'étendait sur une longueur de 7500 mètres. La crevasse du mont San-Angelo était aussi l'une des plus considérables (fig. 29).

Le 21 octobre 1868, San-Francisco et une grande partie de la Californie furent soumis à de grands tremblements de terre. Il se forma dans le voisinage et même dans les rues de la ville des crevasses très-longues dont quelques-unes avaient de 14 à 18 mètres de largeur.

Fig. 29. — Fente de la montagne de San-Angelo.

C'est de la nature du mouvement terrestre que dépend la forme ultérieure de la crevasse : lorsque les mouvements se prolongent il peut arriver, dans certains cas, que les crevasses continuent à s'élargir et à s'allonger; d'autres fois, au contraire, les bords en sont de nouveau rapprochés et réunis par compression. Il arrive fréquemment alors que les côtés des fentes sont dérangés et ne se correspondent plus exactement.

Pendant le tremblement de terre de la Calabre, une crevasse se forma sous une tour de Terra Nuova : les deux moitiés de la tour ne s'écroulèrent point; mais lorsque, à la suite de secousses ultérieures, les bords de la fente se rejoignirent, les

couches terrestres avaient tellement dévié que les deux moitiés de la tour ne correspondaient plus entre elles. A Terra
Nuova et dans beaucoup d'autres villes, des maisons s'abîmè-
rent dans des crevasses qui se refermèrent plus tard avec tant
de force que tout fut broyé dans leur intérieur.

Ces crevasses mettent à nu des couches habituellement recouvertes et il s'en échappe des masses d'eau, de la vase et quelquefois des gaz. Dans les villages de Samo et de Locomba, aux
environs d'Aréquipa, des crevasses se formèrent le 13 août 1868,
crevasses d'où s'échappèrent de véritables torrents de vase et
d'eau. Peu de temps auparavant, le 4 avril de la même année,
un tremblement de terre, à Hawaï, avait fait sortir du sol une
quantité si considérable de boue que tout un village en fut
recouvert.

Les masses d'eau accumulées sous terre profitent de l'occasion qui leur est offerte par les crevasses pour sortir quelquefois avec tant de violence qu'elles jaillissent très-haut sous
forme de jets d'eau.

Pendant les trois premières années du dernier siècle, des
tremblements de terre désolèrent le midi du royaume de Naples et surtout les Abruzzes. Près de la ville d'Aquila, qui fut
détruite de fond en comble, il se forma des crevasses qui reje-
tèrent des masses si considérables d'eau, de boue et de pierres
que les champs restèrent pendant longtemps incultes : l'eau avait
jailli au-dessus du sommet des plus grands arbres. La vallée du
Mississipi présenta aussi un nombre extraordinaire de ces
sources jaillissantes, pendant le tremblement de terre de 1811.
On pouvait en compter des centaines sur un très-petit espace, et
l'eau qui s'en échappait s'élevait à 20 ou 25 mètres de hauteur.
Parmi les tremblements de terre récents, ceux de San Francisco, en Californie, se firent remarquer par le même phénomène. Du 6 au 8 octobre 1865, les sources jaillissantes y formaient une longue rangée près des bords du fleuve, et quelques
années plus tard, le 21 octobre 1868, il s'en forma même entre
les maisons de la ville.

Lorsque ces éruptions d'eau ou de boue traversent, en colonne puissante, des masses meubles (comme cela eut lieu dans
les couches du diluvium près de Nouvelle-Madrid, au Mississipi, et en 1838, dans les plaines de la Valachie), elles creusent dans le sol des ouvertures arrondies et évasées vers le
haut : ces ouvertures, connues sous le nom d'*entonnoirs*,
restent quelquefois longtemps visibles, qu'elles soient à sec ou
remplies d'eau.

Mais les conséquences les plus importantes des tremblements de terre, ce sont les *changements de niveau* qu'éprouve la surface terrestre.

On croit avoir observé des cas où de petites portions de terrain bien délimitées ou même de grandes surfaces ont été *tout à coup soulevées* par un tremblement de terre et ont persisté dans cette position après la fin du tremblement.

Les pays côtiers sont surtout favorables à ces sortes d'observations parce que le niveau constant de la mer permet de juger des changements qui ont lieu près des côtes.

On remarque fréquemment sur les côtes abruptes du Chili, des lignes horizontales, sous forme de sillons, qui se trouvent à des hauteurs différentes du niveau de la mer. Ces lignes sont des marques des anciens bords de la mer et ont été produites par les vagues qui creusaient la roche et y laissaient leurs traces. Les lignes creusées dans les rochers ont donc été autrefois en contact avec la mer, et comme elles ne sont plus atteintes maintenant par les brisants les plus élevés et que le niveau de la mer n'a pu changer (car sans cela on ne rencontrerait pas ce phénomène sur la côte chilienne seulement mais sur toutes les côtes de l'Océan), il faut en conclure que cette partie du pays a été soulevée au-dessus du niveau des eaux jusqu'à la hauteur qu'elle occupe maintenant.

Sur toute la côte occidentale de l'Amérique du Sud, comprise entre 45° et 12° latitude sud, on voit des saillies en forme de terrasses présentant des dépôts de sable marin et de coquilles de mollusques qui vivent encore actuellement dans ces parages. Aux environs de Coquimbo, on rencontre à une altitude de 70 à 80 mètres, de nombreux restes de *Pecten purpuratus*, de *Venus opaca* et de *Turritella cingulata*. Près de Conception, on rencontre même des traces de l'action de la mer à 208 mètres de hauteur et, près de Valparaiso, à 430 mètres. Ces dépôts se sont aussi faits autrefois sur les bords de la mer, et comme la marée la plus élevée ne peut les atteindre, elles ne doivent leur position actuelle qu'à un soulèvement du pays.

On attribue fréquemment ce soulèvement à l'action des tremblements de terre. Les chocs terrestres ont, dit-on, soulevé, par une seule poussée rapide, des masses terrestres de plusieurs centaines de kilomètres carrés, à plusieurs mètres de hauteur au-dessus du niveau actuel de la mer, et pendant le tremblement de terre de 1822 ce soulèvement aurait atteint un mètre sur une longueur de 9000 kilomètres

Nos connaissances actuelles ne nous permettent pas d'admettre que les tremblements de terre produisent des soulèvements.

Il est hors de doute qu'il se produit, sur divers points de la terre, des soulèvements limités et des soulèvements de grandes étendues de pays. Mais il ne s'agit point ici de *soulèvements qui augmentent graduellement* et qui consistent pour ainsi dire en une tuméfaction lente du sol changeant le niveau des pays ; ces soulèvements peuvent être observés dans des contrées qui n'ont jamais été ébranlées par les tremblements de terre, et que l'on reconnaît à des dépôts marins élevés ou à des lignes de rivage. Il s'agit, au contraire, de *soulèvements effectués subitement*, qui se produisent en un clin d'œil à la suite d'un choc terrestre.

Depuis que l'on a observé scientifiquement les tremblements de terre et que l'on a cherché à connaître leurs phénomènes et leurs conséquences, *on n'a jamais pu observer un seul cas de soulèvement à la suite de plusieurs milliers de tremblements.* Toutes les prétendues observations de soulèvement proviennent d'une époque où les tremblements de terre étaient plutôt un sujet de conversation que de recherches scientifiques.

Nous ne pouvons donc admettre que les tremblements de terre produisent des soulèvements tant que ce fait n'aura pas été scientifiquement prouvé.

Il y a, du reste, encore une autre circonstance qu'on n'a point examinée suffisamment, et qui est tout à fait contraire aux prétendues observations d'autrefois. Si les tremblements de terre produisaient un soulèvement subit dans un district côtier, il en résulterait une entrave à l'écoulement des eaux venant des contrées intérieures; l'eau devrait s'accumuler en certains points, chercher un autre cours et une issue différente. Mais aucun fait de ce genre ne s'est produit après les prétendus soulèvements.

On pourrait cependant supposer que les soulèvements produits sur un district côtier s'étendent à tout le bassin des rivières jusqu'à leur origine. Dans ce cas le cours de l'eau ne serait pas entravé; mais l'effet de ce soulèvement deviendrait très-apparent à l'embouchure des fleuves et des rivières. Le lit de l'embouchure serait alors soulevé au-dessus du niveau de la mer et l'eau serait obligée de se précipiter par-dessus la côte. Là surtout où les vallées fluviales se terminent sur des côtes rocheuses, par conséquent dans les places où l'on rencontre la trace des flots et les lignes des anciennes rives, l'eau serait obligée, après un soulèvement, de se précipiter à son embouchure, et ne pourrait, qu'après un temps très-long, se creuser dans le roc un lit au niveau de la mer : la cascade terminale devrait donc persister longtemps après le soulèvement. Mais l'expérience nous prouve que jamais un tel cas ne s'est présenté.

Il en est tout autrement des changements de niveau produits par des *affaissements subits* après des tremblements de terre. On a pu observer fréquemment des cas nombreux d'affaissements de ce genre, soit d'une petite, soit d'une grande étendue, dans des pays côtiers ou dans l'intérieur des continents. Les affaissements produits dans les pays intérieurs se font remarquer par des accumulations d'eau et par la formation de lacs; près des côtes, la rive, couverte souvent de plantations et de maisons, est envahie par les eaux et l'on peut encore longtemps après retrouver, dans le nouveau fond de la mer, les fondations des bâtiments et les racines des arbres.

D'anciens récits japonais nous apprennent que lors de la naissance du volcan Fusi-no-yama, dans l'ile de Nipon, en 285 avant J.-C., des tremblements de terre violents ravagèrent le pays; une grande étendue de la surface de la province Oomé s'affaissa assez profondément pour donner naissance au lac de Mitsammie qui compte 60 kilomètres de longueur sur 15 de largeur.

Pendant le terrible tremblement de terre qui ravagea tout le Pérou et détruisit Lima le 28 octobre 1746, une partie de la côte située près de Callao, s'affaissa et donna naissance à une nouvelle baie.

Un événement semblable eut lieu pendant le tremblement de terre du Bengale en 1762. Près de Chittagong, une portion de la côte que l'on prétend avoir été de 155 kilomètres carrés s'affaissa et fut submergée. Les collines avaient disparu complétement sous l'eau et les cimes des plus hautes montagnes apparaissaient seules au-dessus.

Le grand tremblement de terre qui régna près du Mississipi de 1811 à 1812, produisit, à plusieurs reprises, des affaissements dont quelques-uns étaient si considérables qu'ils donnèrent naissance à des lacs ayant parfois jusqu'à 150 kilomètres de diamètre. Tout le voisinage de Nouvelle-Madrid s'affaissa et la ville elle-même s'abaissa considérablement. On pouvait suivre la trace des affaissements sur une étendue de 600 kilomètres de longueur et de 225 de largeur, et plusieurs années après on pouvait encore voir des arbres sous l'eau.

En 1819, le tremblement de terre de Cutsch agita les bords orientaux de l'Indus et abîma le village et le fort de Sindree. Un canton de 520 kilomètres carrés disparut et fut transformé en lac. La tour du fort ne fut pas renversée et les personnes qui s'y réfugièrent purent plus tard être recueillies et sauvées par des bateaux.

Dans ces derniers temps, il s'est fait de si nombreux affaissements à la suite de tremblements de terre connus, que leur énumération deviendrait fatiguante. Mais à cause de l'importance du sujet nous allons mentionner les suivants.

Au mois de février 1865, une des îles du groupe des Maldives fut engloutie subitement.

Le 29 octobre 1865, une portion de pays, nouvellement défriché, près de Waedenswyl, disparut dans le lac de Zurich. La profondeur du lac qui était d'abord de 5 pieds atteignit 20 pieds après l'événement.

Le 29 janvier 1866 on ressentit, à Rekow, village situé près de Büttow en Poméranie, un violent ébranlement terrestre et l'on entendit en même temps un fracas souterrain. Au même instant une masse de terre de deux arpents disparut dans le lac situé près du village, et un grand nombre de fissures s'ouvrirent dans le sol du village.

Un tremblement de terre se fit sentir au lac Majeur, le 15 mars 1867, à 6 heures du soir, sur toute la rive comprise entre Magadino et Arona. Les bateaux à vapeur qui se trouvaient sur le lac le ressentirent eux-mêmes comme tremblement d'eau. Une partie du village de Feriolo, situé sur la route du Simplon, fut submergée par le lac ainsi qu'une portion de la route alors en construction.

Des affaissements terrestres considérables se produisirent aussi pendant le grand tremblement de terre du Pérou, au mois d'août 1868. De grandes étendues de terres s'affaissèrent lorsque les chocs formidables du 16 août se firent sentir dans le nord de l'Ecuador, et principalement le long de la chaîne de montagnes entre Mojanda et San-Lorenzo; à la place de la Gotachi on trouve maintenant un lac.

Le 21 octobre de la même année il y eut un tremblement de terre des plus violents en Californie. Quelques rues de la ville de San-Francisco s'affaissèrent de plusieurs pieds et ce phénomène était encore bien plus apparent dans les environs de la ville.

Plusieurs maisons de la place du marché et une partie du marché du village Pella, près du Lago di Orta, furent englouties subitement dans le lac, le 6 décembre 1868.

Un tremblement de terre formidable se fit sentir dans l'Asie Mineure le 10 décembre 1869. La ville d'Onlah fut détruite par trois secousses. Au début on avait entendu un fracas souterrain, puis on sentit le premier choc violent après lequel les habitants s'enfuirent. Réfugiés sur une colline voisine ils purent voir des crevasses s'ouvrir sous la ville et la ville elle-même s'affaisser peu à peu jusqu'à ce qu'elle eût complétement disparu au bout de quelques minutes.

Parmi les tremblements de terre les plus violents, on compte celui du 11 avril 1871 qui détruisit la ville de Battang en Chine et fit périr plusieurs milliers de personnes. Les affaissements étaient si considérables que des collines s'entr'ouvrirent et qu'un certain nombre de petites collines disparurent complétement.

Dans l'Orange County (Amérique du Nord) il y eut des affaissements considérables le 4 novembre 1871. Des arbres et des maisons furent jetés çà et là, puis la terre s'affaissa peu à peu et fut remplacée par de l'eau. Orlando fut complétement submergé et les lacs, depuis Apopkalis jusqu'au lac de Conway, furent réunis en un grand lac intérieur.

L'on peut citer pour l'année 1873 plusieurs tremblements de terre accompagnés d'affaissements. Au commencement de l'année il y eut de ces affaissements, par secousses, dans le Dora supérieur et inférieur, en Sardaigne; ils continuèrent jusqu'au mois de février. Ils se produisirent aussi bien dans le pays plat (Bavari) que dans les montagnes. Les montagnes glissaient, avec tout ce qu'elles portaient, au fond des vallées. Le mont Bergalino, sur lequel se trouvent les villages de Tornalia et de San-Marco d'Uri, se fendit. — Il y eut aussi des affaissements pendant le tremblement de terre de Belluno du 29 juin 1873, que nous avons déjà cité tant de fois. C'est surtout entre Chiese et Inrighe que ces affaissements se répétèrent le plus souvent.

CAUSE DES TREMBLEMENTS DE TERRE.

De tout temps les tremblements de terre ont dû attirer l'attention des hommes, mais on s'abandonnait avec résignation au sort inévitable qu'ils amenaient. On ne peut deviner que d'une manière incomplète les idées que les anciens s'étaient faites de ces phénomènes, puisqu'ils n'ont pas été admis dans le cercle des mythes ou des légendes.

Lorsque les sciences naturelles et surtout la géologie commencèrent à être cultivées, des problèmes tels que la recherche de la cause des tremblements de terre semblaient insolubles par la voie des recherches et l'on inventa, par conséquent, des explications hypothétiques, qui se mêlèrent peu à peu si intimement aux faits et qui furent si bien appliquées à tous les cas, qu'elles restèrent en vogue pendant très-longtemps.

Les recherches véritablement scientifiques sur les tremblements de terre n'ont été entreprises que tout récemment et nous avons, par conséquent, été obligé, en décrivant ces phénomènes, de nous en rapporter surtout aux événements récents. Les résultats obtenus jusqu'ici et qui nous éclairent sur la nature et sur la cause de ces phénomènes merveilleux peuvent être résumés en peu de mots dans les formules suivantes :

Nous nommons tremblements de terre des commotions de la surface solide du globe, qui sont provoquées par des forces naturelles inconnues mais souterraines.

Les tremblements de terre ne sont point déterminés par une force unique et spéciale répandue uniformément dans les profondeurs de la terre, mais ils consistent en effets identiques produits par des causes très-diverses.

On peut diviser les tremblements de terre en deux grands groupes : nous appellerons le premier, *groupe des tremblements de terre volcaniques*, et le second, *groupe des tremblements de terre non volcaniques*.

TREMBLEMENTS DE TERRE VOLCANIQUES.

Les tremblements de terre volcaniques sont limités au voisinage plus ou moins immédiat des volcans actifs; ils dépendent de l'état du volcan et sont dans la relation la plus intime avec l'activité volcanique. Plus cette activité est énergique plus aussi les tremblements de terre sont fréquents et leur violence est généralement, quoique pas toujours, en rapport avec le degré de l'activité volcanique.

Le plus souvent aussi il est impossible de douter du siége réel du tremblement de terre, puisqu'on le ressent le plus violemment au volcan même et que cette violence diminue au fur et à mesure qu'on s'éloigne de la montagne.

On se trompe ordinairement sur le nombre considérable des tremblements de terre volcaniques, parce que la plus grande partie des tremblements faibles sont bornés à la cime de la

montagne ou au cône volcanique et qu'ils ne sont par conséquent perçus que par les observateurs qui s'y trouvent accidentellement. Il y a des volcans dont les cimes sont agitées continuellement pendant des jours, des semaines et des mois entiers,
lors d'une éruption. Des secousses plus violentes se font sentir,
plus ou moins fréquemment, à la base et dans le voisinage du
volcan pendant les intervalles de repos, mais elles deviennent
innombrables au début ou pendant la première phase de l'éruption. Des chocs qui se succèdent rapidement, alternent avec des
ébranlements très-vifs, et pendant le repos, des tremblements
et des tressaillements légers semblent parcourir la surface du
sol. Il est souvent arrivé que les environs de volcans rarement
actifs ont été visités par des tremblements de terre pendant
des années entières avant une nouvelle éruption, et les dégâts
qu'ils occasionnaient alors étaient de beaucoup plus considérables que ceux de l'éruption.

La première grande éruption du Vésuve (79 ap. J.-C.) fut
annoncée par de violents tremblements de terre presque continus, qui avaient commencé plusieurs années auparavant, mais
qui devinrent si violents en 63, que les villes d'Herculanum et
de Pompei, recouvertes plus tard par les produits volcaniques,
furent d'abord détruites. Il y eut alors une période de plusieurs
années de repos; mais bientôt après les tremblements de terre,
quoique faibles, se firent sentir de nouveau. Le 23 août 79
(ap. J.-C.), leur violence devint encore une fois menaçante,
lorsque le 24 août la catastrophe débuta par des chocs terrestres continus.

Le commencement de l'éruption du Temboro fut accompagné
de tremblements de terre si violents, qu'ils ravagèrent non seulement toutes les îles voisines, mais qu'ils provoquèrent encore
une violente agitation de la mer : elle s'éloigna du rivage, comme
dans les grands événements de ce genre, et revint ensuite sous
la forme d'une grande vague s'abattre sur le pays, entraînant
avec elle arbres et maisons et rejetant les vaisseaux, qui vo-
guaient en pleine mer, jusqu'à l'intérieur de la terre ferme.

Avant la grande éruption du Gelungung, le 8 octobre 1822,
il n'y eut pas de tremblements de terre continus ; mais dans
l'après-midi, au moment où la colonne de fumée noire s'éleva
du cratère, de violentes secousses se firent sentir en même
temps qu'un tonnerre souterrain, né dans le volcan. Les oscillations du sol étaient si violentes qu'un grand nombre d'habitants furent renversés pêle-mêle. Lorsque l'éruption cessa
subitement à la fin du jour, les tremblements de terre ces-

sèrent aussi et firent place à un repos qui dura pendant quatre jours, jusqu'au moment où l'éruption recommença le soir du 12 octobre, accompagnée d'oscillations des plus violentes.

Quoiqu'il y ait quelques éruptions qui se fassent assez tranquillement, on en voit cependant rarement qui parcourent toutes leurs phases sans être accompagnées de secousses vives du sol.

On peut se rendre compte de la cause des agitations terrestres que l'on ressent, en s'approchant du cratère d'un volcan en activité moyenne, lorsque la cheminée est pleine de lave et que la colonne de fumée n'est pas trop épaisse pour cacher les phénomènes qui se passent au fond du cratère.

La lave incandescente y bouillonne : sa masse tenace se gonfle lentement, sa partie supérieure s'élève de plus en plus, une nuée de vapeurs s'en échappe en pétillant ou en détonant, et au même instant on sent la terre trembler sous les pieds. La vapeur s'échappe alors du cratère sous forme d'un nuage blanc et se dissipe bientôt dans l'air ou se joint aux vapeurs nombreuses des fumeroles, pour former une épaisse colonne. Chaque fois qu'une nouvelle nuée de vapeurs s'échappe de la lave, la cime de la montagne tremble, et lorsque les vapeurs se succèdent rapidement, elle se maintient dans un état de tremblement continu. Lorsque les obstacles qui s'opposent à l'issue des vapeurs sont assez forts pour amener des explosions, alors les ébranlements deviennent si violents qu'il est dangereux de rester dans le voisinage de l'activité volcanique.

Les petits ébranlements terrestres volcaniques ressemblent parfaitement aux ébranlements que l'on ressent après une décharge d'artillerie ou après de petites explosions. Ici comme partout ailleurs, les mêmes causes produisent les mêmes effets. Ce sont des gaz ou des vapeurs enfermés, et à une haute tension, qui, par leur dilatation subite, rompent l'équilibre et produisent l'ébranlement.

Nous n'avons pas de motifs pour croire que d'autres causes puissent ébranler les parois des cratères sinon les vapeurs à une haute tension. Il ne se présente en effet rien dans les particularités qui accompagnent le début des tremblements de terre, ni dans les phénomènes et les faits qui se manifestent pendant les éruptions, qui puisse nous faire supposer d'autres causes.

Lorsque la vapeur est accumulée près de la bouche de la cheminée, sous le sol du cratère, et qu'elle n'a par conséquent qu'une couche mince de lave à traverser, l'ébranlement produit

se borne à la cime de la montagne seulement. Aussi ces ébranlements sont-ils les plus faibles et passent-ils souvent inaperçus.

Si la vapeur s'est amassée plus profondément dans la cheminée, au milieu par exemple, ou à la base de la montagne, elle
sera obligée pour s'échapper de soulever une colonne plus
forte de lave, par conséquent un plus grand poids. Les ébranlements produits seront moins fréquents, mais comme ils
s'étendront de tous côtés, ils agiteront toute la montagne jusqu'à la base et se distingueront encore, le plus souvent, par
leur violence.

Si les vapeurs s'accumulent plus bas que le niveau de la
contrée où se trouve le volcan, elles réussiront plus difficilement encore à se faire jour, car il leur faudra une tension
bien plus forte. Les ébranlements ne se font pas alors sentir
sur la montagne seulement, mais dans toute la contrée avoi-
sinante. En résumé, plus les vapeurs se rassemblent profondément sous la surface de la terre, plus leur progression —
qui se fait quelquefois par soubresauts — est pénible, plus aussi
les secousses terrestres s'étendent sur un espace plus considérable. L'extension des tremblements est alors favorisée ou
entravée par le degré de tension des vapeurs, par la nature
des roches et par la structure des couches géologiques de la
contrée.

Les chimistes ont quelquefois l'occasion d'observer un effet
analogue des vapeurs, effet qui nous donne une idée claire de
la manière dont les vapeurs enfermées dans la lave éruptive
font naître les secousses. Lorsque des gaz ou des vapeurs sont
contenus sous une haute pression dans un tube fermé à la
lampe, les parois de ce tube supportent tranquillement cette
haute pression intérieure tant que le tube reste fermé. Mais
il se produit le plus souvent des explosions, au moment où
l'on ouvre le tube. — Le tube a résisté à la pression intérieure, mais dès que la résistance cesse en un point par l'ouverture du tube, il se produit une très-grande inégalité de tension;
le gaz n'est plus en effet soumis près de l'ouverture qu'à la pression atmosphérique, tandis qu'à quelque distance il possède
encore sa tension primitive. Il se forme donc un courant dans
le gaz, courant qui se propage par ondulations et qui brise le
tube. *Lorsque la pression est trop faible pour briser le tube, ce
tube éprouve alors un choc analogue aux chocs terrestres.*

Le même effet se produit quelquefois dans les machines à
vapeur à haute pression : la machine résiste très-bien à une

pression considérable, mais elle éclate parfois au moment
même où on lâche la vapeur. Cet effet est entièrement analogue
à celui que produit la vapeur dans les volcans en activité.

Un grand nombre des tremblements de terre violents et souvent très-longs qu'on a pu observer, appartiennent à la catégorie des tremblements de terre volcaniques.

Le 24 décembre 1866, on ressentit un tremblement de terre
de force moyenne dans le groupe des îles Açores et surtout à
Serreta. Le 2 janvier 1867, il s'en présenta un second, et à
partir de ce moment on ressentit journellement plusieurs chocs.
Les volcans connus de ces îles restèrent cependant tranquilles
et n'offrirent pas de changements, de sorte que les tremblements de terre ne parurent pas occasionnés par eux. Il y eut
aussi une période de repos qui dura depuis le 15 mars jusqu'au 15 avril; mais alors les secousses reparurent et devinrent plus fréquentes et plus fortes, de sorte qu'on put en
compter environ 100 par jour dans la dernière quinzaine de
mai. A partir du 25 mai, la terre semblait ne plus pouvoir
se remettre au repos tant elle oscillait d'une manière continue.
Le 1er juin il y eut un choc formidable et le soir de la même
journée une éruption sous-marine se fit entre l'île de Terceira
et celle de Graciosa, à 67 kilomètres environ de Serreta, où
le tremblement de terre s'était fait sentir le plus vivement.
L'éruption fut accompagnée de tremblements de terre plus
faibles et qui avaient perdu leur violence dès son début.
Le 7 juin l'éruption était achevée et l'on ne ressentit plus,
dans le courant du mois, que quelques secousses isolées, de
plus en plus faibles et de plus en plus distantes. Du 27 juin
au 18 août, le sol resta complétement en repos. Il y eut encore
une fois, à cette dernière date, une secousse assez violente et
cette secousse termina le tremblement de terre.

Le 11 février 1868 de violents tremblements de terre furent
ressentis dans une contrée volcanique de l'Amérique centrale,
la baie de Fonseca. On avait compté déjà 200 chocs jusqu'au
17 février. Le volcan Coseguina, qui est rapproché de la contrée
où l'on avait senti le tremblement de terre, n'avait présenté
rien de particulier. A partir de la date citée les ébranlements du
sol furent si nombreux qu'on ne put plus les compter. Alors,
le 28 février, on s'aperçut que le Conchagua, montagne située
vis-à-vis de Coseguina sur une pointe opposée de la baie, en-
trait en éruption. Cette montagne paraît être un volcan ancien, qui n'avait pas été en activité depuis la découverte du
pays et qui n'était par conséquent pas considéré comme tel.

Tant que dura l'éruption, le tremblement de terre continua
en diminuant de plus en plus d'intensité.

Le gigantesque volcan Mauna-Loa est toujours en activité,
quoique les grandes éruptions ne s'y produisent que de temps
en temps. L'île Hawaï dans laquelle il se trouve est assez fréquemment agitée par des tremblements de terre, comme tout
le groupe des îles Sandwich. Mais les tremblements de terre
de 1868 y étaient tout à fait insolites par leur nombre et par
leur violence. Ils commencèrent le 27 mars, et dans l'espace de
dix jours, il y eut plus de deux mille secousses : un village fut
détruit et plusieurs centaines de personnes perdirent la vie.
Bientôt après, l'une des plus terribles éruptions du Mauna-Loa
commença. Le choc terrestre le plus fort se fit sentir le 2 avril :
hommes et animaux étaient renversés et lancés comme des
balles de caoutchouc. Une masse énorme de rochers se détacha près de Kapâpola et recouvrit une grande étendue de terrain. Les secousses étaient aussi très-violentes le 4 avril, au
moment où d'énormes masses de lave s'écoulaient du volcan.
Le terrain se crevassait en mille endroits et la boue sortait
en si grande abondance de ces crevasses, qu'un village entier
avec tous ses habitants fut englouti. La mer se retira de la côte
puis revint pour inonder et dévaster le pays. A Hilo, qui avait
été le plus exposé, le sol n'entra en repos qu'au bout d'une année.
Les chocs s'y succédaient rapidement et beaucoup de jours
étaient marqués par des secousses violentes.

Dans le Kobistan, province du Caucase, un volcan nommé
Degneh, qui n'avait point été observé jusque-là et qui paraissait
éteint, entra en éruption le 11 août 1866. La lave, dit-on, s'é-
pancha par plus de cent cônes éruptifs et se répandit, en
même temps que des torrents de boue, sur les contrées voisines. Pendant l'éruption, le pays situé entre Zurnabad, Tiflis et
Elisabethpol, fut agité par des tremblements de terre. Ces tremblements devinrent encore plus fréquents lorsque l'éruption
eut cessé et agitèrent surtout le sol de la Schemacha qui n'est
située qu'à 52 kilomètres du volcan. Les mois de janvier, mars
et juillet de 1872 furent encore remarquables par les ébranlements terrestres qui se produisirent dans la contrée.

TREMBLEMENTS DE TERRE NON VOLCANIQUES.

On ne peut pas plus douter de l'existence des tremblements
de terre non volcaniques que de celle des tremblements de
terre volcaniques : mais ceux-là sont produits par des causes

si diverses que chacun d'eux mérite d'être examiné et nécessite
une explication particulière, bien que la cause soit en définitive
toujours la même.

*La cause de tous les tremblements de terre non volcaniques
consiste toujours en mouvements mécaniques de certaines portions de la masse solide du globe,* comme affaissements, déran-
gements ou glissements des couches, changements dans l'é-
quilibre de certaines portions de roches, etc., etc. *Tout ce
qui peut donner naissance à de tels changements peut aussi
provoquer des tremblements de terre.*

Dès qu'une couche profonde, recouverte par une autre
couche, s'affaisse subitement, ce mouvement subit se transmet
à travers les couches recouvrantes et se traduit par un choc
à la surface de la terre.

On peut imiter les effets d'une pareille action en suspendant
une pierre, qui représentera une couche de roches, de telle
façon qu'un de ses côtés s'appuie sur la terre et que l'autre soit
suspendu un peu obliquement, par un fil, à une faible hauteur.
Si l'on coupe vivement le fil, il y aura un affaissement rapide
comme il s'en produit dans l'intérieur de la terre; la pierre
s'affaissera jusqu'à ce qu'elle choque la terre. Si auparavant on
a placé sur cette pierre toutes sortes d'objets, les uns reliés
solidement, les autres simplement posés dessus, ces objets
éprouveront, au moment où la pierre touchera terre, tous les
effets que l'on remarque à la surface du sol après des tremblements de terre. On peut de cette façon reproduire à volonté
les phénomènes les plus variés de ces tremblements.

Des affaissements semblables se produisent souvent dans
les couches terrestres et sont le résultat des causes les plus
diverses.

Il n'est point possible d'énumérer ici le grand nombre de
causes qui peuvent produire des affaissements dans l'intérieur
du sol et donner ainsi naissance à des tremblements de terre ;
nous sommes obligé de n'en signaler que quelques-unes, celles
qui se présentent fréquemment et qui sont universellement
répandues.

L'eau qui circule partout dans l'intérieur de la terre donne
fréquemment naissance à des mouvements de parties internes
et à des glissements de couches. Elle dissout dans sa marche
souterraine des principes de toutes les roches, avec lesquelles
elle se met en contact, d'après leur degré de solubilité. Les
substances dissoutes sont transportées par l'eau, et lorsqu'elle
se fait jour à la surface de la terre, comme source, on peut

y retrouver les éléments solubles de toutes les roches qu'elle a traversées. Ce fait peut être remarqué facilement et au bout de peu de temps lorsque les roches sont très-solubles, comme le sel marin, le gypse ou la chaux. Les sources amènent sans cesse ces substances (dont on peut facilement calculer les proportions) à la surface de la terre, où elles sont en partie déposées et en partie transportées dans la mer par les rivières et les fleuves.

Tout l'espace occupé primitivement dans l'intérieur de la terre par ces roches se vide peu à peu ; les couches de calcaire, de gypse et de sel marin deviennent de plus en plus minces. Les couches supérieures perdent ainsi leur soutènement et s'affaissent à cause de leur pesanteur. Lorsque cet affaissement ne se fait pas graduellement et d'une manière continue comme la dissolution qui a lieu sous eux, et que les couches supérieures sont encore protégées par des soutiens ou retenues en certains endroits, ces couches restent suspendues jusqu'à ce que les soutiens soient devenus trop faibles pour résister à leur charge ; l'affaissement se fait alors subitement ou par soubresauts et donne naissance à un tremblement de terre qui pourra se répéter, à la même place, lorsque l'eau aura reproduit les mêmes effets. Un affaissement unique peut, produire plusieurs secousses, parce qu'il ne se fait pas en une fois, et que les couches, retenues latéralement par les roches voisines ou par d'autres obstacles, ne glissent que par saccades jusqu'à ce qu'elles aient retrouvé une nouvelle base solide.

Les sources salines du Rhin supérieur ont ainsi produit à diverses reprises des tremblements de terre aux environs de Bâle. Depuis le XIe siècle, on a compté 127 tremblements de terre dans cette contrée. — Les sources salines du Valais et les thermes de Louêche produisent fréquemment des tremblements de terre dans la partie de la vallée du Rhône qui traverse ces pays. Le plus considérable des tremblements de terre de cette contrée eut lieu en 1855 et 1856, aux environs de Visp. — Ce sont probablement des causes analogues qui rendent les tremblements de terre si fréquents dans les régions alpines calcaires et dans les chaînons secondaires, comme on l'a observé récemment à Laibach, Nassenfuss, Kundl, Belluno. On ne peut point toujours démontrer l'existence des sources qui ont produit ces tremblements de terre, car elles s'éloignent quelquefois bien loin de l'endroit où elles ont puisé les matières solubles, avant de paraître au dehors sous forme de sources.

L'eau qui pénètre dans la terre donne aussi lieu fréquemment à des tremblements, sans même dissoudre d'éléments solubles. Elle rencontre souvent des couches, surtout des couches argileuses, qui s'imbibent d'eau, se ramollissent et deviennent pâteuses. Les couches supérieures compriment ces masses devenues molles et mobiles. Lorsque les couches sont inclinées, les supérieures glissent sur les inférieures et descendent; lorsque les couches sont horizontales, les supérieures compriment les inférieures et les forcent à entrer dans les vides qui se présentent, de sorte que les supérieures finissent par s'affaisser.

Le 21 janvier 1867, une grande étendue de terrain du village de Feternes, en Chablais, devint mobile et glissa sur la pente. Ce déplacement fit naître une grande crevasse qui divisa le village de Planta en deux moitiés séparées. Beaucoup de maisons tombèrent en ruines et les arbres, ainsi que d'autres objets, disparurent dans l'abîme. — Une montagne située près de Porezkoje, dans le gouvernement de Simbirsk, fut considérablement crevassée par un tremblement de terre très-léger, le 27 mai 1865 : la partie supérieure de cette montagne glissa, par saccades, jusqu'au fond de la vallée, et un grand nombre des maisons qui s'y trouvaient furent complétement détruites.

On conçoit que dans les cas de ce genre, la coïncidence que l'on prétend avoir observée entre les grandes pluies et les tremblements de terre puisse se réaliser, puisque la pluie pénétrant en grande abondance dans les couches terrestres, en met quelques-unes dans un état favorable aux déplacements. L'événement du 21 janvier 1867 eut lieu à la suite de pluies prolongées outre mesure, et celui du 27 mai 1865 se fit après un grand orage. Les habitants des contrées basses du Pérou ne se trompent probablement pas, lorsqu'ils redoutent la saison des pluies tropicales comme favorisant les tremblements de terre. Si la statistique démontrait, comme on le suppose, une relation particulière des saisons, surtout du printemps et de l'automne, avec les tremblements de terre, on pourrait expliquer facilement cette relation par la richesse plus considérable de ces saisons en pluies.

Les pluies et l'humidité prolongées peuvent favoriser de cette façon des tremblements de terre, mais seulement dans les contrées qui présentent les conditions nécessaires à cet effet. Dans ces cas l'eau ne provient pas toujours de l'atmosphère, mais elle est souvent contenue dans la terre même.

Une source considérable du Cernans, montagne du Jura français, avait disparu depuis plusieurs années; tout à coup la montagne s'écroula parce que la source en avait graduellement miné la base.

Il arrive fréquemment, sur les côtes, que des couches faciles à ramollir se terminent sous la surface de l'eau. L'eau du lac ou de la mer y pénètre et les ramollit, de sorte que, par leur poids, les couches supérieures les expriment sous forme de boue et s'affaissent ensuite. Lorsque le ramollissement d'une de ces couches s'accomplit graduellement, les effets se répètent et le voisinage est souvent ébranlé par des tremblements de terre. Il n'est point impossible que les tremblements de terre qui ébranlèrent le lac de Garde, depuis le mois de mai 1866 jusqu'en 1870, aient été produits par une couche semblable située sous le mont Baldo. Les secousses partaient de ce mont et la rive méridionale du lac s'affaissa peu à peu, de façon que l'hôtellerie de la Porta Vecchia, de Desenzano, qui était près du lac, s'enfonça jusqu'à mi-hauteur dans l'eau.

Lorsque les masses ramollies ne se trouvent pas au voisinage d'un lac ou d'une mer où elles puissent s'épancher, elles sont exprimées à travers les fissures des roches. Les masses de boue qui furent ainsi exprimées à travers les crevasses pendant les tremblements de terre du Pérou, en 1868, de Californie, en 1865, et d'autres endroits encore, n'ont pas d'autre origine. Lorsque la pression est très-forte, l'eau et la boue enfermées jusque-là dans les profondeurs de la terre peuvent être expulsées avec violence sous forme d'une colonne puissante, comme nous l'avons déjà fait remarquer pour beaucoup de tremblements de terre.

On est généralement porté à considérer les roches qui s'altèrent si facilement à la surface de la terre, comme inaltérables, lorsqu'elles sont soustraites aux influences atmosphériques. Mais rien de ce qui existe n'est inaltérable, ni infini dans sa durée.

Les réactions chimiques se produisent dans les plus grandes profondeurs; rien ne leur est inabordable, rien ne peut leur résister à la longue, mais leur action est souvent obscure et très-complexe.

Sous l'influence de ces réactions chimiques il se produit beaucoup d'occasions d'affaissements ou de déplacements subits dans l'intérieur de la terre. Nous n'en voulons citer comme exemples, que quelques-unes, facilement compréhensibles.

Les couches de houille sont formées par des plantes déposées pendant les premières périodes géologiques et qui ont été soustraites à la putréfaction et à la destruction, parce qu'elles avaient été recouvertes par des éboulis ou par de la boue et avaient été ainsi soustraites aux influences atmosphériques. Par une transformation lente et incomplète ces végétaux ont formé la houille.

Mais cette transformation ne s'est jamais arrêtée complétement dans la houille et elle se continue encore actuellement. Elle métamorphose peu à peu la substance végétale, comme du reste tous les produits organiques, en substances gazeuses qui en partie s'assemblent dans les fissures et les cavités des terrains houillers, et en partie s'échappent lentement à travers les roches dans l'atmosphère.

Plus la décomposition avance, et plus la substance végétale diminue et se rétrécit de façon que les couches supérieures finissent par s'affaisser. Lorsque cet affaissement a lieu subitement ou par saccades il produit un tremblement de terre.

L'effet de ces transformations de la houille devient extraordinairement remarquable dans les pays où le terrain houiller est développé et où les couches de houille minces ou puissantes sont superposées en grand nombre. On doit donc s'attendre à de nombreux tremblements de terre dans les contrées ainsi constituées; ces tremblements de terre sont toutefois rarement violents parce que l'affaissement est ordinairement lent et régulier.

Pendant le mois de mai 1869, il y eut des secousses à Charleroi, district houiller de la Belgique : la terre fut crevassée en beaucoup d'endroits et l'on put constater de nombreux affaissements du sol. Tous ces phénomènes ne se produisirent que dans le district houiller. — Un affaissement semblable se produisit le 13 août 1869, à Kohlscheid, près d'Aix-la-Chapelle, dans le district houiller qui se trouve sur la limite de la Belgique et de l'Allemagne : plusieurs maisons furent lézardées et l'église du village fut compromise. Le phénomène se répéta à plusieurs reprises au même endroit, et plus tard sur d'autres points du territoire, par exemple à Herzogenrath et à Aix, le 18 septembre, puis le 2, 15, 19, 20, 22, 25 et 31 octobre 1873. Nous avons déjà cité des tremblements de terre qui se sont produits à des époques antérieures aux environs d'Aix : ils démontrent que ce terrain houiller est souvent sujet à des accidents de ce genre. — On a aussi remarqué dans ces dernières années que des mouvements semblables se produisaient dans les contrées houillères de la Ruhr. Les mouvements ter-

restres étaient à peine sensibles à Essen, mais les affaissements, qui durent depuis le mois d'avril 1867, fissurèrent les
maisons, et l'on vit dans les rues, surtout dans la Bahnhofs-
trasse, une multitude de fentes étroites et un certain nombre
de crevasses assez larges.

Quoique ces phénomènes puissent se produire dans tous les
terrains qui contiennent de la houille, ils se présentent cependant plutôt dans ceux où la houille est exploitée. Ces exploita-
tions qui mettent nécessairement l'air en rapport avec les
couches houillères, en favorisent la décomposition, comme le
démontrent ces grandes accumulations de gaz qui donnent si
souvent naissance à de terribles explosions.

Des phénomènes tout à fait analogues se présentent aussi
dans des contrées non houillères. Les dépôts récents d'éboulis
ou de boue sont très-volumineux parce qu'ils contiennent une
grande proportion d'eau combinée et de matières organiques
en décomposition. Lorsque ces couches sont recouvertes par
des couches plus modernes, il s'y produit des changements
lents mais continus. L'eau s'évapore peu à peu, les matières
organiques disparaissent par la putréfaction et la masse qui
reste est comprimée et condensée par la pression qu'elle supporte. Les couches les plus puissantes deviennent ainsi, avec
le temps, de plus en plus minces et de plus en plus denses,
et les couches supérieures produisent des tremblements de
terre, lorsqu'elles s'affaissent par saccades. C'est pour ce motif
que les chocs terrestres ne sont pas très-rares dans certaines
contrées formées de dépôts très-récents.

Ces phénomènes sont moins remarquables dans les contrées
à roches anciennes, compactes et pauvres en matières organiques. Par contre ces roches renferment souvent des substances minérales susceptibles d'être transformées en gaz par
des réactions chimiques, ou de passer par d'autres réactions de
l'état insoluble à l'état soluble et d'être alors dissoutes et enlevées par l'eau. Des affaissements locaux et des tremblements
de terre peuvent naître ainsi partout où il se produit des
pertes de substance dans l'intérieur de la terre.

Quelque variées que soient les causes produisant les tremblements de terre non volcaniques, elles reposent toutes sur
des changements dans la structure interne du globe, et sur des
mouvements mécaniques, comme glissements et affaissements.
C'est pour cela que nous avons tant d'exemples de tremblements de terre violents, accompagnés d'affaissements visibles
et quelquefois très-considérables à la surface de la terre. Mais

pour qu'un affaissement devienne appréciable, surtout dans les
contrées intérieures où une petite différence de hauteur n'est
pas facile à reconuaître sur une grande étendue, pour que cet
affaissement, dis-je, devienne appréciable, il faut qu'il soit assez
considérable, et il ne se produit par conséquent qu'à la suite
de tremblements de terre violents et quelquefois seulement à
la suite de chocs répétés.

Des mouvements analogues peuvent aussi se produire isolément dans l'intérieur de la terre, lorsque les couches supérieures
restent invariables et constituent comme une voûte au-dessus
des parties profondes qui sont en mouvement : ces couches
supérieures ne sont alors affectées que par la propagation des
ébranlements. *Un tremblement de terre n'est donc pas nécessairement accompagné d'affaissements à la surface de la terre ;
ces affaissements sont souvent limités à des parties internes du
globe.*

Le géologue rencontre partout dans la structure du globe
des indices de pareils affaissements et glissements : l'exploita-
tion des mines est souvent rendue difficile par ces phénomènes.
On rencontre des couches déchirées et ne correspondant plus
entre elles pour cause d'affaissements. Le mineur est alors
obligé de rechercher dans ce fouillis les minerais ou les couches
de houille, s'il veut recueillir tous les trésors que la mine renferme.

On a donné le nom de *dislocations* ou de *failles* à ces déplacements. Ceux-ci ne sont parfois que de quelques millimètres,
d'autres fois de plusieurs centaines de mètres et ils peuvent se
répéter plusieurs fois au même endroit. C'est surtout dans les
pays houillers que ces dislocations sont le mieux connues, à cause
de l'activité avec laquelle on y exploite les mines. Mais on en
rencontre aussi fréquemment dans les autres terrains stratifiés :
on en trouve même presque partout dans les terrains non stratifiés. On y voit les filons de minerais et les fissures qui traversent les roches déchirés et déplacés par les dislocations.
Les surfaces de glissement de ces roches ont été aplanies et
souvent polies par le frottement, et elles témoignent de la force
avec laquelle le déplacement s'est fait.

Il ne faut pas s'imaginer qu'une dislocation a toujours été
produite par *un affaissement subit* ; elle se fait au contraire par
saccades et donne naissance à de nombreux chocs et ébranlements terrestres.

Lorsqu'une fois l'équilibre entre les diverses couches qui
composent une contrée, est rompu, les masses glissent, se

poussent entre elles, se pressent, et s'affaissent pendant un temps plus ou moins long jusqu'à ce que l'équilibre se rétablisse. Pendant que ceci se passe en un point, il arrive quelquefois que des contrées voisines, jusqu'alors en repos, se mettent aussi en mouvement, parce que leur équilibre est rompu par les changements qui ont lieu dans le voisinage. Le siége du tremblement de terre change alors insensiblement de place.

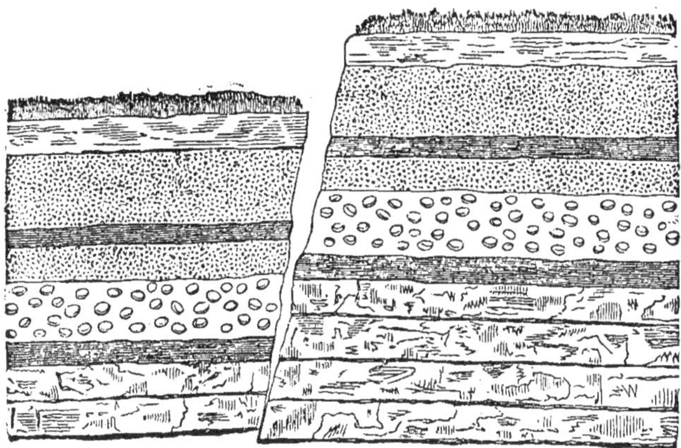

Fig. 30. — Dislocations.

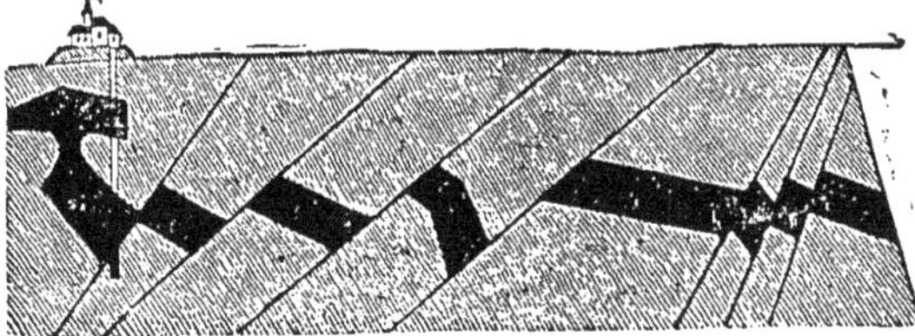

Fig. 31. — Dislocations.

Les tremblements de terre qui commencèrent en 1869 et qui durèrent jusqu'à la fin de 1873, dans la région rhénane moyenne, avaient débuté en un point situé dans la plaine entre Darmstadt et Mayence, près de Grossgerau. A partir de 1871 un second centre de tremblements de terre se forma dans l'Odenwald occidental : ce point produisit alors la plupart des secousses, tandis qu'il n'y eut plus que quelques chocs provenant de Grossgerau. — Pendant le grand tremblement de terre de la Calabre, en 1783, le centre du cercle des secousses se déplaça peu à peu, depuis la ville d'Oppido jusque bien loin dans le nord-est.

Il résulte de ce que nous venons de dire, que partout dans la terre, il y a des mouvements donnant naissance à de nombreux tremblements de terre. On s'explique facilement le nombre considérable de ces phénomènes, lorsqu'on considère que *le mouvement le plus faible et le plus imperceptible dans l'inté-rieur de la terre, peut faire naître, dans certaines circonstances, des ébranlements considérables à la surface.* Cet effet dépend uniquement de la structure de la contrée.

Lorsque des roches solides et denses forment le soubasse-ment sur lequel reposent des matières molles ou des masses lâches, le moindre ébranlement de la base solide suffit pour produire des secousses sensibles dans les couches superpo-sées. Une petite secousse imperceptible de la base suffit pour mettre la surface en un état d'oscillation, assez fort quelque-fois pour devenir visible.

On fait souvent, dans les cours de physique, une expérience destinée à démontrer d'autres effets, mais qui peut parfaite-ment servir à démontrer aussi les effets des oscillations du sol. Lorsque l'on frotte avec un archet un corps solide et ap-proprié, comme une plaque de verre, cette plaque se met à résonner. Les sons sont produits, comme on sait, par des vibra-tions, et par conséquent la plaque de verre résonnante est elle-même en vibration, quoique ses mouvements soient si petits que nous ne pouvons les apercevoir. Mais si, avant de faire résonner la plaque, nous avons eu le soin de la couvrir de sable fin, celui-ci est entassé pêle-mêle et un certain nombre de grains sont violemment projetés en l'air et rejetés de dessus la plaque.

Nous pouvons encore trouver une comparaison semblable dans le jeu de billard. On peut, comme on sait, choquer deux billes qui se touchent, de façon que la bille touchée reste en repos et communique tout son mouvement à la bille antérieure qui se déplace et roule seule sur le tapis.

On a souvent observé des oscillations visibles du sol, pen-dant les tremblements de terre. Ces oscillations peuvent être accompagnées d'affaissements considérables, comme par exem-ple celles du tremblement de terre de Battang, le 11 avril 1871, où la terre ondoyait comme les flots de la mer. Mais, de même que les oscillations invisibles de la plaque de verre rigide com-muniquent au sable qui la recouvre des mouvements très-vifs, ainsi les oscillations visibles de la surface terrestre peuvent être produites par des oscillations imperceptibles d'une couche fondamentale rigide, recouverte par des dépôts meubles.

C'est de cette façon que l'on peut expliquer un fait que nous avons déjà signalé, à savoir que des tremblements de terre très-violents et qui ont produit des dégâts considérables à la surface de la terre, n'ont pas été ressentis dans les mines. Le tremblement de terre de Fahlun (novembre 1823), ne fut pas ressenti dans les mines de cette contrée; et le tremblement de terre rhénan de 1828 passa aussi inaperçu dans les mines d'Essen, que le terrible tremblement de terre de Lone-Pine (1872) dans les mines de ce pays. Les points d'observation étaient déjà situés à une trop grande profondeur dans tous ces cas, pour être affectés par les violents mouvements qui dévastaient la surface.

Un grand nombre d'autres effets de violents tremblements de terre servent aussi à confirmer cette manière de voir. Les quartiers de la ville de Lisbonne, bâtis sur du calcaire compacte, ressentirent, il est vrai, le grand tremblement de terre de 1755, mais ils ne furent point détruits, tandis que les maisons situées près du rivage, et qui étaient construites sur du sable ou sur de l'argile, furent toutes renversées. — Du 6 au 8 octobre 1865, et le 21 octobre 1868, la ville de San Francisco, en Californie, fut agitée par de violents tremblements de terre; mais dans les deux cas, ce furent les quartiers bas de la ville, construits sur des alluvions, qui souffrirent le plus. — Pendant le tremblement de terre de Céphalonie, en 1827, tous les bâtiments situés dans les parties basses de l'île et construits sur des couches molles et lâches furent détruits; ceux qui étaient situés dans les parties hautes de l'île et qui reposaient sur des rochers furent tous épargnés. — Les recherches minutieuses faites après le tremblement de terre de Belluno, en 1873, ont montré que les villages de San Floriano, de Serra-Valle et tous les autres villages situés sur la crête qui sépare Belluno de la vallée d'Alpago, avaient été complétement épargnés; que les villages situés sur les couches tertiaires de la vallée d'Alpago, Tigres, Villa, Grana, etc., avaient peu souffert, mais que tous les endroits situés sur des éboulis de la montagne ou sur la rive aplanie et sablonneuse du lac, Arsié, Pieve, Puos, etc., avaient été détruits. La ville de Belluno, qui avait beaucoup souffert, est bâtie sur du gravier diluvien.

On trouve partout dans cette contrée la confirmation de ce fait, que de petites causes peuvent produire de grands effets, dans une contrée dont la structure favorise la propagation des tremblements de terre.

Il n'y a pas à s'étonner que les tremblements de terre soient si fréquents, puisque les oscillations les plus faibles de l'intérieur du globe peuvent produire des commotions aussi fortes à la surface, que l'architecture du globe est soumise à tant de variations, que les couches s'affaissent, se déplacent, se poussent, se frottent et changent si souvent leurs conditions d'équilibre ainsi que celles des contrées voisines. On peut même dire que la surface du globe présente à chaque instant un point qui tremble ou qui est ébranlé.

L'existence des deux groupes de tremblements de terre, les volcaniques et les non volcaniques, est scientifiquement prouvée, et l'on ne peut douter qu'un grand nombre de tremblements soient dus à ces causes. Toutefois il est encore impossible de désigner la véritable nature de chaque tremblement de terre en particulier et de lui assigner sa véritable cause, parce que les récits ou les recherches auxquels ils ont donné naissance sont incomplets. Il n'est pas impossible non plus qu'il y ait encore d'autres causes, inconnues jusqu'ici, de tremblements de terre. Les causes admises actuellement semblent suffire pour expliquer tous les phénomènes, mais nous ne voulons pas empiéter sur les progrès de la science et nous admettons, en attendant, la possibilité de l'existence de causes encore inconnues.

Mais quels que soient les résultats que la science pourra acquérir ultérieurement, soit que les deux sortes de causes admises actuellement restent seules, soit que d'autres viennent s'y ajouter, il sera toujours certain, que *les tremblements de terre ne sont pas les effets d'une cause unique, mais qu'ils sont des effets semblables produits par des causes très-diverses.*

LIVRE TROISIÈME

LES VOLCANS BOUEUX

Les volcans boueux ne présentent pas l'aspect grandiose d'une contrée volcanique ordinaire avec ses étranges montagnes coniques, et leur activité ne peut pas non plus rivaliser avec la majesté imposante des éruptions. Cependant la description des volcans boueux nous rappellera plus d'une fois celle des volcans ordinaires. La ressemblance s'étend à des particularités secondaires et peu importantes qui nous portent même à considérer les volcans boueux comme des espèces de volcans en miniature. Un examen plus approfondi nous montre cependant que la différence entre les deux espèces de volcans ne consiste pas seulement dans la grandeur et dans la force, mais qu'elle est de nature plus intime.

Les volcans boueux forment de petites collines coniques qui ont été formées par leurs produits, comme les cônes volcaniques l'ont été par les éruptions ordinaires. Mais le cône d'un volcan boueux est ordinairement très-petit et n'a que 0,50 cent. à 1 mètre de hauteur sur un diamètre de 6 à 10 mètres : quelquefois il atteint cependant 100 à 200 mètres de hauteur.

Près de Point du Cac, à l'extrémité méridionale de l'île de la Trinité, on rencontre plusieurs volcans boueux, ayant chacun un diamètre d'environ 50 mètres et 1 mètre 30 cent. seulement de hauteur. — La plupart des cônes de la presqu'île de Taman, le pays le plus riche en volcans boueux après la mer Caspienne, ont de 30 à 50 mètres de haut. — Le célèbre Macaluba, en Sicile, consiste en un cône tronqué de 50 mètres de hauteur, lequel possède une base relativement très-considérable. Son sommet aplati et d'environ 8 kilomètres de circonférence, présente un grand nombre de cônes éruptifs très-peu élevés. —

Le volcan boueux, nommé Agh-Sibyr, a une hauteur de 154 mètres, ce qui est très-considérable.

La matière qui compose ces cônes est le plus souvent une espèce de vase argileuse qui est presque toujours dans un état pâteux tenace, pendant l'activité du volcan. Pendant le repos ou pendant une période d'inactivé un peu prolongée du volcan, cette argile se dessèche. On aperçoit alors un cône aplati d'argile d'un gris-bleuâtre sale, entrecoupé d'une infinité de fentes et de crevasses, et ne montrant pas trace de végétation.

Les volcans boueux ne sont pas très-nombreux. Ils sont ordinairement isolés et situés à de grandes distances les uns des autres; quelquefois cependant on en rencontre deux ou trois réunis dans la même contrée. Dans les rares pays où ces volcans sont nombreux on leur reconnaît quelquefois une disposition en chaîne. Cette disposition se rencontre principalement aux environs de la mer Caspienne. Ce sont surtout des îles qui présentent cette régularité dans l'arrangement, et l'île de Kumani, qui s'est formée dans le mois de mai 1861, par l'activité d'un volcan boueux, est exactement adaptée à l'un de ces chaînons.

La chaîne la plus méridionale qui commence par l'île de Pogorel-laja-plita, touche d'abord la petite île d'Oblivnoi et aboutit à une distance de 26 kilomètres au volcan de boue Bandovan qui forme promontoire au rivage. Une petite chaîne de volcans boueux rattache le Bandovan au grand volcan de boue Agh-Sibyr et à 8 kilomètres dans l'intérieur des steppes, mais sur la même chaîne se trouve un autre petit volcan boueux.

Une seconde rangée commence par l'île de Kumani et aboutit à l'Ilaman qui forme aussi promontoire. Le Saraboga présente le plus grand cône de cette chaîne.

La troisième chaîne débute par l'île Svinoi, traverse les îles de Loss et de Glinoi et passe entre le volcan boueux Alat et l'endroit où se fit une éruption boueuse en 1860.

Au sommet des cônes boueux on trouve une dépression cratériforme en entonnoir ou en bassin, par laquelle les produits de l'éruption sont rejetés. La forme et l'origine de ce cratère correspondent exactement à celles des cratères volcaniques; sur le sol du cratère on remarque un nombre plus ou moins grand de petites ouvertures qui sont les véritables bouches d'éruption.

ACTIVITÉ DES VOLCANS BOUEUX.

On distingue pour les volcans boueux, comme pour les volcans ordinaires, un état de repos, un état d'activité régulière et un état d'éruption. L'état d'éruption est cependant beaucoup plus rare chez les volcans boueux que chez les volcans proprement dits.

Pendant l'état d'activité régulière, il se développe des gaz qui s'échappent des bouches éruptives de la cime ou du cratère et qui se réunissent en un courant gazeux plus ou moins puissant.

Le plus souvent cependant, de l'eau s'est accumulée dans le cratère et cette eau a ramolli une portion d'argile et en a formé une boué plus ou moins fluide ou plus ou moins épaisse et tenace. Les gaz sont obligés de traverser la boue qui remplit le cratère afin de pouvoir s'échapper. Lorsque cette boue est peu épaisse, elle est entretenue dans un état de mouvement continu et ressemble à un liquide en ébullition; mais lorsqu'elle est épaisse et tenace, les gaz ne peuvent la traverser qu'avec effort et ils forment à sa surface des bulles très-grandes qui finissent par éclater et lancent alors la vase de tous côtés. Lorsque la production des gaz est très-rapide et que la boue est épaisse, les gaz comprimés atteignent un degré de tension assez fort pour soulever la vase au-dessus de la bouche du cratère : elle s'écoule alors sur les pentes du cône qu'elle agrandit, et elle peut même, dans certaines circonstances, s'étendre dans le voisinage.

Dans les contrées où il existe un grand nombre de cônes de boue et où un certain nombre de volcans boueux se trouvent rapprochés, le phénomène des éruptions présente un aspect tout différent lorsqu'il y a des pluies continues. La masse totale de l'argile se convertit alors en une espèce de mare boueuse dans laquelle les cônes isolés finissent par disparaître. Ce n'est que dans les endroits où le gaz se développe que cette masse boueuse est entretenue dans un état de bouillonnement. Les véritables cônes de boue n'ont donc pas une existence durable; ils se forment momentanément ou passagèrement et n'atteignent pas, pour cette raison, une hauteur considérable.

Il y a aussi des périodes d'activité pendant lesquelles les volcans boueux ont des éruptions et présentent alors, sur une petite échelle, tous les phénomènes que l'on observe dans les éruptions volcaniques. Le sol, fortement agité d'abord, s'échauffe, puis une colonne de vapeurs s'élève, lançant autour d'elle de la vase et des pierres souvent de forte taille, et il se forme enfin un courant de vase qui recouvre tous les environs. L'échauffement est quelquefois si considérable que l'on aperçoit une lueur de feu et que les torrents de boue échaudent ou brûlent les plantes qu'ils atteignent.

Près de Paterno, en Sicile, se trouve le volcan boueux Salinella qui est connu depuis la plus haute antiquité. Ce volcan entra en éruption le 22 janvier 1866 et cette éruption fut la plus forte dont on ait conservé le souvenir.

Les habitants de Paterno et des environs avaient déjà ressenti des secousses le 15 janvier à 9 heures 1/2 du soir; le 25 janvier une rivière passant près de là roulait une eau chaude salée qui répandait une odeur fétide : l'éruption du Salinella avait commencé. A la place de la surface argileuse sèche, on trouvait un lac fumant qui répandait une odeur d'œufs pourris, et dont les eaux, en s'écoulant, s'étaient mélangées à celles de la rivière. On voyait surgir au-dessus du niveau de ce lac, du côté Est, une foule de petites collines cratériques argileuses dont les plus grands cratères mesuraient 1 1/2 à 2 mètres de diamètre. Six de ces cônes étaient en pleine activité. Des colonnes d'eau chaude en jaillissaient à deux mètres de hauteur, en même temps que des gaz nombreux donnaient à l'eau l'apparence d'eau bouillante. La température de l'eau rejetée par ces divers cônes variait entre 26° et 46°, et la température atmosphérique ambiante n'était alors que de 6°. D'autres cônes moins actifs ne rejetaient qu'une petite quantité d'eau boueuse, à la température ordinaire, mais mélangée de gaz. L'activité d'un grand nombre de ces cônes diminua bientôt; il ne s'en écoula plus d'eau, et l'eau boueuse qui remplissait les cratères était seule maintenue en mouvement d'ébullition par la formation des bulles gazeuses. D'autres cratères étaient même déjà desséchés et ne produisaient plus que des gaz, qui s'échappaient avec des sifflements bruyants.

Au mois de février 1794 le volcan de boue Obu, à Taman, eut une éruption accompagnée d'un fracas analogue au tonnerre et de tremblements de terre que l'on ressentit à 55 lieues de distance. On aperçut dès le début une gerbe puissante de feu qui dura une demi-heure environ. Une épaisse colonne de fumée s'éleva en même temps et dura jusqu'au lendemain. La masse de boue qui s'écoula de la cime du cône en 6 courants distincts fut évaluée à plus de 600,000 pieds cubes. Quelques mois après, cette masse de boue était assez desséchée pour qu'on pût la traverser sans danger.

Un autre volcan boueux situé près de la forteresse de Phanagorie eut une éruption au mois d'avril 1835. Une grande masse de boue et de pierres fut rejetée, et les pierres avaient fréquemment l'aspect brûlé. On trouva aussi parmi les déjections des fragments de schistes argileux et marneux avec empreintes végétales.

Pendant l'éruption d'un volcan boueux qui se fit le 26 et le 27 janvier 1839, près du village de Baklichli, aux environs de Baku, une colonne de feu s'éleva de terre avec un bruit formidable. En même temps une fumée noire et épaisse s'échappa, formant une colonne très-élevée, de laquelle s'échappait une multitude de petites sphères d'argile, creuses à l'intérieur. La contrée fut recouverte, sur une distance de 3 kilomètres autour du volcan, par les débris rejetés. Après l'éruption l'air avoisinant avait une odeur sulfureuse qui gênait la respiration.

PRODUITS DES VOLCANS BOUEUX.

Les produits des volcans boueux se divisent en produits liquides pâteux et en produits gazeux.

Les masses liquides-pâteuses ne sont la plupart du temps que de l'argile ramollie par l'eau. La proportion d'eau donne à ces masses une consistance plus ou moins fluide ou plus ou moins tenace; leur couleur varie du gris au bleu noirâtre.

Ces masses argileuses et vaseuses contiennent fréquemment d'autres substances qui y sont mélangées accidentellement. Parmi ces substances on constate fréquemment une petite proportion de sel marin, et l'eau qui s'écoule de ces volcans a souvent une saveur salée. Le Macaluba, en Sicile, présente même, au pourtour de son cratère, des croûtes de sels composées d'un mélange de sel marin et de sulfates de soude et de magnésie.

Pendant l'activité des volcans boueux on perçoit fréquemment une légère odeur de bitume, et l'on voit à la surface du cratère une espèce d'écume brune ou noirâtre de pétrole; d'autres fois on voit surnager à la surface de la vase ou de l'eau une couche mince de la même substance. Plusieurs de ces volcans boueux sont même en relation avec des sources de bitume ou de pétrole permanentes qui se font jour dans leurs environs ou qui jaillissent quelquefois temporairement du volcan lui-même. Les districts les plus abondants en volcans boueux et en cônes d'éruption, ceux de Taman et de Baku, sont situés dans ces contrées immenses où le pétrole, le bitume et la poix minérale pénètrent partout la terre et évacuent leurs parties liquides par de nombreuses sources. Dans l'île de Scanki Mugan, dans la mer Caspienne, le pétrole qui jaillit des sources a creusé partout entre les cônes volcaniques de petites rainures par où il s'écoule constamment.

La température des gaz et de la boue n'est pas beaucoup plus élevée que celle de l'atmosphère au moment où l'éruption a lieu : quelquefois cependant elle est plus élevée, mais elle varie considérablement et souvent dans un temps très-court. C'est à cette dernière catégorie qu'appartiennent les sources chaudes boueuses de Buban Salan. L'eau de l'une de ces sources avait, le 22 octobre 1848, une température de $+ 37° 5$ C. et les bulles de gaz qui s'en échappaient atteignaient même 43° C. ; au mois de juillet 1850 la plus haute température de la même source n'était plus que de $+ 33°$ C.

Les volcans boueux qui possèdent toujours une température élevée et qui rejettent une grande quantité de vapeur d'eau, forment une classe à part. Leur température se rapproche ou dépasse même quelquefois celle de l'eau bouillante. La vapeur d'eau y prédomine tellement que le développement des gaz ne présente qu'un intérêt tout à fait secondaire.

Les produits gazeux fournis par les volcans boueux méritent quelque attention : ce sont des hydrogènes carbonés, de l'acide carbonique, de l'oxyde de carbone, de l'hydrogène sulfuré et de l'hydrogène.

Les hydrogènes carbonés sont en si forte proportion qu'ils dépassent, en quantité, tous les autres gaz réunis : ils manquent toutefois complétement dans les produits d'éjection des volcans boueux qui se distinguent par une haute température et par la production d'une grande quantité de vapeur d'eau. Pour les autres volcans, les hydrogènes carbonés forment 90 à 95 pour 100 du volume total des gaz, et l'acide carbonique ainsi que l'oxyde de carbone n'y semblent exister que comme impuretés. Les gaz qui composent le mélange atmosphérique ne s'y présentent aussi qu'en petite quantité et le plus souvent ils n'y sont plus dans les proportions qui constituent l'atmosphère : l'oxygène y est en effet moins abondant que dans l'air.

L'hydrogène sulfuré n'existe aussi qu'en très-petite proportion dans le mélange et il manque même dans un grand nombre de ces volcans. Il est au contraire le gaz le plus abondant dans les volcans boueux qui ne produisent pas d'hydrogènes carbonés et il se fait alors reconnaître au loin par son odeur spéciale. On trouve de temps en temps de petites quantités d'hydrogène pur mélangé à l'hydrogène sulfuré.

Dans une des catégories de volcans boueux, la vapeur d'eau
ne se présente que passagèrement et au moment de l'éruption lorsque la température s'est fortement élevée : les autres
volcans boueux en produisent au contraire toujours et elle est
alors beaucoup plus abondante que les gaz, qui disparaissent
presque tout à fait.

Comme les hydrogènes carbonés sont combustibles, il arrive
parfois qu'ils s'allument. Un cas semblable s'est présenté au
« volcan de Zambo, » près de Turbaco. Le gaz qui s'échappe
de ce volcan s'est, dit-on, allumé déjà à plusieurs reprises, mais
on ne possède de détails authentiques que sur la dernière
combustion de 1848. Après une sécheresse prolongée, le gaz
prit feu au mois d'octobre, au début de la saison des pluies,
et brûla pendant onze jours consécutifs. La contrée environnante était éclairée à 50 kilomètres de distance pendant la nuit.
Des morceaux d'argile incandescents étaient projetés à une
grande hauteur et retombaient comme des balles d'artifice
dans la mer ou sur les champs voisins.

VOLCANS BOUEUX DE L'ITALIE.

Le volcan boueux le plus ancien connu c'est le Macaluba,
en Sicile, déjà cité par Platon et décrit par Strabon. Ce sont
les Arabes qui, pendant le moyen âge, lui ont donné le nom
qu'il porte encore actuellement.

Le Macaluba est situé à 11 kilomètres au nord de Girgenti
dans une vallée plane composée de marne crétacée.

La montagne forme un cône tronqué, composé d'argile, et
s'élève à 50 mètres de hauteur : sa cime a 3700 mètres de
circonférence. Sur cette cime on aperçoit, à des distances
variées, un grand nombre de petits cônes dont le plus élevé a
une hauteur d'un peu plus d'un mètre. Tous ces cônes possèdent un cratère. Une boue d'argile s'élève, à tout instant,
jusqu'au bord de ces cratères et se gonfle en une grosse bulle
qui finit par crever, et le gaz qui s'en échappe projette la
boue hors du cratère.

Pendant la saison des pluies, l'argile se ramollit, les cônes
s'effondrent, et l'on n'aperçoit plus qu'un grand gouffre rempli d'argile fluide et qui est dans un état de bouillonnement
continu.

Le gaz qui s'échappe de ce volcan contient de 96 à 99 pour
cent d'hydrogènes carbonés, aussi est-il très-inflammable et
brûle-t-il avec une flamme jaunâtre.

Les éruptions du Macaluba ont presque toujours lieu après des époques de sécheresse. Il en eut de considérables en 1777 et en 1779.

Il y a encore plusieurs autres volcans boueux en Sicile. L'un des plus considérables est le *Terra pilata*, au voisinage de Caltanisetta. En 1856, on ne rencontrait dans les cônes argileux que quelques dépressions isolées et remplies d'eau salée à travers laquelle s'échappaient de temps en temps quelques bulles de gaz. Sept ans auparavant il y avait eu une éruption violente. De l'autre côté de Caltanisetta, vers San-Catarina, se trouve le petit et peu important volcan de boue, nommé *Xirbi*.

Les environs de Paterno sont riches en volcans boueux. Près de cette ville on rencontre la *Salinella* qui présente fréquemment des éruptions de boue liquide et dont la plus considérable a été celle du mois de janvier 1866. — Près du fleuve Simeto qui n'est pas très-éloigné de Paterno, on trouve la *Salina del Fiume*, volcan boueux encore compris dans la région où s'étendent les laves de l'Etna. Ce volcan est caractérisé, comme ses voisins situés près de l'Etna, par les gaz qui s'échappent pendant son activité et qui sont presque entièrement composés d'acide carbonique. Un autre volcan boueux, appartenant au même groupe, se trouve dans la vallée de San-Bigio : il excrète une petite quantité d'hydrogène carboné et une quantité bien plus considérable d'acide carbonique. — Le volcan boueux de *Fondachello*, près de Mascali, eut une éruption en 1795. Ce volcan s'effondra le 9 avril 1846, pendant un tremblement de terre, et à sa place surgit, pendant un certain temps, une source d'eau minérale très-riche en acide carbonique.

Il y a aussi un certain nombre de volcans boueux sur la terre ferme d'Italie. L'on trouve près d'Imola dans une plaine argilo-vaseuse, deux petits cônes dont les cratères donnent naissance à de grandes bulles de gaz. Lorsque ces bulles crèvent, la vase est projetée de tous côtés, et celle qui reste s'affaisse jusqu'au moment où une nouvelle bulle se forme.

On connaît trois volcans boueux aux environs de Modène : le premier situé près de *Moïna*, le second près de *Querzuola*, le troisième près de *Sassuolo*. Le plus important des trois est celui de Querzuola qui présente à peu près 17 cônes éruptifs distincts d'où la vase est projetée ou s'écoule sous forme de torrent. Il s'y forme de temps en temps des éruptions; mais les éruptions du siècle dernier étaient bien plus fortes que celles qui s'y font actuellement. Le 14 juin 1754, l'une de ces

éruptions débuta au milieu d'un fracas épouvantable ; le sol des
environs fut violemment et continuellement agité et la boue
vaseuse fut projetée à 7 mètres de hauteur. Vingt ans après, il
se fit une nouvelle éruption aussi considérable et aussi grandiose que la première. — Le volcan boueux de Sassuolo était
déjà connu de Pline. Si la description qu'en a donnée cet auteur
est exacte, les éruptions d'alors étaient bien plus considérables
que celles d'aujourd'hui. Actuellement un courant de boue
argileuse jaillit toujours du cratère et s'épanche sur les pentes
du cône. A peu de distance de ce volcan une abondante source
de pétrole s'échappe du sol. Lorsque le volcan entre en éruption
cette source tarit immédiatement.

On trouve encore de petits volcans de boue entre Reggio et
Casola, et à Lusignano, près Parme.

VOLCANS BOUEUX DE L'ISLANDE.

L'Islande, si riche en phénomènes volcaniques de tout
genre, possède aussi des volcans boueux. Le plus grand nombre
de ces volcans se trouve à l'est de Reykjahlid.

Une rangée de dépressions cratériformes se rencontre sur
une plaine de lave peu épaisse qui forme la limite du district
d'éruption dominé par le Leirhnuker. Le tuf et la lave émiet-
tée, au milieu desquels se trouvent les cratères, sont changés
en vase par la vapeur qui s'échappe continuellement des ouvertures : les bords de ces ouvertures sont recouverts d'une
couche mince de soufre que les gaz y déposent. Les cratères
sont pleins d'une vase bleu-noirâtre à travers laquelle la vapeur se fait jour avec violence. Sur les côtés se forment des
bulles petites d'abord, mais se gonflant jusqu'à une hauteur de
plusieurs pieds, avant de crever : dans le cratère la vase est
projetée par la vapeur comme un jet d'eau, au milieu d'un bruit
de tonnerre, et elle retombe en longues traînées et en gouttes
grosses comme le poing. Les éruptions qui se suivent rapidement ont du reste une force très-variable.

Aux environs de Krisuvik on trouve aussi quelques sources
de boue mais beaucoup moins importantes que celles de Reykjahlid. Ce sont deux bassins dans lesquels se trouve de la boue
chaude et bouillante, qui est quelquefois lancée à deux mètres
de hauteur.

VOLCANS BOUEUX DE LA MER NOIRE.

On rencontre près du Caucase des volcans de boue si nombreux et si considérables qu'aucune autre contrée du globe ne peut être comparée, sous ce rapport, à la région caucasique. C'est surtout aux extrémités ouest et nord-est de la chaîne, qu'on trouve ces volcans accumulés en grand nombre.

A l'extrémité occidentale de la chaîne, on rencontre la presqu'île de Taman, formant l'entrée de la mer d'Azow ; cette presqu'île est couverte de nombreux volcans boueux très-élevés. Ces volcans s'étendent encore sur la route de Kertsch et pénètrent le long de la rive, assez loin dans la Crimée.

Toute la presqu'île de Taman forme une espèce de réseau de lacs, entrecoupé de collines aplaties. On rencontre sur ces collines des ouvertures d'où jaillissent des gaz qui rejettent une boue argileuse et salée répandant habituellement une odeur manifeste de pétrole.

Deux volcans, situés entre la ville de Taman et le lac Sucur, se distinguent surtout par l'énergie de leur activité. Au sud-est de ces deux volcans on en rencontre deux autres, dont l'un, situé près de Phanagorie, est devenu célèbre par l'éruption de 1835.

Entre Taman et Temruk on peut encore voir, près d'un volcan, un courant de boue dû à une éruption ancienne.

Près de la côte, se trouvent les volcans boueux de *Pita-rofka* et d'*Obu*, au milieu d'une contrée remplie de sources de pétrole qui jaillissent partout où l'on creuse la terre : le dernier de ces volcans (Obu).est connu par une des éruptions les plus formidables, dont on ait gardé le souvenir.

En 1799, une nouvelle île se forma dans la mer d'Azow, à la suite d'une éruption de boue, et des éruptions semblables donnèrent naissance en 1818 et en 1833 à un nouveau cône dans la presqu'île de Taman. Au mois d'août 1853 il y eut à Taman, une éruption accompagnée de tremblement de terre, de fumée et d'une haute colonne de feu : le même jour, le volcan boueux *Blewki* eut aussi une éruption. Tous ces volcans sont situés dans une contrée riche en pétrole, où cette huile s'écoule, en partie des cratères et en partie du sol, mélangée à de l'eau.

VOLCANS BOUEUX DE LA MER CASPIENNE.

La ville de Baku, célèbre par ses sources de pétrole et par ses volcans boueux, est bâtie sur la presqu'île d'Okesra.

Ces sources sont répandues partout aux environs de cette ville, et entre elles des gaz enflammés s'échappent du sol. Les volcans boueux de Balkanhy sont en relation tout aussi intime, avec les sources de pétrole qui se trouvent dans la contrée.

Le *Toragai* et le *Kissilketschi* sont des volcans de très-grandes dimensions et qui possèdent des cratères très-développés. La dernière éruption du Toragai eut lieu en 1841.

Le volcan boueux *Haman* forme un petit promontoire de 117 mètres d'élévation sur le rivage de la mer Caspienne. D'anciens courants de boue s'y croisent dans tous les sens mais surtout vers le nord et vers l'est. Le cratère de ce volcan est très-grand et présente sur ses côtés plusieurs dépressions évasées qui sont remplies d'une eau boueuse tenue en perpétuel bouillonnement par les gaz qui s'en échappent.

L'*Alat* a aussi une hauteur de 112 mètres et un pourtour très-considérable. Mais le plus grandiose peut-être de tous les volcans de boue c'est l'*Arsena* dont le cratère n'est pas beaucoup plus petit que celui du Vésuve. Des sources d'eau salée s'échappent de ses parois et sont maintenues dans un bouillonnement violent par les hydrogènes carbonés qui les traversent. On y rencontre de grands courants de boue partant de la cime, qui est élevée de 359 mètres.

L'éruption des volcans de boue, comme celle des volcans ordinaires, se produit fréquemment sous l'eau. Plusieurs îles de la mer Caspienne se sont formées de cette façon.

La petite île *Szanski Mugan* est couverte de petits volcans boueux entre lesquels se trouvent des sources abondantes de pétrole. L'île de *Bulla* est aussi formée par un volcan de boue dont l'activité devait être autrefois très-considérable, ainsi que le témoignent les anciens courants de boue qui s'en sont échappés. Un grand nombre de petits cônes éruptifs latéraux y rejettent encore aujourd'hui des gaz et de la vase argileuse et pétrolée.

Les îles de *Svinoi* et de *Loss* sont constituées par les restes de grands volcans de boue à moitié détruits par la mer. Quelques petits cônes en activité se trouvent encore dans la première de ces îles.

Tout récemment il y eut une éruption sous-marine de boue qui donna naissance à une île nouvelle. Après plusieurs tremblements de terre il se forma, au mois de mai 1861, une île composée de matières argilo-sableuses qui reçut le nom de *Kumani* ; mais cette île fut bientôt après détruite par les flots.

VOLCANS BOUEUX DE LA COTE D'ARRACAN.

On rencontre plusieurs collines argileuses à cime dénudée, dans l'île de Tscheduba, située près de la côte entre Akyab et le cap Negrais. Ces collines sont couvertes de petits cônes qui rejettent de l'eau chaude et de la boue. Quelquefois l'activité de ces cônes augmente si considérablement qu'ils présentent des lueurs de feu et qu'ils lancent des pierres.

VOLCANS BOUEUX DU BIRMAN.

Il y a des volcans de boue, des sources d'eau salée et des sources de pétrole près de Dembo, au Birman. Près d'un lac de pétrole on rencontre douze de ces volcans. Quelques-uns de leurs cratères sont en repos, les autres rejettent des gaz et de la boue.

VOLCANS BOUEUX DE JAVA.

Comme l'Islande, Java contient, outre ses volcans véritables des volcans de boue. On en rencontre dans le terrain tertiaire, en relation avec des dépôts bitumineux.

La source boueuse et gazeuse de *Danu* est constituée par un marais en forme de bassin situé au pied du volcan Karang. Les gaz qui ont une odeur d'hydrogène sulfuré, y soulèvent et projettent de la boue chaude.

Sur une colline tertiaire, située près de Purwodadi, se trouvent plusieurs bassins remplis d'eau boueuse d'où s'échappent continuellement des bulles de gaz. Lorsqu'on épuise l'eau on voit sourdre de la terre du bitume liquide brunâtre.

Les volcans boueux les plus importants se trouvent près de Kuwu. On y voit une grande plaine recouverte de boue en partie liquide. Sur la partie liquéfiée apparaissent des bulles de 5 mètres de diamètre, qui se brisent avec un bruit sourd et lancent de la boue de tous côtés. Cette boue contient une grande proportion de sel.

Deux volcans de boue se sont fait jour à travers le terrain alluvial marécageux de Surrabaja : l'un de ces volcans se trouve près du village de Pulungan ; l'autre près de celui de Kalananjar. Ce dernier est le plus actif des deux et la boue s'en échappe presque continuellement, le long des pentes, en petits torrents qui agrandissent ainsi le cône.

VOLCANS BOUEUX DES CÉLÈBES.

Ces volcans sont situés au nord de l'île, près de Langowan. Un petit lac de boue liquide nuancée de bleu, de rouge et de blanc, bouillonne en beaucoup de points et émet des bulles de gaz. L'argile du pourtour de ce lac est desséchée et l'on y rencontre de petites sources et des cratères pleins de vase en ébullition. Ces cratères semblent se former constamment, car on aperçoit d'abord un petit trou dans le sol, trou à travers lequel surgissent plus tard des fusées d'écume et de vase bouillante qui forme, en se desséchant, de petits cônes avec cratères. Le sol est très-dangereux sur une certaine étendue, car il est liquide et chaud, mais à une petite profondeur seulement.

VOLCANS BOUEUX DE LUÇON.

Au sud de la lagune de Bay se trouvent quelques volcans éteints, parmi lesquels le Maquilin qui est encore à l'état d'activité solfatarique. Des sources sulfureuses s'échappent de la base de ce volcan et le volcan boueux *Natanos* est en relation avec ces sources : son activité est entretenue par de la vapeur d'eau et de l'hydrogène sulfuré.

VOLCANS BOUEUX DES PETITES ILES DE LA SONDE

On trouve plusieurs sources de boue dans l'île de Simao, à l'ouest de Timor. A peu de distance de là, dans l'île de Pulu-Kambing on rencontre 13 petits volcans boueux en activité : on connaît encore deux autres de ces volcans dans le district de Lando, dans l'île Pulu-Roti.

VOLCANS BOUEUX DE LA NOUVELLE-ZÉLANDE.

Dans la vallée d'Otumaheke, si célèbre par le grand nombre de sources chaudes qui s'y trouvent, il y a aussi des volcans de boue entretenus par de la vapeur d'eau. Le sol est échauffé sur une grande étendue et ramolli en une masse argileuse sur laquelle se trouvent un grand nombre de cônes. Les trous par lesquels s'échappent les vapeurs et la boue changent souvent de place et produisent chaque fois de nouveaux cônes.

VOLCANS BOUEUX DE L'AMÉRIQUE.

L'extrémité méridionale de la grande chaîne de volcans de l'Amérique du nord se termine par le puissant volcan de Lassen's Butte. De nombreuses solfatares se trouvent dans ses environs ainsi que des sources de vapeurs et des marais de boue bouillante, traversés par des vapeurs et du gaz hydrogène sulfuré.

Les sources chaudes et les volcans boueux de Magdalena se trouvent dans le voisinage du volcan Ceboruco qui n'a repris son activité qu'en 1870.

Près du Turbaco, au sud de Carthagène, il y a des sources de gaz puissantes formant de véritables volcans boueux dans un sol argileux humide : ces petits volcans boueux sont constamment en activité.

Dans l'Amérique centrale, des volcans boueux se sont développés au pied du volcan Chinameco, sur le côté nord-est du San-Vincente, au Miravalles et près de Leon dans le Nicaragua. Les *Ausoles* ou volcans de boue d'*Ahuachapam* sont situés de l'autre côté de l'Isalco. Sur un plateau argileux on rencontre un grand lac presque circulaire rempli de boue bouillante, et dans un état d'agitation violente : une masse énorme de vapeurs, de l'acide sulfureux et de l'hydrogène sulfuré s'en échappent constamment. Il y a encore d'autres bassins de ce genre dans les environs, et deux d'entre eux se distinguent surtout par leur activité comme volcans boueux. Leurs cratères sont remplis de vase, et produisent, après des intervalles assez courts, des éruptions accompagnées de détonations puissantes. Les gaz répandent une odeur d'hydrogène sulfuré et d'acide sulfureux.

VOLCANS BOUEUX DE LA TRINITÉ.

Les volcans boueux de cette île se trouvent tous dans une plaine située à la pointe sud-ouest de l'île. La plupart d'entre eux n'ont qu'une hauteur de quelques pieds. La vase ne monte que rarement par-dessus les bords des cratères, mais il se forme fréquemment de nouveaux cônes. Au cap La Praye on trouve des escarpements de bitume et, à peu de distance de là, on rencontre un lac d'asphalte. Au bord du lac, l'asphalte est durci; au milieu il est au contraire mou et chaud et bouillonne constamment. Mais depuis un long temps déjà il ne s'y est pas produit de véritable éruption.

ORIGINE DES VOLCANS BOUEUX.

La similitude des phénomènes produits par les volcans ordinaires et les volcans de boue a conduit d'abord les savants à
mettre ces deux sortes de volcans en parallèle et à considérer
les volcans de boue comme des volcans inachevés. Les forces
mystérieuses de l'intérieur de la terre devaient, d'après cette
théorie, jouer un rôle dans les deux sortes de phénomènes.
Mais les volcans proprement dits et les volcans de boue ne
sont reliés que par la ressemblance de leurs phénomènes et
démontrent une fois de plus cette vérité que des phénomènes
semblables peuvent être produits par des causes diverses.

*Les véritables causes productrices de volcans boueux, ce sont
des sources de gaz ou de vapeurs qui sont gênées dans leur
sortie par une boue argileuse tenace. D'après leur origine et
d'après les produits gazeux ou les vapeurs, il faut cependant
séparer les volcans de boue en deux groupes.*

Les caractères distinctifs du premier de ces groupes consistent *en une température constamment très-élevée,* dans la *production d'une grande masse de vapeur d'eau et enfin dans
l'absence d'hydrogènes carbonés.* Ces gaz peuvent cependant
se présenter en petite quantité, mais on peut alors les considérer comme des principes accidentels, car ils n'exercent aucune influence sur l'activité des volcans, ni par leur masse ni
par leur tension. En général la masse des gaz, parmi lesquels
domine l'hydrogène sulfuré, est tout à fait subordonnée à celle
de la vapeur d'eau.

Cette forme de volcans boueux n'existe que dans les contrées volcaniques et se trouve habituellement au pied ou au
moins dans le voisinage immédiat d'un volcan véritable ou
d'une solfatare. Parmi les volcans que nous avons décrits, les
suivants appartiennent à cette série : les volcans boueux de
Reykjahlid et de Krisuvik, en Islande, ceux situés aux pieds
du San-Vincente, de l'Isaco et de Miravalles, dans l'Amérique centrale, puis ceux des Célèbes, de Luçon, de la Nouvelle-
Zélande, etc., etc.

Tout ce groupe de volcans n'est point seulement en relation
de situation avec les volcans ordinaires; leurs relations sont
de nature plus intime. Les volcans boueux de cette catégorie
ne sont, en effet, que des fumeroles volcaniques ordinaires
qui traversent accidentellement une couche argileuse ou une
couche puissante de cendres volcaniques. La vapeur d'eau

ramollit ces masses et les convertit en une boue tenace et
crée ainsi elle-même l'obstacle qu'elle a plus tard continuellement à combattre dans le volcan.

Le second groupe de volcans boueux est caractérisé *par
l'expulsion d'une grande quantité de gaz de la classe des hydrogènes carbonés et par la basse température de ces gaz.* Comparés à la quantité d'hydrogènes carbonés, tous les autres gaz
semblent disparaître : l'hydrogène sulfuré surtout manque
complétement ou n'est représenté que par hasard et en très-
petite quantité. Ce n'est aussi que par exception que la température s'élève pour peu de temps .et seulement pendant de
grandes éruptions; ce n'est aussi qu'à ce moment que l'on peut
constater la présence d'une quantité notable de vapeur d'eau.

Les volcans de ce groupe constituent les volcans boueux
dans le sens vrai du mot ; c'est même pour eux qu'on a créé
cette désignation. Ils n'ont aucune relation avec les volcans
véritables.

Partout où des masses organiques sont renfermées sous terre
et à l'abri de l'air, ces masses sont dans un état de décomposition continue mais lente. Les produits principaux de cette décomposition sont des hydrogènes carbonés, à côté desquels il
se forme aussi de petites quantités d'acide carbonique et
d'oxyde de carbone.

Ces gaz s'élèvent à travers de petites fissures du sol sur des
points innombrables de la terre, mais ils passent inaperçus, à
cause de leur faible quantité, et disparaissent dans l'atmosphère :
on rencontre, en effet, des matières organiques dans presque
toutes les couches de roches qui composent l'écorce du globe.
Mais lorsque ces gaz s'accumulent en grande quantité, ils s'é-
chappent aussi avec abondance et forment de véritables sources
de gaz. Les accumulations de gaz qui se forment dans les houillères (vulgairement « le grisou ») et les courants de gaz qui
s'échappent des sources de pétrole, n'ont pas d'autre origine.

De semblables sources de gaz peuvent donner naissance à
des volcans boueux lorsqu'elles sont situées dans des pays où
se trouvent des boues d'argile. Tant que l'argile est sèche et
dure, les gaz cherchent à s'échapper à travers d'étroites fentes
du sol; mais dès que l'eau d'une source suit la même voie
pour s'échapper. l'argile se ramollit et est convertie en une
boue qui entrave le départ des gaz, et c'est ainsi que naît un
volcan boueux. Les phénomènes d'éruption sont plus ou moins
violents, selon la force du courant de gaz et selon l'énergie de
l'obstacle qui s'oppose à son passage.

Pendant l'éruption de 1866 du volcan Salinella, en Sicile, on pouvait, pour cette raison, déterminer artificiellement la formation de nouvelles bouches éruptives. Lorsqu'on creusait un trou profond au voisinage d'un courant boueux, une violente éruption de boue se faisait à travers le trou creusé : au bout de deux jours un petit cône s'était formé autour de l'ouverture et l'activité de cette nouvelle bouche mettait fin à celle des cônes voisins.

Ce groupe de volcans boueux est donc toujours en relation avec des amas de bitume, de pétrole ou d'autres matières semblables, comme nous l'avons du reste déjà fait remarquer dans la description de ces volcans : bien plus, ces matières constituent même la condition essentielle de la formation de ces volcans, car en se décomposant elles fournissent les gaz nécessaires pour produire les éruptions. Toute décomposition de matières organiques est une combustion lente et c'est pour cette raison que la température des gaz peut s'élever sensiblement, dans des circonstances favorables. L'échauffement produit pendant les éruptions dépend donc uniquement des actions chimiques qui s'accomplissent dans les matières organiques, et lorsque dans certains pays, comme par exemple près de la mer Caspienne, les volcans sont alignés en chaînes, cet arrangement est probablement fondé sur ce fait que l'existence des volcans boueux dépend de l'extension en longueur des couches de bitume et de pétrole.

Les conditions essentielles de la formation de volcans boueux sont, d'abord la présence de dépôts de matières organiques en décomposition, ensuite l'existence de couches argileuses. Mais les couches argileuses n'existent que dans les formations récentes, d'où il résulte que les grandes masses de pétrole que l'on rencontre en Amérique, par exemple, ne produisent point de volcans boueux malgré leur énorme production de gaz, parce que ces dépôts sont renfermés dans des roches solides appartenant aux formations sédimentaires les plus anciennes. Les volcans boueux sont donc restreints aux pays où des masses considérables de pétrole se rencontrent dans des terrains tertiaires ou encore plus récents, et à peu de profondeur au-dessous de la surface du sol.

Les deux groupes de volcans boueux diffèrent donc essentiellement, et nous rencontrons ainsi de nouveau, et compris sous le même nom, des phénomènes naturels semblables, mais produits par des causes tout à fait différentes.

LIVRE QUATRIEME

LES GEYSERS.

Nous voyons surgir de terre, dans les contrées les plus différentes du globe, des sources qui se distinguent par une température élevée. Nous les appelons *sources chaudes* ou *sources
thermales*, lorsque la température de leur eau est plus élevée
que la température moyenne de l'année, prise au point de sortie
de la source. Dans toutes les contrées de la terre, jusque dans
les régions polaires, on rencontre des sources dont la température dépasse même la température annuelle moyenne la plus
élevée du globe : ce sont les *eaux thermales absolues* ou les
thermes proprement dits.

Les profondeurs de la terre contiennent un trésor inépuisable de chaleur : une partie de cette chaleur est transmise à
toutes les eaux qui circulent dans l'intérieur de la terre et qui,
après avoir percé la croûte terrestre en un endroit favorable,
apparaissent à la surface sous forme de source chaude.

Les sources chaudes s'échappent par les fissures des roches
les plus diverses, granite, micaschiste, grès, calcaire, conglo-
mérats, etc., etc. : elles semblent assez indépendantes de la
nature du sol et leur température s'élève de 30°, limite où
commencent les thermes absolus, jusque près du point d'ébullition. Aucune source sortie de ces roches n'atteint cependant le point d'ébullition, quoique certaines d'entre elles en
approchent beaucoup. On en connaît par exemple de $+ 60°$
et même de $+ 95°$ C., mais elles sont très-rares et la plupart
des thermes ne possèdent qu'une température de beaucoup
inférieure.

Nulle part on ne rencontre aussi régulièrement et en aussi
grand nombre des sources thermales que dans les terrains
volcaniques. Le terrain volcanique les nourrit et elles se

distinguent facilement, comme *sources volcaniques chaudes*, des autres sources thermales. On en rencontre un grand nombre près des volcans éteints, mais c'est à peine s'il existe *un* volcan actif dans le voisinage duquel on ne les trouve pas en abondance. Le sol volcanique est quelquefois percé comme une écumoire, et l'eau chaude s'échappe par toutes les ouvertures.

Beaucoup de ces sources chaudes volcaniques possèdent des températures qui varient fréquemment. Les sources connues sous le nom de « Pisciarella, » qui se trouvent au pied de la solfatare de Pouzzoles, présentent une température constamment variable. Les sources du Gallion avaient il y a trente ans une température de $+ 37°,8$ C., tandis qu'en 1860 elles étaient montées à $+ 60°$; en 1787 elles avaient même atteint 80° C. Les sources chaudes de l'île Tanna, l'une des Hébrides, présentent chaque jour une température différente.

Cette variabilité de la température des sources démontre avec évidence que la chaleur de l'eau est due uniquement à l'augmentation ou à la diminution de l'énergie des réactions volcaniques. D'autres sources chaudes ne présentent cependant pas de différences appréciables de température, lorsqu'on les observe pendant longtemps. La chaleur accumulée dans les profondeurs de la terre peut en effet suffire pendant longtemps, même lorsque le volcan est en repos : on n'a qu'à se rappeler les petits courants de lave du Vésuve qui, quoique exposés à l'air, n'ont perdu leur chaleur qu'au bout de plusieurs mois, ceux de 1822 entre autres, auxquels il a fallu six ans pour se refroidir.

Les contrées volcaniques sont aussi les seuls points de la terre où la température des sources peut atteindre $+ 100°$ C., et l'on voit fréquemment, au voisinage des volcans actifs, l'eau s'écouler à la température de l'ébullition. La température ne s'élève jamais plus haut. Lorsque l'eau enfermée dans les volcans acquiert une température plus élevée, le surplus de la chaleur sert, au moment où l'eau arrive à la surface, à convertir une partie de cette eau en vapeur et la température de celle qui reste retombe à 100° C. C'est pour cette raison que la plupart des sources volcaniques bouillantes sont enveloppées d'immenses nuages de vapeurs.

Si la température est suffisante, toute l'eau est transformée en vapeur, laquelle s'échappe avec plus ou moins de violence, selon son degré de chaleur et sa tension. C'est pour cela que les sources de vapeurs se creusent ordinairement une cavité en entonnoir analogue à un cratère qui leur sert de bouche de sortie et d'où elles s'échappent en sifflant. L'eau de ces sources est très-souvent pure, mais quelquefois mélangée avec les gaz des fumeroles.

Ces sources de vapeurs se rencontrent au voisinage d'un grand nombre de volcans, mais surtout près des volcans d'Islande, de Java et de la Nouvelle-Zélande. Un grand nombre de

Fig. 32. — Karapiti, source de vapeurs.

ces sources se trouvent en Islande dans la région des Geysers et l'une d'entre elles, connue sous le nom de « Geyser mugissant », se distingue par sa puissance considérable. Cette source était autrefois un véritable geyser, mais elle est transformée actuellement en source de vapeurs.

L'une des sources les plus considérables de vapeurs, c'est le Karapiti, de la vallée d'Otumaheke, dans la Nouvelle-Zélande (fig. 32). Le sol de cette vallée est échauffé sur une grande étendue et de nombreux jets de vapeurs s'élèvent à travers d'innombrables fentes et fissures. Le Karapiti qui se trouve au milieu d'eux est si puissant, qu'il s'est creusé un vaste entonnoir dans le terrain ponceux, d'où il s'échappe sous forme d'une haute colonne, qu'on distingue à une distance de plus de 20 kilomètres. — Non loin de là, dans la vallée de Waikato, se trouvent de si nombreuses sources de vapeurs que le sol semble totalement imprégné d'eau chaude et de vapeurs.

Comme l'eau chaude peut dissoudre plus rapidement que l'eau froide une plus grande proportion de substances, les sources thermales contiennent ordinairement une grande proportion de sels, et elles sont comptées parmi les eaux minérales les plus actives. Quelques-unes d'entre elles, celles de Karlsbad par exemple, ont dissous une telle proportion de sels que l'eau en se refroidissant ne peut plus les maintenir en dissolution et en laisse précipiter une certaine quantité. Ces précipités forment autour de l'ouverture de la source des dépôts, des concrétions et des boues.

Les sources thermales volcaniques jouissant d'une très-haute température sont surtout capables de dissoudre des sels, *lorsqu'elles séjournent sous terre assez longtemps*, pour que la dissolution puisse se faire. C'est pour ce motif que nous rencontrons fréquemment des sources thermales volcaniques tout à fait pures : mais la plupart de ces sources donnent des eaux minérales des plus actives.

Les *sources intermittentes et jaillissantes* ou *geysers* (comme on les a nommées d'après la plus connue d'entre elles, en Islande) se distinguent des sources volcaniques bouillantes en ce qu'elles présentent de temps en temps une sorte d'éruption.

Tous les geysers présentent un cône aplati sur lequel se trouve un bassin cratériforme se prolongeant dans le sol en un tube dans lequel l'eau chaude s'accumule de temps en temps. La température de l'eau est variable : au début elle est un peu au-dessous de $+ 100°$, puis elle augmente jusqu'à ce que l'eau de la surface ait atteint $100°$ et alors l'éruption commence. Le cône est composé, sur tous les grands geysers connus, de *tuf siliceux*, et l'eau contient en dissolution une si grande proportion de silice que ce corps se sépare très-rapidement et se dépose sur les parois du cône qu'il continue ainsi à élever et à élargir.

Les éruptions des geysers consistent en ce que l'eau contenue dans les cratères est lancée en l'air, par des masses considérables de vapeurs, sous forme d'un puissant tourbillon : ces éruptions se produisent après des pauses qui, chez certaines sources, durent seulement quelques heures, mais qui chez d'autres durent quelques jours. Lorsque l'éruption commence on entend ordinairement dans les profondeurs du sol un bruit de tonnerre, l'eau s'élève dans le bassin, s'agite et tourbillonne en tous sens. D'immenses bulles de vapeurs s'élèvent du centre du bassin et, peu d'instants après, une colonne d'eau réduite en poussière d'une blancheur éclatante s'élance à une grande hauteur dans l'air. Cette colonne a à peine atteint 25 à 35 mètres de hauteur, et ses perles ne sont pas encore prêtes à retomber, qu'une seconde et une troisième colonnes la suivent, s'élevant à une hauteur plus grande encore. Des fusées d'eau, plus ou moins longues, s'élancent alors dans toutes les directions : les unes s'écartent latéralement en décrivant une petite courbe, les autres au contraire s'élancent perpendiculairement avec des sifflements aigus; des nuages de vapeur s'élèvent les uns sur les autres et cachent en partie la gerbe d'eau; puis tout à coup on ressent un choc souterrain et une nouvelle colonne d'eau pointue et souvent mélangée de pierres, s'élance et s'élève beaucoup plus haut que les autres : tout le phénomène, qui n'a duré que quelques minutes, disparaît alors en un clin d'œil, comme les images fantastiques d'un songe disparaissent à l'approche du matin. Le bassin se présente alors à l'œil de l'observateur complétement vide d'eau, avant même que la vapeur ait été dissipée par l'air et que l'eau qui ruisselle sur les parois du cône se soit complétement écoulée : l'eau contenue dans le conduit éruptif est dans un calme parfait, comme dans tout autre puits.

LES GEYSERS D'ISLANDE.

Les Islandais distinguent les sources chaudes des districts où se trouvent les geysers en « Hverjan » ou sources toujours bouillantes, en sources jaillissantes, et en « Laugar » ou sources de filons dont l'eau est toujours tranquille et n'atteint pas le degré d'ébullition. Ces sources se rencontrent principalement, diversement groupées, dans les districts volcaniques.

Le groupe de Krisuvik est très-actif. Les pentes de cette montagne sont formées par une argile glissante et chaude traversée par des masses de soufre. Des vapeurs s'échappent de tous côtés avec un sifflement aigu, et d'innombrables sources d'eau bouillante et d'exhalations gazeuses se font jour à travers le sol. On rencontre une source plus considérable que les autres vers le milieu de la pente. Une colonne d'eau bouillante s'échappe en sifflant et dans une direction oblique à travers une

Fig. 33. — Bassin de geyser.

fissure : cette source est enveloppée d'un nuage de vapeur dense. De nombreux petits jets d'eau bouillante s'élancent tout autour.

Les sources chaudes de Reykholt se composent de seize tourbillons qui sont tous à la température de l'ébullition et dont quelques-uns font jaillir l'eau à une grande hauteur. Le *Geyser alternant* possède deux sources jaillissantes qui alternent constamment, de façon que l'une disparaît lorsque l'autre s'élance.

Le Geyser véritable appartient au groupe des thermes, situés au bord du désert des glaciers, qui est limité au sud-ouest par l'Hekla et au nord-ouest par le Blafell, volcan éteint.

Le Geyser est formé d'un cône d'environ 10 mètres de hauteur et de 70 mètres de diamètre, et composé d'un tuf siliceux gris clair. Au sommet de ce cône se trouve un bassin concave et circulaire de 2^m,30 de profondeur et de 17^m environ de dia-

mètre. A partir du point le plus déclive du bassin, un entonnoir
de 25 mètres de profondeur s'enfonce en terre (fig. 33). Le bassin est ordinairement rempli d'une eau claire et bleu verdâtre,
qui est si transparente que l'on peut parfaitement reconnaître
la structure de l'orifice. La température de l'eau augmente
peu à peu jusqu'à ce qu'au bout de 24 à 30 heures il se fasse

Fig. 34. — Eruption du Geyser.

une éruption précédée d'abord de plusieurs éruptions plus petites. Celles-ci débutent par un bruit souterrain, à la suite
duquel l'eau s'élève et bouillonne jusqu'aux bords du bassin
et est ensuite lancée en l'air par un développement extraordinaire de vapeurs. Ce phénomène se répète à des intervalles
de plus en plus courts jusqu'à ce que la grande éruption se
produise. Alors un jet puissant de vapeur s'élance, avec la
rapidité de l'éclair, enveloppant une colonne d'eau : de temps
en temps cette colonne semble s'affaisser, mais elle s'élève

de nouveau jusqu'à ce que l'éruption cesse. On a observé des éruptions du Geyser où la colonne d'eau était lancée à plus de 70 mètres de hauteur.

Le *Strokr* est la seconde source jaillissante de ce district et ses éruptions sont souvent, dit-on, plus grandioses que celles du Geyser. Un grondement souterrain les précède, puis la vapeur s'échappe, avec la rapidité d'une flèche, et enveloppe une épaisse colonne d'eau. Cette colonne s'étale à son sommet comme la couronne d'un pin, et son extrémité se divise en une poussière ténue. Elle retombe rapidement à la moitié de sa hauteur pour s'élever ensuite, avec une espèce de mugissement sonore, à une hauteur plus considérable. De petits rayons s'échappent en sifflant de la colonne de vapeurs, décrivent des courbes à la manière des fusées et se transforment en une pluie de poussière. Le phénomène cesse au bout de 15 minutes.

Le Strokr ne s'est formé qu'en 1784, à la suite d'un tremblement de terre. Une autre source jaillissante disparut au contraire à la suite d'un tremblement de terre, en 1789. Cette source est probablement remplacée par le *geyser mugissant* qui se trouve entre le Geyser et le Strokr et qui produit toutes les cinq minutes une éruption de vapeurs.

A proximité de ces geysers, on rencontre le petit Strokr qui produit des vapeurs toutes les demi-heures et lance une colonne d'eau de 2 à 3 mètres de hauteur. Le *Liligeyser*, près de Reikir, est plus important : il a des éruptions qui se présentent régulièrement à des intervalles de 3 heures 3/4. Leur approche est caractérisée par un fort développement de vapeurs : puis on voit apparaître une espèce de mousse aqueuse qui s'élève et s'abaisse périodiquement, mais monte toujours plus haut jusqu'à ce qu'enfin, au bout de 10 minutes environ, elle forme des gerbes verticales et obliques de 10 à 15 mètres de hauteur ; elle diminue ensuite graduellement pendant le même temps.

Entre les geysers on trouve encore 40 à 50 petites sources et tourbillons et un grand nombre d'étangs remplis d'eau presque bouillante et transparente comme du cristal. Ces bassins sont séparés et isolés les uns des autres par d'étroites cloisons de tuf siliceux, recouvertes par des aiguilles et des mamelons blancs formés de la même matière.

LES GEYSERS DU YELLOWSTONE.

Près des sources du Missouri, dans la partie supérieure du Yellowstone, on a découvert récemment une région située à 2,000 mètres au-dessus de la mer et entourée de montagnes de 3,000 à 4,000 mètres d'altitude, région couverte de sources jaillissantes chaudes qui se font jour sur de nombreux points du sol. Les sources qui possèdent la température la plus haute se rencontrent au voisinage du Gardiner river, qui vient du Nord. Près du Fire Hole river, dans le territoire de Wyoming, ces sources forment de puissants Geysers. Washburn a vu l'une de ces sources lancer une colonne d'eau de 6 mètres de diamètre à la hauteur de 50 mètres.

LES GEYSERS DE LA CALIFORNIE.

Les sources chaudes et les geysers de Californie se trouvent à trois bonnes journées de marche au nord de San-Francisco : ils sont très-nombreux. Les sources principales se trouvent dans un petit vallon en ravin, nommé le val de Pluton. L'air y est chaud et possède une odeur sulfureuse. Le sol semble creux et rempli d'eau chaude. Une innombrable quantité de trous et de fentes donnent issue à l'eau qui en sort en bouillonnant et en répandant constamment des vapeurs. Une ouverture plus grande projette de l'eau bouillante à plusieurs pieds de hauteur. Un peu plus haut on entend un sifflement rauque analogue à celui d'un bateau à vapeur. Ce sifflement est produit par des colonnes de vapeur qui s'échappent, avec une grande violence, par des ouvertures étroites, s'élèvent très-haut et projettent ensuite des gouttelettes d'eau bouillante à de grandes distances. Tout le ravin est rempli de minces colonnes de vapeurs et de bassins pleins d'eau bouillonnante.

Deux autres ravins présentent absolument le même aspect. On rencontre tout autour des bassins bouillonnants, des dépôts de cristaux délicats, de soufre, de sels de soude et d'autres minéraux qui se trouvaient en dissolution dans l'eau. L'eau de la plupart de ces bassins est noire et épaisse; les autres bassins contiennent une eau claire et transparente.

LES GEYSERS DE LA NOUVELLE-ZÉLANDE.

On ne rencontre nulle part, pas même en Islande, une quantité aussi considérable de sources chaudes et de geysers grandioses, qu'en Nouvelle-Zélande.

Le beau lac de *Taupo* se trouve dans un de ces districts. La rive méridionale de ce lac est surtout très-pittoresque. Elle est limitée par une série de cônes volcaniques derrière lesquels se dressent les volcans élevés de Tongariro et de Ruapahu. Sur la pente d'un de ces cônes volcaniques, le Kakaramea, sortent, de toutes les fentes et de toutes les ouvertures, de la vapeur d'eau et de l'eau bouillante qui déposent un tuf siliceux. Les sources les plus nombreuses se trouvent cependant près du village de Tokanu. On aperçoit de loin sur le lac la colonne de vapeurs du tourbillon de Pironi. Une colonne d'eau bouillante de 10 pieds de hauteur et environnée de masses considérables de vapeurs jaillit d'un trou profond. Près de là se trouve un grand bassin de tuf siliceux toujours rempli d'eau bouillante. Un grand nombre d'autres bassins de même structure se remplissent périodiquement : l'un de ces derniers, dit-on, formait encore un geyser puissant, en 1848.

L'extrémité nord du lac de Taupo est de même entourée de sources chaudes. Le rivage du lac est enveloppé de vapeurs sur une distance de 7 kilomètres au moins, vapeurs fournies par une innombrable quantité de sources dont le tuf siliceux agglutine les grains de sable du rivage et en forme de grands blocs.

C'est en cet endroit que le fleuve Waikato s'échappe du lac et présente sur ses deux rives le splendide district à sources d'*Orakeikorako* qui a environ 7,500 mètres de longueur. Plus de 70 sources de vapeurs et de sources jaillissantes sont réunies dans ce petit espace. Dans l'un des bassins de ces sources, l'eau bouillonne tout à coup et une colonne d'eau s'élance obliquement à une hauteur de 7 mètres. Cette colonne diminue rapidement de hauteur et le bassin vidé donne issue à une colonne bruyante de vapeurs. A quelques pas de là se trouve un second geyser. Une autre source fournit un jet continu d'eau d'un mètre de hauteur, mais avant le tremblement de terre de Wellington, en 1848, cette source avait formé pendant deux ans, dit-on, un véritable geyser.

Les environs du petit lac de *Rotomahama* sont encore plus remarquables. Des quantités innombrables de sources chaudes se font jour sur ses rives et dans le fond, de sorte que tout le lac est à une haute température.

De tous côtés l'on ne voit que vapeurs, on n'entend que sifflements; mais le tourbillon de *Teta-rata* est la plus splendide de ces sources. Sur une haute colline de tuf siliceux se trouve un immense bassin dont les bords sont un peu brisés du côté du lac. Ce bassin est rempli d'eau chaude qui paraît d'un bleu céleste admirable au milieu du bassin recouvert de concrétions siliceuses d'un blanc de neige. Au milieu du bassin, l'eau bouil-

lonne constamment et d'immenses nuages de vapeurs s'é-
lèvent, réfléchissant la couleur azurée de l'eau. Sur les pentes
de la montagne il s'est formé des terrasses semblables à du
marbre blanc et qui donnent à l'ensemble l'aspect d'une cà-
taracte en escalier, subitement solidifiée. Chacune de ces terrasses possède un bord relevé, d'où pendent de délicates sta-
lactites de tuf siliceux blanc, et qui environne une plate-
forme tantôt étroite, tantôt large, pleine d'eau d'un bleu
magnifique. Souvent, toute l'eau du grand bassin supérieur
est subitement rejetée par une éruption et le bassin semble
tout à fait vide, mais au bout de peu de temps il se remplit de
nouveau.

Non loin de là, et près de la rive, on trouve le grand tourbillon de *Ngahapu*. L'eau contenue dans le bassin de cette source
est toujours dans un état d'excitation violente et est souvent
projetée à plus de 3 mètres de hauteur. La colonne d'eau de la
source de *Te-Takupo* s'élance au moins trois ou quatre fois plus
haut. Une autre source jaillissante, le *Koingo*, présente trois à
quatre éruptions par jour et alterne avec le tourbillon voisin
de *Watapoho*.

Sur la rive occidentale du Rotomahama on trouve un autre
tourbillon en terrasse, l'*Otukapurangi*, le pendant du Te-ta-rata.
Les marches de tuf descendent jusqu'au lac et l'eau contenue
dans le bassin est actuellement tranquille, mais enveloppée de
vapeurs denses.

Le district à geysers de Whakarewarewa se trouve à 22 kilomètres au sud-ouest d'Ohinemutu. Sept sources y présentent
des éruptions périodiques : quelquefois elles sont toutes en
éruption en même temps. On rencontre en outre dans ce même
district des centaines de sources chaudes et de bassins remplis
de vase bouillante.

La baie Ruapeka, au lac Rotuoa, présente un aspect analogue de tourbillons et de vapeurs (fig. 35). La source principale
de ce district est le tourbillon de *Waikiti*. L'eau renfermée
dans son bassin ne reste en repos que pendant peu de temps;
alors elle commence à bouillonner et elle est souvent projetée
en l'air à quatre mètres de hauteur.

EXPLICATION DES GEYSERS.

Les phénomènes merveilleux des sources jaillissantes intermittentes ou geysers apparaissent tous dans des contrées volcaniques, et l'activité de ces sources est entretenue par la chaleur

volcanique. Ces phénomènes appartiennent donc complètement à la catégorie des actions volcaniques.

L'explication de ces phénomènes est un peu compliquée,
quoiqu'il ne reste plus aucun doute sur la cause qui les produit.

Fig. 35. — Rotuoa, sources chaudes en Nouvelle-Zélande.

Voici en peu de mots le résumé des caractères essentiels des
geysers qu'il est nécessaire de connaître, si l'on veut comprendre leur mode de formation. Un cône tronqué et aplati
de tuf siliceux présente à son sommet un bassin en forme de
cratère qui se prolonge dans les profondeurs de la terre par un
tuyau en entonnoir. L'eau chaude se rassemble dans le bassin.
Immédiatement après l'éruption, le bassin est vide et ne se
remplit que peu à peu jusqu'à ce que l'eau déborde et s'écoule
sur les pentes du cône.

Les sources jaillissantes intermittentes se forment parce que l'eau située au fond du tuyau est continuellement échauffée par la chaleur volcanique. Il en résulte que l'eau, comme tout autre liquide chauffé à sa base, acquiert du mouvement et forme des courants. L'eau échauffée de la base est devenue plus légère ; elle s'élève au centre jusqu'à la surface où elle s'étale. Une vaporisation considérable s'établit sur cette large surface. L'eau s'y rafraîchit, devient par conséquent plus dense, et retombe le long des parois du tube dans la profondeur, où elle est de nouveau chauffée et plus fortement que la première fois. C'est pour ce motif que l'eau contenue dans les bassins des geysers est dans un mouvement continu comme celle d'un vase chauffé : une colonne d'eau chaude monte par le centre du tuyau, s'étale et se rafraîchit à la surface pour redescendre le long des parois du tuyau.

On peut rendre ce mouvement très-visible dans le bassin du Geyser, en Islande, lorsqu'on jette de petites feuilles de papier au centre du bassin où l'eau chaude s'élève. Ces feuilles sont alors poussées vers les bords du bassin, puis entraînées vers le fond, d'où quelques-unes sont ramenées au centre du bassin par le courant chaud du centre.

Lorsque le refroidissement qui s'opère à la surface n'est pas aussi considérable que l'échauffement à la base du liquide, l'eau devient de plus en plus chaude et celle qui est contenue dans les bassins des geysers et qui était d'abord au-dessous de 100° C. peut atteindre peu à peu cette température.

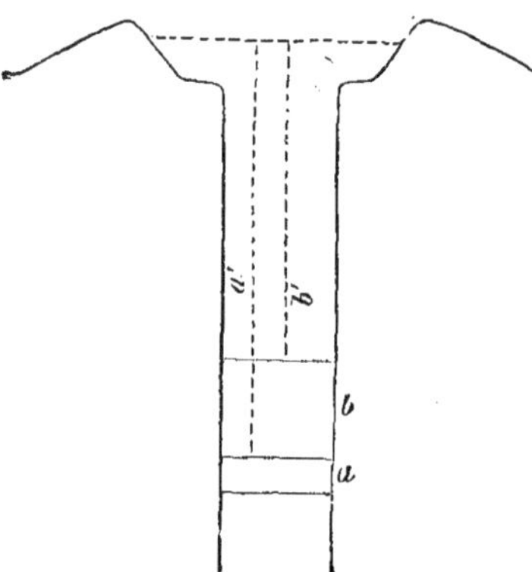

Fig. 36. — Coupe du bassin de Geyser. — *a'* Pression sur la couche *a ; b'* pression sur la couche *b*, avant la formation des vapeurs.

L'eau n'atteint jamais plus de 100° C. à la surface des bassins ; il en est du reste de même dans tout vase rempli d'eau bouillante puisque toute chaleur additionnelle est employée à vaporiser l'eau jusqu'à dessiccation complète.

On peut toutefois porter de l'eau à plus de 100° dans un vase fermé et d'où la vapeur ne peut pas se dégager.

La colonne d'eau qui se trouve dans le tuyau d'éruption constitue une occlusion véritable pour l'eau située plus profondé-

ment. La couche *a* (fig. 36) qui se trouve dans le bassin du Geyser
ne peut point développer de vapeurs à cause de la pression
qu'exerce sur elle toute la masse d'eau supérieure, mais comme
elle est toujours plus échauffée par en bas, elle s'élève peu à
peu à plus de 100° C. La couche *b* plus élevée que la première
peut aussi dépasser 100° parce qu'elle subit aussi la pression
de la colonne supérieure, mais sa température restera toutefois
inférieure à celle de la couche *a*, parce que la pression qu'elle
supporte est moindre. Dès que la température est assez élevée
pour que la vapeur développée puisse neutraliser la pression,
la vapeur se dégage et l'obstacle qui empêchait sa formation
est violemment écarté. C'est pour cette raison qu'un vase clos
éclatera dès que l'on arrivera à un certain degré de surchauffement.

Les mesures de température prises dans le bassin du Geyser
ont prouvé que la température y augmente avec la profondeur.
La température était, en effet, de :

	Mètres.	Degrés.	
	19,55 (surface de l'eau)	85,2	
Hauteur	14,75	106,4	
au-dessus du fond	9,85	120,4	Températ.
du tuyau.	5,00	123,0	
	0,30	127,5	

L'échauffement continuel du sol produit par conséquent un
échauffement progressif de l'eau, malgré le rafraîchissement
de la surface, et dans le tuyau même, l'eau acquiert peu à peu
une température beaucoup plus élevée que celle de l'ébullition
à la pression ordinaire de l'air.

Lorsque l'eau est assez échauffée en un point quelconque du
tuyau, en *b* par exemple, pour qu'il s'y forme une petite quantité de vapeur, cette petite quantité de vapeur réagira contre
la pression par sa force d'expansion et neutralisera une partie
de cette pression.

Il est facile de comprendre que les parties de l'eau situées
au-dessous de *b*, qui ont pris une température si élevée par
suite de la pression exercée sur elles, sont trop échauffées, lorsqu'une partie de la pression est détruite, et se vaporisent en
grande partie, comme l'eau renfermée dans un vase surchauffé.
Ces vapeurs ont alors assez de puissance pour écarter les
obstacles et pour soulever la masse d'eau chaude qui remplit
encore le bassin.

Les éruptions périodiques des geysers n'ont point d'autres
causes : dès que le surchauffement de l'eau a produit des va-

peurs en un point de la profondeur, cette vapeur projette l'eau bouillante sous forme d'un jet. Une partie de l'eau projetée retombe de suite dans le bassin et empêche ainsi l'échappement complet de la vapeur; on voit alors la colonne d'eau se soulever à plusieurs reprises jusqu'à ce que l'eau et la vapeur soient complétement épuisées.

Les geysers ont encore une grande importance en ce sens qu'ils nous permettent de nous faire *une idée claire des phénomènes qui produisent les éruptions volcaniques*. On peut considérer l'eau qui se trouve dans le tuyau du geyser immédiatement avant l'éruption, comme étant de l'eau bouillante qui contient de la vapeur en dissolution, absolument comme les laves contenues dans la cheminée des volcans consistent en roches fondues contenant de l'eau surchauffée. Dès que des vapeurs se forment en un point de la colonne de lave, vapeurs qui, ne s'écoulant pas, diminuent en partie la pression exercée sur le fond, il pourra se produire subitement un développement si considérable de vapeurs que la lave ne pourra plus opposer un obstacle suffisant à leur tension. La cause de l'éruption n'est autre chose que la lutte entre les vapeurs, qui s'échappent et la résistance que leur opposent la pression et la ténacité de la lave.

Il paraît que les sources chaudes et volcaniques qui tiennent en dissolution de la silice et la déposent sous forme de tuf autour de la bouche, sont les seules capables de donner naissance à des sources intermittentes ou geysers.

C'est par le dépôt de tuf siliceux que ces sources forment autour de leur orifice des cônes et des tuyaux avec des bassins plats dont l'existence est nécessaire à la production des phénomènes que nous venons de décrire et qui amènent les éruptions périodiques.

De même que les sources geyseriennes amènent par leur propre activité la formation d'un geyser ou source jaillissante, de même aussi elles finissent par amener la cessation de ces éruptions par leur activité prolongée. *L'état de geyser n'est donc qu'un état passager dans le développement des sources chaudes déposant du tuf siliceux.* Avant et après cette période de développement, la source n'agit point comme geyser.

Au début, les geysers sont des sources dont la température est constamment de $+$ 100° C. et qui, par conséquent, s'écoulent bouillantes et d'une façon continue. Lorsqu'une telle source siliceuse se crée un nouveau passage dans une contrée volcanique, elle se construit bientôt, autour de l'ouverture, un petit cône de tuf siliceux. L'eau élevée constamment par les vapeurs s'écoule sans cesse par-dessus le cône et l'agrandit ; l'ouverture centrale seule persiste et s'allonge peu à peu en un tuyau.

Plus le cône siliceux s'élève, plus le tuyau d'écoulement devient long, et sa partie supérieure finit par s'élargir et par former un bassin cratériforme. A cette époque du développement, le cône renferme un bassin de tuf siliceux d'un beau blanc rempli d'une eau bouillante et transparente comme du cristal : mais comme, au lieu d'une ouverture étroite, il y a une surface très-large, la vaporisation et le refroidissement de l'eau y deviennent très-apparents.

L'eau du bassin est toujours chauffée à la base et refroidie au contraire à la partie supérieure : l'échauffement et le refroidissement sont dans une lutte continuelle pour amener soit une élévation, soit un abaissement de la température de l'eau.

Lorsque le bassin devient assez large et assez profond, il arrive un temps où la masse d'eau n'est plus sans cesse en ébullition, et pendant lequel les couches les plus profondes arrivent, par la pression qu'elles supportent, à une température de plus de 100° C., tandis que les couches de la surface sont ordinairement au-dessous de 100° et n'arrivent que peu à peu à une température rapprochée de celle de l'ébullition. C'est à cette époque que les phénomènes des geysers se dessinent de la manière décrite plus haut.

La source reste alors pendant quelque temps active comme geyser. Mais l'agrandissement du cône et du bassin fait des progrès continus, et alors le refroidissement de la surface augmente et les conditions de température nécessaires à une nouvelle éruption ne se présentent plus qu'à des intervalles de plus en plus longs.

Le bassin finit par devenir tellement grand que le refroidissement à la surface devient prépondérant, les éruptions cessent et il ne reste plus qu'un bassin rempli d'eau chaude, mais dont la température est toujours au-dessous du point d'ébullition. Le bassin est rempli d'eau claire, d'un bleu foncé, calme et donnant naissance à de légères vapeurs : sur le fond on aperçoit, au milieu de formes fantastiques de tuf siliceux, les sombres contours d'une ouverture, la bouche du geyser d'autrefois, qui se perd dans une profondeur inconnue.

Dans les districts riches en geysers, on rencontre le plus souvent les unes près des autres toutes ces formes du développement des sources chaudes.

La chaleur volcanique échauffe l'eau dans les profondeurs du sol et la rend apte à dissoudre de la silice : la source s'élève toute bouillante. Ces sources deviennent avec le temps des geysers qui se transforment graduellement en un bassin rempli d'eau chaude. De même que, par la création de cônes de tuf siliceux, les sources se transforment en geysers, de même aussi leur propre activité leur fait perdre les propriétés des geysers. Lorsque, au bout d'un certain temps, elles bouchent elles-mêmes leur orifice d'écoulement, l'eau refoulée ou retenue dans la terre finit par se faire jour en un autre endroit et débute de nouveau comme source thermale, pour se transformer dans la suite en nouveau geyser.

LIVRE CINQUIÈME

GÉOGRAPHIE DES VOLCANS.

EUROPE.

Toute la région boréale du continent européen manque de volcans.. La région moyenne ne contient elle-même que des volcans éteints, et le petit nombre de volcans actifs que l'on connaît dans ce continent se trouvent tous dans ses parties les plus méridionales.

ALLEMAGNE.

L'Allemagne est divisée dans son milieu, dans la direction de l'Ouest à l'Est, par un terrain qui contient des formations basaltiques et trachytiques extrêmement développées. C'est ainsi que les basaltes et les trachytes du Rhin se relient à ceux du Habichtswald, du Westerwald, de la région du Main, de la Rhoen, du Fichtelgebirge et, plus loin, à ceux de la Bohême. On rencontre, dans toute cette étendue, des sources nombreuses remarquables, les unes par leur température élevée et constituant des eaux thermales; les autres par leur teneur en acide carbonique et constituant par conséquent des eaux acidulées gazeuses. Par ces propriétés, c'est-à-dire par leur température ou par leur teneur en acide carbonique, ces eaux sont aptes à dissoudre une foule de substances qu'elles rencontrent dans leur parcours souterrain et deviennent ainsi des sources minérales d'une grande valeur. La plupart de nos bains les plus renommés ne se trouvent-ils pas dans cette région? Et l'on y trouve encore des centaines de sources inusitées jusqu'ici, et dans beaucoup d'endroits même, on voit surgir du sol des sources abondantes d'acide carbonique.

Ce n'est cependant qu'aux deux extrémités de cette région
que l'on rencontre de véritables volcans avec des cratères visibles et des torrents de lave ; ce sont toutefois des volcans
éteints et préhistoriques. Ils se trouvent, à l'Ouest, dans le
district de l'Eifel et, à l'Est, en Bohême. Il n'en existe pas plus
au nord dans l'Europe continentale.

L'EIFEL.

Les volcans de l'Eifel sont situés dans le grand territoire de
la formation dévonienne rhénane, qui se compose principalement de couches fortement redressées de schistes argileux et
de grauwacke. De distance en distance on rencontre quelquefois sur ces couches du grès bigarré assez horizontal ou de
l'argile tertiaire renfermant des lignites.

Ces couches sédimentaires ont été traversées par les roches
volcaniques. Les vrais volcans se trouvent en relation très-
étroite avec les basaltes et les trachytes non-seulement au
point de vue géographique mais encore au point de vue chro-
nologique.

Dans ces contrées, les roches ignées les plus anciennes sont
les basaltes qui s'étendent depuis le Siebengebirg jusqu'à l'Eifel,
en suivant le bord du district volcanique sans y pénétrer. Puis
viennent les cônes phonolithiques qui sont un peu plus récents
que le basalte et qui pénètrent plus avant dans le district
volcanique : on rencontre même en certains endroits des
phonolithes mélangées à des produits volcaniques proprement
dits.

Les volcans paraissent être ainsi la dernière expression de
l'activité volcanique qui a régné, pendant la période tertiaire,
dans cette région de l'Allemagne moyenne.

La formation des roches volcaniques commença vers le
milieu de la période tertiaire, probablement pendant l'Oligocène, tandis que les vrais volcans n'entrèrent en activité
que beaucoup plus tard, et lorsque les laves récentes s'écoulèrent la surface de la contrée possédait déjà sa configuration
actuelle.

Les vrais volcans se divisent en deux groupes : celui de l'Eifel
et celui des environs du lac de Laach. Ce dernier groupe s'étend
principalement sur les bassins de la Nette et du Brohlthal. Du
côté sud ce groupe touche en un seul point la rive gauche de la
Moselle, mais les produits éruptifs désagrégés, comme le tuf et
la ponce, se sont étendus bien plus loin et ont recouvert partiel-

lement les couches sédimentaires jusqu'à Boppard au Rhin et même beaucoup plus loin le long de la rive droite de ce fleuve.

Le premier groupe, celui de l'Eifel, est traversé par l'Uess, la Lieser et le Kyll. Près des confluents de la Nette, on rencontre les montagnes les plus boréales de la haute Eifel, le Niveligsberg et le maar de Boos, qui relient le groupe de l'Eifel à celui du lac de Lach.

Cette région rhénane est d'une grande importance pour l'étude des volcans, puisqu'on y rencontre le premier état de leur développement. Ces montagnes s'y présentent avec une grande simplicité de formes et de produits, quoique cependant les substances minérales rares qui s'y rencontrent offrent au minéralogiste une grande variété d'espèces.

Les volcans de l'Eifel sont surtout très-simples et ont été, à peu d'exceptions près, produits par une seule éruption. Les volcans du lac de Laach font voir un progrès dans l'activité volcanique, car des éruptions récentes avec d'autres produits y ont recouvert les produits anciens correspondant à ceux de l'Eifel.

On rencontre dans l'Eifel plus de trente cratères dont quelques-uns sont cependant incomplétement conservés. Dans l'Eifel antérieure ils forment une chaîne assez caractérisée, partant de Bertrich et se dirigeant vers le Nord-Ouest.

Les volcans suivants méritent une mention spéciale soit à cause de leur taille, soit à cause de leur parfaite conservation.

Le *Mosenberg* près de Bettenfeld, constitué par un cône éruptif considérable sur lequel on trouve plusieurs cratères disposés en ligne de l'ouest à l'est. Deux de ces cratères n'ont produit que des scories et de la cendre, mais le cratère le plus oriental a émis un grand courant de lave.

Le *Firmerich*, près de Daun, beau volcan à cratère bien conservé et présentant un courant de lave dirigé vers le nord. On peut parfaitement bien constater sur cette montagne que l'éruption s'est faite à travers les anciennes couches sédimentaires sans les soulever.

Le *Rodderkopf*, près d'Oberbeltingen, dans le terrain du grès bigarré, a épanché une lave basaltique ; il est entouré de tufs renfermant des fragments de grès bigarré.

Le *volcan de Gerolstein* avec un des plus beaux cratères de la région et avec un courant de lave sorti de la pente nord-ouest de la montagne.

Plusieurs autres volcans de cette contrée paraissent n'avoir jamais émis de lave et être construits uniquement par des éruptions de scories, comme les trois beaux cratères près de *Gillenfeld* et les deux de *Loos*.

La contrée qui environne le lac de Laach contient, sur un espace d'environ 200 kilomètres carrés, près de quarante cônes volcaniques. Du côté ouest, ces volcans sont petits et insignifiants ; mais ils deviennent de plus en plus importants du côté est. A l'ouest on trouve les petits volcans *Teufelsburg*, *Hannebacher-Ley* et *Perlerkopf* qui sont situés entre les basaltes tertiaires et les phonolithes.

Entre le Brohlbach et le Viextbach se trouve le *Bausenberg*. Ce beau volcan s'élève à 96 mètres au-dessus des schistes argileux de la contrée et atteint ainsi 950 mètres au-dessus du niveau de la mer. Son magnifique cratère est traversé au nord-ouest par un courant de lave que l'on peut suivre jusqu'à Gœnnersdorf et qui est recouvert en un point par du lœss.

Tout près de là on trouve le cône volcanique *Herchenberg* qui n'a que 55 mètres de hauteur et est composé de scories désagrégées et de cendres entre lesquelles se trouvent des masses compactes de laves. Celles-ci sont des laves à néphéline semblables à celles de Capo di Bove. Les scories sont parfois parsemées de petits grenats rouges.

Le *Laacherkopf* s'élève sur le bord circulaire du lac cratérique : il n'est libre qu'au sommet et toutes ses autres parties sont recouvertes par des produits plus récents.

Dans le voisinage le plus immédiat du lac de Laach on trouve encore les volcans *Veits-Kopf*, *Krufterofen*, *Rotheberg* et les *Kunks Koepfe*. Le premier de ces volcans possède un cratère entier et deux coulées de lave différentes dont l'une a été nommée *Mauerlei*. Le Krufterofen présente le cratère le plus considérable de toute la contrée ; il mesure 210 mètres de profondeur. Le bord du cratère de Rotheberg est en forme de fer à cheval ouvert du côté ouest. Le courant de lave qu'il a fourni est dirigé vers Burgbrohl et coupé par la rivière, de sorte que la formation de la vallée est plus récente que ce courant de lave.

Le *Bellerberg*, au sud-est d'Ettringen, consiste en un grand cratère ovale qui entoure encore un cône de scories. Ce volcan a fourni deux courants de lave.

Les *volcans situés autour de Nickenich* n'ont probablement rejeté que des scories, car on ne rencontre nulle part de lave dénudée. Le Nickenicher Sattel forme une espèce de rempart faiblement courbé dont les scories anciennes et épaisses sont

couvertes de loess qui est lui-même recouvert de ponce et
de tuf.

A l'est de Nettethal on rencontre la *Wannengruppe*, composée de douze cônes de scories dont les cimes seules paraissent
au-dessus du loess et de la ponce.

Plus loin apparaît le *Roderberg*, près de Rolandseek, et vis-à-
vis du Drachenfels. C'est le dernier de ces volcans. Il possède
un joli cratère, à une altitude de 110 mètres au-dessus du Rhin,
et a fourni un courant de lave.

Le *Manrother Vulcan* situé près du Wiedbach, à 13 kilomètres du Rhin, et qui est assez isolé des volcans de l'Eifel, mérite
cependant une mention spéciale parce qu'il a été observé seulement dans les temps les plus récents. C'est un rebord cratérique en forme de demi-lune, ouvert du côté est, et composé de
lave à la partie inférieure et de scories à la partie supérieure.
Une masse de basalte peu dénudée qu'on y rencontre forme
probablement le reste d'un courant de lave émis par ce volcan.

On ne peut fixer avec certitude le point d'émersion du courant de *Niedermendig* : il est probable que ce courant prend
son origine au *Forstberg*.

Les volcans des environs de Laach sont, comme ceux de
l'Eifel, postérieurs à l'oligocène, mais on ne peut pas fixer,
pour un grand nombre d'entre eux, de combien ils sont plus
récents. Wannenkopf, Leilenkopf et Camillenberg sont plus récents que le gravier diluvien qu'ils ont traversé. D'autres au
contraire sont plus anciens que le loess, et l'époque de leur
activité est comprise entre le dépôt du gravier diluvien et celui
du loess.

Les Maars constituent l'un des phénomènes les plus intéressants de l'Eifel : nulle part on ne les rencontre en aussi grand
nombre et avec une régularité aussi parfaite. Ces bassins cratériques se rencontrent, dans l'Eifel, à tous les degrés de développement. Quelques-uns d'entre eux sont situés entièrement
dans les anciennes roches sédimentaires ; d'autres possèdent
un rebord peu élevé, composé de tuf et de scories, quoique les
bords du bassin soient aussi composés de schistes argileux. Le
Pulvermaar, le *Gillenfeldermaar* et le *Weinfeldermaar* sont
complétement clos ; d'autres maars présentent une seule ouverture pour l'écoulement des eaux ; d'autres enfin présentent deux
ouvertures, l'une pour l'entrée, l'autre pour la sortie de l'eau.
Les maars remplis d'eau forment de petits lacs ravissants : les
autres paraissent desséchés et leur fond est rempli de tourbe.

Outre ceux que nous venons de nommer, les maars les plus

beaux sont ceux de *Daun*, d'*Uelmen*, de *Dockweiler*, de *Meer-felden*, de *Moosbruck*, etc.

Le lac de Laach est lui-même le plus grand maar de la contrée : il forme une surface d'eau de 9 kilomètres carrés et est entouré au nord, à l'est et à l'ouest par des pentes abruptes de montagnes, et au sud par des collines à pentes douces. Des schistes argileux couverts de lignites affleurent de trois côtés : mais on y rencontre aussi du tuf et des scories recouvrant du loess.

Les laves de ces volcans sont de nature plus ou moins basaltique et correspondent aux basaltes à augite. Les produits du Herchenberg contiennent de la néphéline qui se retrouve, en plus grande proportion encore, dans les laves du Hannebacher-Ley. La lave du Perlerkopf est au contraire tout à fait différente. Cette roche, finement granulée, consiste principalement en noséane, sanidine, grenat, hornblende, augite et titanite, et se rapproche par conséquent de la phonolithe à noséane d'Ol-bruck.

Les tufs forment les roches les plus communes de cette contrée. On peut les diviser en *tufs de lave, tufs à leucite* et *tufs de ponce*. Les premiers consistent en couches de petits fragments de lave : les tufs à leucite, stratifiés ou non, se distinguent par de la leucite d'un blanc de neige et par des fragments de diverses roches leucitiques ; les tufs de ponce sont les plus répandus et s'étendent surtout au nord et à l'est du lac de Laach. Ces derniers sont les formations volcaniques les plus récentes et recouvrent toutes les autres. Ils sont cependant si divers dans leur composition qu'on a pu les diviser à leur tour en *trass,* en *tuf ponceux véritable* et en *tuf trachytique ou gris.*

Les tufs de lave ont été produits par les volcans : les tufs leucitiques doivent probablement leur existence à des ouvertures cachées sous les tufs trachytiques au lac de Laach.

Les tufs stratifiés contiennent, en fait de fossiles, des troncs et des branches de Pinea vulgaris, des troncs carbonisés et des troncs creux de Betula alba, de Populus tremula, des empreintes d'Urtica dioïca, de Valeriana officinalis et de Salix. On y a aussi trouvé des coquilles d'Helix.

Nulle part on n'a rencontré, parmi les produits rejetés par les volcans, une variété aussi considérable de roches méritant une étude très-approfondie. On peut les diviser en trois classes : 1° Roches formées pendant l'éruption même. Ces roches sont essentiellement composées des mêmes matières que les laves. 2° Roches tout à fait étrangères au volcan. Parmi celles-ci se trouvent des fragments de granite, de syénite, de gneiss, de schiste micacé, de schiste à hornblende, de dichroïte, de schiste argileux, de grauwacke, de grès bigarré, etc. Les trois dernières espèces seulement ont été certainement soulevées et rompues par les éruptions volcaniques. Les autres espèces se trouvent au-dessous de la formation dévonienne et ont été arrachées par l'éruption à de grandes profondeurs. 3° Roches volcaniques déjà formées antérieurement et portant souvent la trace d'une influence ignée postérieure. Parmi ces roches, les fameuses bombes à sanidine qui sont si riches en minéraux, excitent surtout un intérêt puissant. Ces bombes se trouvent habituellement dans le tuf ponceux grisâtre le plus superficiel. A côté de la sanidine qui prédomine, on rencontre dans ces bombes de l'haüyne, de la noséane, de l'augite, de la horblende, du mica magnésien, du spath calcaire, du fer magnétique, de la titanite, de la néphéline; plus rarement du spinelle, du grenat, de l'apatite, du zircon, du feldspath, du fer oligiste, etc.

Plusieurs centaines de sources minérales filtrent à travers ce terrain volcanique. Le Brohlthal et le bassin de Wehr sont surtout riches sous ce rapport; mais on peut difficilement compter les endroits par où sort de l'acide carbonique.

VOLCANS DE LA SILÉSIE ET DE LA BOHÊME.

La bande territoriale si riche en basalte et en trachyte qui traverse l'Allemagne moyenne et se termine à l'ouest par les volcans de l'Eifel, finit aussi à l'est par quelques districts volcaniques plus petits, il est vrai, et plus dispersés.

Trois de ces volcans se trouvent à la frontière de la Silésie autrichienne, le *Rautenberg*, le *Köhlerberg* et le *volcan de Messendorf*. Le Rautenberg, haut de 838 mètres, n'a plus de cratère principal, mais présente sur son côté ouest un grand champ formé de coulées de laves basaltiques sorties de fissures cratériformes. — Le Köhlerberg, au sud-ouest de Freudenthal, porte sur sa pente une cavité elliptique remplie de scories de lave et qui formait peut-être un cratère éruptif latéral. — Le volcan de Messendorf se trouve sur la ligne de jonction des deux autres volcans et consiste en un cône formé de scories et de blocs de lave dont le sommet est à 681 mètres au-dessus du niveau de la mer. Le cratère a probablement été effacé par la culture.

Le *Kammerbühl*, près d'Eger, est un petit volcan qui a formé un petit cône de scories sur des schistes micacés. On rencontre sur son pourtour de nombreuses bombes de lave basaltique qui renferment fréquemment des fragments de schiste micacé ou de quarzite.

On trouve encore un volcan à Orgiof, en Moravie, tout près de la frontière du comtat de Trentschin, en Hongrie. Ce volcan forme un cône aplati de scories d'un brun rougeâtre, situé sur la rive boréale de la Bistrizka, et présente encore un cratère bien conservé, mais ouvert du côté nord.

FRANCE.

La France ne possède actuellement que des volcans éteints, mais l'activité volcanique y était autrefois bien plus étendue et plus grandiose qu'en Allemagne.

Auvergne.

La contrée volcanique la plus importante de France est l'Auvergne. Sur un plateau granitique de près de 1000 mètres d'altitude se trouvent deux chaînes parallèles de volcans dont quelques-uns ont une hauteur propre de 270 mètres. La chaîne orientale se dirige du nord au sud sur une étendue d'environ huit lieues et contient les volcans les plus considérables ; la chaîne occidentale, distante d'un quart de lieue de la première, ne s'étend qu'à une lieue et demie. Le Puy de Chaumont se trouve entre ces deux chaînes et les relie entre elles.

Près de quarante volcans se trouvent sur ce petit espace, outre quelques cratères moins bien conservés, et entre ces vrais volcans on rencontre de nombreux cônes très-réguliers et très-abrupts d'un trachyte particulier appelé Domite, du nom d'une de ces montagnes : le Puy de Dôme. Quoique la forme de ces cônes corresponde parfaitement à celle des volcans, ils ne possèdent cependant ni cratères, ni coulées de lave, et n'appartiennent par conséquent pas à la catégorie des vrais volcans ; mais ils se relient aux cônes basaltiques et trachytiques.

Les plus importants des vrais volcans de cette contrée sont :

1° Le *petit Puy-de-Dôme* qui présente un petit cratère élégant nommé Nid de la poule. La montagne est formée par un cône de scories et ne présente pas de lave, si la lave du Chuquet Couleyre n'a pas été produite par une de ses éruptions latérales.

2° Le *Puy-de-Pariou*, le plus splendide de ces volcans, au nord du précédent. Il présente un grand cratère, de 930 mètres de pourtour. Son cône est formé de lapillis rouges, et le bord ouest du cratère est percé par une grande coulée de lave.

3° Le *Puy-de-Goules*, remarquable par son cratère régulier et presque circulaire.

4° Le *Puy-de-Dôme*, l'un des plus beaux volcans de l'Auvergne, atteignant 302 mètres au-dessus du plateau et 1390 mètres au-dessus du niveau de la mer. Il est situé à l'ouest du Pariou et en est séparé par un petit cône de dolomite appelé Clierzou. Il possède deux cratères confondus et une très-grande coulée de laves qui est entourée d'une grande plaine couverte de blocs de lave sauvages et nus.

5° Le *Puy-de-Chaumont ;* cette montagne se trouve isolée entre les deux chaînes.

6° Le *Puy-de-Nugère* a un cratère de 82 mètres de profondeur. Plusieurs coulées de lave, sorties de points différents, s'y sont réunies en un seul courant considérable.

7° Le *Puy-dé-Lassola*. Ce volcan se compose actuellement de la moitié du rebord d'un cratère détruit. Une coulée très-puissante de lave prend son origine du côté ouvert du cratère.

8° Le *Puy-de-Vichatel*, dont le sommet est occupé par un très-grand cratère, mais dont la lave est sortie de la base de la montagne.

9° Le *Puy-de-Montjughat*, avec un très-beau cratère.

10° Le *Puy de Chalard*, le volcan le plus élevé de l'Auvergne : ce n'est peut-être qu'un cône latéral du Puy de la Rodde.

11° Le *Puy de Gravenoire*, situé près de Clermont et sur la partie déclive du plateau granitique.

12° Le *Puy de Louchadière*. Le cratère de ce volcan forme un grand demi-cercle, de 150 m. de profondeur, ouvert du côté Ouest. Une coulée de lave l'entoure presque complétement et s'étend alors au large. Tout près de ce volcan on rencontre :

13° Le *Puy de Jumes*, et

14° Le *Puy de la Coquille*, qui possède un beau cratère.

Les autres volcans distincts de la contrée portent les noms suivants : 15, *Puy de Sarcouy ;* 16, *Puy de la Vache ;* 17, *Puy de Fraisse ;* 18, *Puy de Filhou ;* 19, *Puy de Barmet ;* 20, *Puy de Channat ;* 21, *Puy de Lantegy ;* 22, *Puy de Sault ;* 23, *Puy de Montchié*, qui présente trois cratères ; 24, *Puy de Salomon ;* 25, *Puy de Barme ;* 26, *Puy de Laschamp ;* 27, *Puy de la Meye ;*

28, *Puy de Pourchuret*; 29, *Puy de Montillet*; 30, *Puy de Montigny*; 31, *Puy de Monchal*; 32, *Puy de Charmont*; 33, *Puy de la Rodde*; 34, *Puy de Monteynard*; 35, *Puy de Monchalme*, 36, *Puy de Brausson*; 37, *Puy de Côme*; 38, *Puy de l'Infau*; 39, *Puy de Tartaret*.

Lecoq distingue deux sortes de laves émises par ces volcans : les plus anciennes sont pyroxéniques, les plus modernes contiennent du labrador. Les laves pyroxéniques étaient plus fusibles et formaient des coulées plus abondantes. Presque toutes ces laves sont de nature basaltique, quelques-unes forment néanmoins le passage entre les basaltes et les trachytes, comme celles du Puy de Côme (contenant de l'augite et de l'andésite) et celles du Puy de Louchadière. Ce dernier volcan paraît même avoir fourni alternativement des laves tantôt plus riches, tantôt plus pauvres en acide silicique.

Les laves de l'Auvergne sont toutes plus récentes que les basaltes et que les trachytes et plus récentes que la période tertiaire, car, au Gravenoire, des couches volcaniques alternent avec de l'argile alluviale, et le sable volcanique du Pariou repose sur du gravier fluviatile et sur une terre analogue au lœss.

Velay et Vivarais.

Le territoire volcanique du Velay et du Vivarais n'est pas bien éloigné de celui de l'Auvergne. A l'ouest de la ville du Puy, se trouvent plus de cent cratères parmi lesquels celui de *Bar*, situé sur un cône isolé, est très-bien conservé. Il a 354 mètres de diamètre et s'enfonce à 43 mètres de profondeur dans le cône de scories. Après ce volcan, le plus remarquable est le *Mont-Denise*, près de la ville du Puy. — Le plus beau volcan du Vivarais est la *Coupe d'Aysac* ou Montagne de la Coupe, près d'Antraignes. On remarque sur sa cime un cratère de 130 mètres de profondeur, d'où part une puissante coulée de lave. — Le *volcan de Montpezat* se trouve entre les vallées de Fontalier et de l'Ardèche. C'est un cône aplati de plus de 100 mètres de hauteur : le cratère est ouvert au nord et la coulée de lave qui en est sortie s'est dirigée dans le même sens. Le *Burzet*, *Thueyts*, *Jaujac* et *Suillols* sont aussi de beaux volcans.

L'homme a assisté aux dernières éruptions de ces volcans, comme le prouvent les ossements humains rencontrés au Mont-Denise. Ces ossements se trouvaient dans une brèche volcanique située au-dessus de l'auberge de l'Hermitage, et consistaient principalement en un frontal, un maxillaire supérieur et quelques vertèbres lombaires. Mais la brèche était elle-même recouverte par les scories provenant de la dernière éruption du volcan. L'âge de ces restes humains est fixé par les ossements d'animaux que l'on a rencontrés dans la même brèche; ces ossements se rapportent à l'*Elephas meridionalis*, au *Rhinoceros megarhinus*, et à l'*Hyaena brevis*, par conséquent à des animaux caractéristique du premier diluvium.

Volcans de l'Hérault.

Le territoire volcanique du département de l'Hérault s'étend entre la mer, Pézenas et les ruines d'Embonne, jusqu'au delà de Roquehaut. Tout ce district est couvert de tuf recouvert à son tour par de nombreuses coulées de lave. L'établissement du chemin de fer y a nécessité une tranchée de 8 à 10 mètres de profondeur près de Vias. Ce tuf est recouvert en un grand nombre d'endroits par du sable et du gravier alluvial. Près de Roquehaut, une puissante coulée de lave mesurant 50 mètres de hauteur, s'étend au loin, simulant une chaine de collines peu élevées.

Mais c'est près d'Agde et de Saint-Thibéry que les phénomènes volcaniques sont le plus grandioses. Trois cônes de scories et de cendres se trouvent dans le voisinage de la dernière de ces villes. Le *Ramus*, haut de 136 mètres, est le plus élevé de ces volcans; il a fourni plusieurs coulées de lave. Près d'Agde et au voisinage immédiat de la mer, on voit le *volcan Saint-Loup*, qui s'élève à 115 mètres. Il présente cinq sommets, de moins en moins élevés du côté de la mer : ce sont les restes d'un rebord cratérique déchiqueté et complétement détruit du côté est. La lave est, sauf en quelques points seulement, recouverte par des scories. A la base de la montagne, on remarque deux coulées très-manifestes, dont l'une se termine dans la mer et forme le cap d'Agde. Cette lave est basaltique et renferme beaucoup d'olivine.

Les cinq points volcaniques situés autour de Montpellier, appartiennent au même système : le cône de *Montferrier* est le plus intéressant d'entre eux parce qu'il se trouve tout à fait isolé, dans un terrain calcaire.

HONGRIE ET TRANSYLVANIE

On rencontre aussi de vrais volcans trachytiques dans le grand territoire trachytique de ces pays. A l'extrémité méri-

dionale de la contrée montagneuse et sauvage de Wascharhely
se trouvent plusieurs cratères parfaitement conservés. L'un des
plus considérables d'entre eux, est situé au sud de Tuschmad
et est rempli d'une eau sulfureuse. Près de là on en rencontre
deux autres qui ressemblent aux maars de l'Eifel.

On rencontre, dans les montagnes de Tokay-Eperies, des
laves à andésite, et sur plusieurs points particuliers, des laves
d'andésite augitique, par exemple à Nagy, à Szalancz, Palhegy,
Erdœbenye, et des laves trachytiques à sanidine à Fony et à
Tallya, par exemple.

ITALIE.

La presqu'île italienne est parcourue dans presque toute
sa longueur par une chaîne de volcans qui tous, à une seule
exception près, sont situés à l'ouest des Apennins. Tous ces
volcans sont éteints sauf un seul, le Vésuve. Cette chaîne de
volcans est cependant continuée par des volcans insulaires
éteints ou actifs.

Italie centrale.

Le grand lac de *Bolsena*, entouré de grandes couches de
tuf, doit être considéré, malgré sa forme cratérique, comme
un grand maar analogue au lac de Laach.

La grande plaine de Viterbe, qui a environ deux lieues
d'étendue, sépare les bords du lac des montagnes de Cimini.
Ces montagnes sont formées de trachyte, lequel est recouvert
de scories volcaniques qui proviennent probablement du *cratère de Vico*.

La cime de *Radicofani*, haute de 702 mètres, est composée
d'une lave doléritique à grains fins qui apparaît en plusieurs
endroits sous une grande masse de scories rouges.

L'activité volcanique s'est manifestée sur un grand nombre
de points de la Campagne romaine. Toute cette contrée est couverte de tuf et de scories, et l'on rencontre partout des cratères
et des coulées de lave.

On rencontre en premier lieu, près de la route postale de
Ronciglione, une grande coulée de lave descendant du grand
cratère de *Monte Rossi*, lequel est actuellement rempli d'eau. —
Près de *Baccano* se trouve un grand maar et l'on en rencontre
encore beaucoup d'autres dans le voisinage, les uns remplis
d'eau, les autres desséchés.

Mais ce sont surtout les *Monts Albanais* qui ont acquis une grande importance. La principale montagne de ce groupe, le *Monte Cavo*, s'élève à près de 1000 mètres au-dessus de la Campagna et est entouré de tous côtés par des montagnes moins élevées. Le cratère principal se trouve sur la cime la plus haute et présente un diamètre d'environ 2,000 mètres. Le cratère est détruit du côté ouest, où la petite et romantique ville de Rocca di Papa semble être collée aux rochers; une puissante coulée de lave s'est précipitée, en cet endroit, par-dessus les pentes abruptes de la montagne. La partie encore conservée du rebord cratérique ne possède plus sa hauteur primitive, elle a une crête déchiquetée dont le point le plus élevé se trouve vers le sud et constitue le point culminant de toute la contrée.

Ce qui attire surtout les regards, après le cratère principal, ce sont les deux charmants lacs, en forme de bassin, de *Nemi* et d'*Albano*. Ils se trouvent dans un tuf très-dur (Pépérine) et n'ont produit ni scories ni laves, malgré leur forme cratérique. Ce sont des maars des plus beaux et des plus considérables qui existent.

Sur le côté est de ces montagnes, on trouve encore un cratère assez distinct, et le val d'Arricia, qui fut un lac mis à sec par les Romains, servait probablement autrefois de cratère.

Deux grandes coulées de lave partent du Monte Cavo : l'une d'entre elles se termine aux portes de Rome et y porte le nom de Capo di Bove (d'après le tombeau de Cæcilia Metella). D'autres coulées de lave, moins bien conservées, se trouvent à Tusculum, Frascati, Colonna, Monte-Porzio, etc.

Les laves appartiennent à la classe des laves leucitiques et contiennent fréquemment des cristaux de leucite de la grosseur d'un pois. La seule coulée finement granulée du Capo di Bove renferme une si grande proportion de néphéline que la leucite semble presque disparaître.

Les relations d'âge de ces différents volcans sont fournies par les faits géologiques suivants.

La Campagne romaine est couverte, jusqu'aux alluvions qui s'y rattachent à l'ouest, par des lapillis et des scories sous lesquels on trouve les argiles de la formation subapennine. Les fameuses sept collines de Rome sont également formées par des amas de scories.

Ces produits volcaniques, issus des divers cratères de la Campagna, sont recouverts, en divers points, de formations

nouvelles de calcaire d'eau douce (travertin) : c'est ce calcaire
qui forme même la cime des sept collines. Les coulées de lave
qui atteignirent la Campagna se sont épanchées aussi bien sur
les dépôts anciens que sur les calcaires d'eau douce.

Les collines d'Albano formaient donc d'anciens cratères,
comme ceux de la Campagna, mais où toute l'activité volcanique
se concentra plus tard et survécut à celle de tous les autres.
Le cratère ancien et simple se transforma alors peu à peu en un
volcan indépendant et compliqué, dont les laves les plus jeunes
recouvrirent les produits volcanique de la Campagne romaine.

D'après des récits, probablement fabuleux, recueillis par
d'anciens auteurs, les dernières traces d'activité de ce volcan
se seraient produites pendant ces temps historiques. D'après
Julius Obsequens, la montagne aurait vomi des flammes en
l'an 630 de la fondation de Rome, et Tite Live parle d'une pluie
de pierres, ayant duré plusieurs jours, pendant la seconde
guerre punique, pluie que l'on pourrait considérer comme une
éruption de scories; enfin, d'après la description de Pline, le
terrain qui environne le lac d'Albano était encore fortement
échauffé à cette époque. On a du reste rencontré sous la pépérine, près de Marino, des poteries d'argile et des squelettes
humains.

Rocca Monfina.

Un peu plus au sud et près du golfe de Gaëte se trouve la
Rocca Monfina. Cette montagne fait partie d'un petit chaînon qui se détache des Apennins et se trouve entre les montagnes calcaires de Monte-Cammino et de Monte-Massico. Elle
est entourée de tous côtés par de nombreux cônes parasites,
tels que le Monte-Canneto, le Monte-Feglio, le Monte-Atana et
le Monte-Frielli. La montagne principale est très-escarpée et
a 1028 mètres de hauteur. Sa cime très-tronquée présente un
grand cratère de plus de 12 kilomètres de diamètre ; celui-ci est
entouré d'un rebord semi-circulaire dont la moitié orientale
manque. A l'intérieur de ce cratère se trouvent le village de
Rocca Monfina et un cône escarpé nommé Monte-San-Croce.

Les laves sont des laves leucitiques remarquables : les cristaux de leucite qu'on y rencontre sont généralement beaucoup
plus grands que ceux du Monte-Somma et quelques-uns d'entre
eux atteignent plus de 4 centimètres de diamètre. Le cône
situé à l'intérieur du cratère, présente cependant une roche
trachytique contenant du feldspath décomposé et du mica
brun.

Les Champs phlégréens.

En nous occupant des Champs phlégréens, nous touchons pour la première fois aux territoires volcaniques européens qui peuvent être considérés comme n'étant pas complétement éteints, bien que l'activité volcanique qui s'y fait encore sentir soit très-faible et bornée à quelques points isolés seulement.

La *solfatare de Pouzzoles* est le plus important des 27 volcans qui ont couvert de tuf et de scories toute la plaine située au nord de Naples, entre les Apennins et la mer.

Un très-grand cratère, ouvert en avant, se trouve sur une colline composée de trachyte. Le sol de ce cratère résonne et des fumeroles nombreuses s'y font jour, ainsi qu'à travers les parois du cratère. La roche y est aussi décomposée et blanchie partout par les gaz. Une grande ouverture située au sud-est désigne la fumerole principale qui émet, avec un bruit très-vif, des masses de vapeurs et de gaz à une température de plus de 100° C. On y retrouve toujours de la vapeur d'eau, de l'acide carbonique et de l'hydrogène sulfuré; les autres substances qu'on y rencontre parfois sont tout à fait subordonnées; ce sont : l'acide sulfureux, des composés sulfureux et séléniques d'arsenic, de l'acide borique, du chlore, de l'acide phosphorique, du fer, du cuivre et de l'ammoniaque. Comme ces dernières substances ne se rencontrent que de temps en temps dans le mélange gazeux, il en résulte que ce ne sont point seulement les fumeroles passagères et rapprochées du foyer volcanique qui subissent des variations dans leur énergie et dans la composition de leurs produits, mais aussi les fumeroles permanentes. — La petite fumerole la plus rapprochée fournit principalement de l'hydrogène sulfuré et de l'acide carbonique; les fumeroles plus éloignées ne produisent que de l'acide carbonique; cependant les dépôts de soufre que l'on rencontre dans leur voisinage démontrent qu'elles donnaient autrefois naissance à d'autres produits.

Des sources minérales chaudes s'échappent des flancs extérieurs et de la base de la montagne, entre autres, les sources connues sous le nom de Pisciarelli et celles que l'on rencontre dans le temple de Serapis à Pouzzoles.

La solfatare eut une véritable éruption pendant les temps historiques, en 1198.

Le *Lago d'Agnano* n'est distant que d'une demi-lieue de la solfatare. Il consiste en un bassin cratérique de plus de trois

kilomètres de pourtour, émettant encore des gaz qui s'élèvent
sous forme de bulles à travers l'eau qu'il contient, et qui se
forment aussi dans les cavités qui l'entourent. L'une de ces
cavités est devenue célèbre sous le nom de Grotte du Chien :
le sol de cette grotte émet, à une température variant de 21 à
29° C., un peu de vapeur d'eau, des quantités considérables
d'acide carbonique, et quelquefois des traces d'hydrogène
sulfuré. Ce dernier gaz est plus abondant dans le mélange
gazeux de la Stufa di San-Germano, tandis que le lac d'Agnano
même ne fournit habituellement que de l'acide carbonique.
On est en ce moment en train de dessécher ce lac.

Le volcan d'*Astroni* présente le cratère le plus considérable
de cette contrée ; il a plus d'une lieue de pourtour. Au milieu
de ce cratère s'élève une masse conique de lave trachytique,
et l'on rencontre plusieurs petits lacs sur son fond. Il est du
reste complétement couvert de végétation.

Les *Monte-Barbaro*, *Monte della Corvara*, *Lago di Avenno*
sont aussi des points volcaniques connus, et l'on rencontre
dans leur voisinage une montagne formée il y a seulement
trois cents ans : le *Monte-Nuovo*. Cette montagne est un cône
de scories élevé de 143 mètres et présentant, à son sommet un cratère profond, et à sa base une petite coulée de
lave. Le Monte-Nuovo fut formé au mois de septembre 1538
par une grande éruption qui ravagea tout le pays environnant,
et qui détruisit un grand nombre d'édifices romains. — Des
sources chaudes et des exhalaisons de vapeurs se rencontrent
partout sur le sol volcanique jusqu'au cap Misenum.

On peut encore compter comme faisant partie des Champs
phlégréens les iles de *Procida*, de *Vivarra* et d'*Ischia*. Procida et Vivarra n'ont qu'une petite étendue et paraissent
formées par plusieurs cratères, en partie détruits par la mer.

C'est à Ischia que l'activité volcanique de tout le pays a
atteint son maximum et a produit une montagne multiforme,
résultat d'un grand nombre d'éruptions accomplies dans une
période de plusieurs milliers d'années.

Le point central de l'île est occupé par l'*Epomeo* (hauteur 794 mètres) qui se compose d'un tuf trachytique particulier. Il est formé par la plus petite moitié boréale du rebord du
grand cratère, qui, pour ce motif, ne peut être reconnu qu'im-
parfaitement.

Ce grand cratère n'a jamais émis de lave : les coulées se
sont, au contraire, toujours produites assez bas sur les pentes
ou tout à fait à la base de la montagne. Chacune de ces coulées

a été recouverte par des scories ponceuses et des lapillis, et
des laves plus récentes se sont épanchées sur les produits anciens. Il s'est ainsi formé, surtout du côté sud de l'Epomeo, un
haut plateau dont les ravins et les côtes escarpées montrent
parfaitement les couches de lave, de tuf et de ponce, alternant
plusieurs fois entre elles.

Des éruptions latérales ont formé sur la pente est de la montagne, des cônes secondaires considérables, comme La Toppo,
Trippiti, Garafoli, d'où partent également des coulées de lave.

Le développement de l'île a commencé par des éruptions
sous-marines pendant la période la plus ancienne du diluvium,
et l'Epomeo ne paraissait alors au-dessus de la surface de la
mer que par sa cime, qui formait une île annulaire. En effet, il
s'est formé sur les pentes de l'Epomeo une espèce de boue
marneuse provenant de la décomposition du tuf volcanique et
qui contient les restes de beaucoup d'animaux marins. Comme
ces sédiments marins s'élèvent actuellement à une hauteur de
plus de 470 mètres sur le volcan, il faut en conclure que la
montagne était alors plongée jusqu'à ce niveau dans l'eau,
et qu'elle n'a acquis sa hauteur actuelle que beaucoup plus
tard, et par un soulèvement du fond de la mer sur lequel elle
repose

Ce soulèvement s'est effectué longtemps avant les temps
historiques, car lorsque les éruptions historiques se sont faites
l'île avait déjà acquis sa forme actuelle.

La plus ancienne des éruptions historiques se fit au Monta-
gnone, par le cratère qui existe encore, et au Lago del Bagno.
— Vers l'an 470 avant Jésus-Christ, il y eut une éruption qui
donna naissance à la grande coulée de lave de Marecocco et
de Zale et bientôt après, entre 400 et 352 avant Jésus-Christ, il
y eut une éruption au Rotaro, éruption qui forma le beau cratère de cette montagne et donna naissance à la coulée de lave
du Monte-Tabor.

Des éruptions postérieures ont eu lieu, dit-on, en 89 avant
Jésus-Christ, entre 79 et 81 après Jésus-Christ, entre 131 et 161,
et entre 284 et 305 En tous cas, le volcan n'eut une nouvelle
éruption qu'en 1302, c'est-à-dire après mille ans de repos. Cette
dernière éruption historique produisit la grande coulée de
laves nommée Arso et détruisit une partie de la ville d'Ischia.
Depuis ce temps, l'activité volcanique ne se révèle plus que
par des tremblements de terre, des sources chaudes, des exhalaisons de vapeurs, et par la chaleur qui se fait sentir sur différents points du sol.

Les produits de ces éruptions sont tous de nature trachytique. Les laves anciennes, qui sont ordinairement compactes et foncées, passent à l'obsidienne : les plus jeunes, ordinairement de couleur claire, appartiennent aux plus beaux trachytes, comme par exemple la lave de Zâle avec ses cristaux de sanidine de près de trois centimètres de longueur. La lave de l'Arso est foncée et présente une composition chimique particulière quoiqu'elle appartienne encore pétrographiquement aux trachytes vrais. — Beaucoup de ces laves trachytiques se distinguent par un mélange abondant de sodalithe.

Les produits désagrégés se composent du tuf spécial de l'Epomeo, de tuf trachytique, de tufs ponceux de variétés diverses et d'obsidienne.

Le Vultur.

Le *Vultur* est le seul point, à l'orient des Apennins, où l'activité volcanique produit des éruptions. Ce point est cependant relié aux contrées volcaniques du golfe de Naples par le petit lac d'Ansanto qui leur sert de chaînon intermédiaire.

L'eau qui remplit le bassin cratérique du lac d'Ansanto est traversée avec tant de force par des gaz, acide carbonique et hydrogène sulfuré, qu'elle semble être en ébullition et qu'elle est souvent projetée à plusieurs pieds de hauteur.

A l'est de ce lac se trouve le volcan Vultur, déjà renommé pendant l'antiquité. La montagne présente une pente douce jusqu'à une hauteur de 1385 mètres : sur sa pente nord, se trouve le grand cratère qui en enveloppe un plus petit. Le cratère interne contient deux petits lacs. — Le volcan principal est entouré de plusieurs cônes secondaires sur l'un desquels est bâtie la ville de Melfi.

Ce volcan est très-intéressant pour le géologue, à cause de sa lave particulière qui peut être considérée comme un leucitophyre néphélinique riche en haüyne. On rencontre, en effet, fréquemment dans cette lave une grande abondance de haüync bleue ou rouge.

Le Vésuve.

Le Vultur est placé à l'extrémité orientale d'une ligne traversant le lac Ansanto et aboutissant, à l'ouest, au Vésuve, tout près du golfe de Naples.

C'est grâce à ce dernier volcan, si favorablement situé pour l'étude, que nos connaissances sur les volcans en général ont pu progresser considérablement. Il en est résulté que ce volcan a été étudié plus exactement et plus scrupuleusement qu'aucun autre.

Le Vésuve est un cône rapide, à deux cimes, et qui s'élève, presque complétement isolé, au-dessus de la plaine. Sa base est entourée d'une guirlande de villes populeuses, Portici, Resina, Torre del Greco, Torre dell' Anunziata, jusqu'à l'antique Pompei; ses pentes sont couvertes jusqu'à mi-hauteur par une riche végétation. La partie supérieure de la montagne est seule complétement dénudée : cependant des courants de lave s'épanchent fréquemment jusque dans les parties cultivées et pénètrent même à travers les villes pour gagner la mer.

Les deux sommets sont séparés par une vallée semi-circulaire, l'Atrio del Cavallo, reste de l'ancien cratère préhistorique : l'une des cimes, formant un mur annulaire nommé Somma, est le reste de l'ancien rebord cratérique. L'autre cime constitue un cône régulier, et remplit la majeure partie de l'ancien cratère. Ce cône est le véritable Vésuve actuel, qui ne s'est formé que depuis la première éruption historique, 79 ans après Jésus-Christ, et qui est resté depuis le siége de toutes les éruptions.

Le Vésuve a donc subi, depuis l'antiquité, une modification essentielle dans sa forme. Strabon dit, en parlant du Vésuve :
« Cette montagne est couverte de champs fertiles à l'exception
« du sommet. Quoique celui-ci *soit en grande partie aplani*, il
« est complétement infertile. Il présente, en effet, l'apparence
« de cendres et montre des rochers déchirés et couleur de suie
« comme s'ils avaient été consumés par le feu. On pourrait
« conclure de cette apparence que la montagne a brûlé autre-
« fois, qu'elle a dû avoir des bouches de feu et qu'elle s'est
« éteinte lorsque le combustible a manqué. »

Le volcan nouveau et actuellement actif a une hauteur variable mais qui dépasse presque toujours 1200 mètres. La forme et la situation du cratère sont aussi sujettes à des variations.

L'origine de ce volcan se perd, même aux yeux du géologue, dans les temps les plus reculés. Il était devenu peu à peu une montagne très-considérable, mais il était éteint depuis si longtemps que l'on soupçonnait à peine sa nature pendant l'antiquité.

Malgré cela, il se réveilla peu après le commencement de notre ère. A partir de l'année 63 après J.-C. ses environs furent agités par des tremblements de terre jusqu'en l'année 79, pendant laquelle se fit sa première et sa plus terrible éruption historique. Les produits de cette éruption ensevelirent complétement les villes de Pompei, qu'on a déterrée depuis, d'Herculanum, au-dessus de laquelle Torre del Greco a été bâtie, et enfin de Stabies qui est encore actuellement ensevelie.

La première période de l'activité historique du Vésuve s'étend jusqu'à l'année 1631 et est caractérisée par des éruptions peu fréquentes mais violentes. Pendant cette période, il y eut des éruptions en 79, 203, 472, 512, 685, 993, 1036, 1139 et peut-être en 1306.

Après un repos de plusieurs siècles, une nouvelle période commença en 1631 par une éruption qui n'a été surpassée en violence que par l'éruption de l'an 79. Pendant cette seconde période les éruptions ont été beaucoup plus nombreuses mais rarement bien violentes. Après l'éruption de 1631, il se fit de nouvelles et grandes éruptions pendant les années : 1680, 1682, 1685, 1689, 1694, 1696-98, 1701, 1707, 1712-32, 1751, 1754, 1760, 1765-67, 1771-78, 1779, 1784-86, 1790, 1794, 1802, 1804, 1806, 1809-10, 1812, 1813, 1822, 1832, 1839, 1848, 1858, 1861, 1866-71, 1872.

Les laves du Vésuve appartiennent à la catégorie des roches basaltiques et y forment le groupe des basaltes à leucite. Ce sont surtout les laves préhistoriques qui se distinguent par de grands cristaux de leucite : dans les laves plus récentes les cristaux de leucite sont habituellement très-petits.

La composition chimique de toutes les laves examinées jusqu'ici, depuis les plus anciennes jusqu'à celles qui ont été récemment émises, est assez uniforme et ne présente pas de grandes variations. Cependant leur composition minérale est assez compliquée puisque, outre la leucite et l'augite, qui en composent la masse principale, on y rencontre encore six ou sept espèces minérales, et que dans certaines laves on trouve encore quatre ou cinq espèces minérales subordonnées. Quelques-uns de ces minéraux, surtout la népheline, la sodalithe et l'anorthite acquièrent une telle importance, dans certaines coulées, que le caractère de la lave leucitique en est modifié.

Les éjections qui se trouvent à la Somma sont très-remarquables par leur grande richesse minéralogique. Elles dépassent même en richesse les éjections du lac de Laach. Les produits de sublimation qui se forment au Vésuve sont aussi très-variés et ont été mieux étudiés que ceux de tous les autres volcans.

Les îles Lipari.

On compte habituellement, dans le groupe des îles Lipari,
sept grandes îles et dix plus petites. La plus grande de ces îles
est célle de *Lipari*.

Elle présente une chaîne continue de cônes éruptifs formant
une crête dirigée du nord au sud. Trois de ces cônes se font
remarquer par leur taille : le *Monte Guardia* au sud, plus au
nord de celui-ci le *Monte-San-Angelo* (haut de 530 mètres),
le cône le plus élevé de l'île, et enfin tout à fait au nord le *Monte
di tre pecore*. Parmi les cônes moins importants on remarque
le *Monte-Campobianco* et les *Monti-rossi*.

Au nord et au sud, on rencontre principalement de la ponce
et de l'obsidienne. Le Monte di tre pecore et le Monte Cam-
pobianco, qui atteignent cependant plus de 300 mètres, en
sont entièrement composés. La dernière de ces montagnes possède un cratère magnifique, de 170 mètres de profondeur et de
2300 mètres de diamètre. A partir de cette montagne jusqu'au
Capo Castagno, se trouve une coulée de 30 mètres d'épaisseur,
composée entièrement de ponce et d'obsidienne. On sait que
ces substances sont habituellement des produits d'éjection ; ici
au contraire elles ont formé un courant continu.

La partie moyenne de l'île est formée par un tuf terreux qui
monte jusqu'aux régions supérieures du Monte-San-Angelo.
Cette montagne contient de la dolérite, et, comme substances
secondaires, de l'obsidienne et de la ponce. Son cratère est
ovalaire et possède un grand diamètre de près de 1000 mètres.
Elle a fourni deux coulées de lave dont on retrouve encore les
restes. — Le *Monte-Guardia* n'a qu'un cratère incomplet et il
est formé de trachyte.

Au sud-est du Monte-San-Angelo, on voit des sources de
vapeurs dont la température est de 76°,8 et 98°,3 C. Non loin de
là, se trouve la source de San Calogero dont la température
était de 45°,5 au mois d'octobre 1855 et de 59° C. au mois
d'août 1856.

Si l'éruption signalée par Pline et par Strabon pouvait être
rapportée exactement à cette montagne, il en résulterait que le
Monte-San-Angelo était encore actif pendant les temps historiques. D'après Dolomieu, l'activité se serait même prolongée jusqu'au VIe siècle ; mais actuellement toute l'île est éteinte.

L'île *Vulcano* consiste en un seul cône volcanique présentant des restes de l'ancien bord cratérique, à l'intérieur

duquel s'élève le cône éruptif récent, haut de 408 mètres. A mi-chemin du sommet se trouvent deux cônes latéraux dont l'un possède un grand cratère. La roche dominante de cette île est un tuf stratifié et fréquemment contourné. Le cratère principal a 1000 mètres de diamètre et 200 mètres de profondeur. Ses parois abruptes sont couvertes d'épaisses croûtes de soufre, et de grandes masses de vapeurs, brillantes pendant la nuit, s'échappent du fond du cratère : ces vapeurs produisent une foule de matières sublimées, entre autres du soufre, du sulfure d'arsenic, de sel ammoniac et enfin de l'acide borique, si rare près des volcans. Une source sulfureuse chaude s'est fait jour près du rivage, au Porto di Ponente.

L'île de Vulcano est donc actuellement une véritable solfatare, mais plus active que celle de Pouzzoles. Le temps de son activité éruptive n'est pas non plus assez éloigné pour que le volcan ne puisse pas revenir à cet état. Il y a eu des éruptions en 1444, 1693, 1739, 1771 et 1786, et pendant cette dernière, un grand courant d'obsidienne se fit jour à travers la montagne. Tout récemment, du mois de septembre 1873 au mois d'octobre 1874, il s'y est produit une nouvelle éruption.

La petite île de Volcanello est reliée à celle de Volcano par une étroite langue de terre. Elle fut formée par une éruption, 200 ans av. J.-C. et on dit qu'elle resta en activité jusqu'au XVIᵉ siècle : actuellement elle est éteinte.

Stromboli, le volcan le plus actif d'Europe, est un volcan insulaire dont le sommet atteint 925 mètres de hauteur. Son cratère qui a environ 700 mètres de diamètre se trouve sur la pente nord de la montagne, un peu au-dessous de la cime. Son activité ne cesse point, mais elle est tantôt plus, tantôt moins énergique. Ordinairement les éruptions se font par plusieurs ouvertures situées dans le cratère. Fr. Hoffmann vit l'une de ces ouvertures exhaler régulièrement des nuages de vapeurs qui déposaient des croûtes de soufre sur son pourtour : une autre de ces ouvertures rejetait des scories incandescentes, et de la lave s'échappait par une troisième située un peu plus bas. La lave est doléritique et basaltique et ressemble beaucoup à celle de l'Etna. Parmi les sublimations on rencontre fréquemment une grande quantité de sel ammoniac.

Panaria, qui est située entre Stromboli et Lipari, est une portion seulement d'une île cratérique détruite par la mer ; elle est constituée actuellement par une crête semi-circulaire abrupte à l'intérieur, et doucement inclinée du côté extérieur. A la Punta Carcara on voit s'élever des vapeurs ayant une température de 99° C. Ces vapeurs contiennent en même temps de l'hydrogène sulfuré et de l'acide carbonique.

Saline, volcan double, composé du Monte-Salvatore et du Monte-Vergine : ce dernier possède une excavation cratérique peu profonde.

Felicudi, cône volcanique éteint, d'une altitude de 718 mètres et présentant deux cratères; il est situé à l'ouest de Saline.

Alicudi est aussi un volcan insulaire éteint; il possède deux cratères ruinés.

Basiluzzo, *Darolo*, *Lisca nera*, *Lisca bianca* sont de petits volcans éteints.

L'île d'*Ustica* est tout à fait isolée et se trouve plus à l'ouest que l'archipel des îles Lipari. On peut remarquer encore trois cratères sur ce volcan, haut de 322 mètres, et complétement éteint aujourd'hui.

L'Etna.

L'Etna, le plus grand volcan de l'Europe et l'un des plus hauts de toute la terre, s'élève, près de la côte sud-est de la Sicile, à une hauteur de 3470 mètres au-dessus du niveau de la mer. Pendant l'été même, sa cime est en partie recouverte de neige et de glace, tandis qu'à sa base il ne tombe presque jamais de neige. La montagne, complétement libre de tous côtés, surpasse de beaucoup le fouillis de montagnes de l'île, et, vue de loin sur la mer, elle le domine absolument.

L'Etna est un cône peu rapide dont les parois deviennent plus escarpées vers le sommet. Ce sommet est tronqué par une surface presque plane au milieu de laquelle s'élève la cime proprement dite, constituée par un petit cône escarpé présentant un cratère largement ouvert.

A 200 mètres environ au-dessus du niveau de la mer, la pente de la montagne est interrompue par une terrasse abrupte que l'on reconnaît avoir été autrefois une rive de la mer. Jusqu'à cette hauteur, on rencontre des tufs avec des restes d'animaux et de plantes dont les espèces ont encore aujourd'hui des représentants vivants; ces tufs n'ont aucune relation avec la montagne actuelle. Le véritable volcan ne commence donc réellement qu'à la hauteur de 200 mètres et a été postérieurement surélevé à cette hauteur.

Au-dessus de la terrasse, commence la région cultivée qui a 11 kilomètres de largeur : à celle-ci succède, près du village de Nicolosi, la région forestière qui atteint l'altitude de 2,000 mètres. On rencontre de si nombreux cônes secondaires dans cette région, que la carte éditée par Satorius en indique deux cents. Comparés à la masse imposante de l'Etna, ces cônes ne paraissent être que des collines, bien que quelques-uns d'entre eux constituent de véritables montagnes de 350 mètres de hauteur. Ils ont fourni des courants de lave qui sont descendus assez bas dans la région cultivée. Le courant parti des Monti-Rossi, en 1669, avait 3700 mètres de largeur et il s'étendit même à travers les jardins de Catane jusque dans la mer, en détruisant sur son passage quatorze villes et villages : il forme actuellement près de la mer une espèce de rempart dénudé, de 12 mètres de hauteur et de 5 à 600 mètres de largeur. Les Monti-Rossi, avec deux cratères, se sont élevés au-dessus de la grande fente qui se fit pendant l'éruption de 1669, entre Nicolosi et le Monte-Frumento. Tous les autres cônes ont également dû leur naissance à une éruption, car le cratère terminal qui est encore éloigné (il est presque à 15 kilomètres de la région et plus élevé de 2,700 mètres), ne participe à la plupart des éruptions que par une émission de fumée et de cendres.

Au-dessus de la région boisée, commence la région déserte. La montagne est tronquée, à la hauteur de 2,990 mètres, par une grande plaine sur laquelle s'élève un cône de 315 mètres de hauteur avec le cratère principal.

Il y avait autrefois deux cratères dans la plaine, mais ils ont été détruits par l'éruption qui a produit le cône actuel.

Sur la pente orientale de la région déserte, se trouve un grand ravin, le fameux Val del Bove ; c'est probablement un cratère élargi par écroulement et qui était éteint avant la formation du cratère culminant. Ce Val del Bove commence très-haut près du plateau, forme d'abord un bassin de 6 kilomètres environ de largeur et à parois hautes de 1,000 mètres, et passe alors, par une espèce de gradin abrupt, au vallon inférieur qui est très-étroit. Les parois du bassin consistent en couches alternatives de scories et de lave qui sont traversées par des filons ascendants de laves.

Le cratère principal actuel du sommet avait, au mois d'avril 1869, un diamètre de 100-130 mètres et était entouré de parois perpendiculaires hautes de 170 mètres : le sol du cratère était déchiré de tous côtés et couvert de fumeroles. Cependant, de 1835 à 1853, le sommet a changé trois fois complétement sa forme.

Lorsque le cratère principal est seul en éruption, aucun danger ne menace les habitants de la côte, à cause de la grande distance qui les sépare de la montagne, et ils peuvent contempler à loisir ce grandiose feu d'artifice. Il en était ainsi le

8 décembre 1868, où une gerbe de scories incandescentes s'élevait à 1,000-2,000 mètres, et retombait, en décrivant des courbes paraboliques, soit sur les pentes de la montagne, soit dans l'intérieur du cratère. Ce spectacle dura trois heures et put encore être aperçu à Palerme, qui se trouve à près de 32 lieues du volcan.

Nous mentionnerons quelques-unes des coulées de lave les plus récentes et les plus considérables. L'éruption de 1763 se fit au Schiena del asino, et forma le cône Montagnuola que l'on aperçoit de très-loin. Non loin de là se trouve la coulée de 1634-35 qui dura un an. En 1792, l'Etna émit deux courants de plus de 7 kilomètres de longueur : l'un de ces courants se répandit dans le Val del Bove. Le 21 août 1852, il se forma dix-sept fentes qui toutes émettaient de la fumée et rejetaient des pierres : la mer se retira et revint ensuite inonder la côte. Après quelques jours, deux nouvelles bouches, distantes de 7500 mètres, s'ouvrirent dans le Val del Bove ; l'une de ces bouches vomissait des scories, tandis que l'autre épanchait de la lave et convertissait le Val del Bove en un lac de feu.

Les principales éruptions de l'Etna eurent lieu en 1537, 1634, 1669, 1763, 1766, 1792, 1805, 1809, 1811-12, 1819, 1831, 1852, 1865 ; d'autres plus faibles eurent lieu en 1868, 1869 et 1874. Enfin, dès 1878, se manifestèrent les phénomènes précurseurs de la grande éruption de mai 1879.

L'Etna a percé, à son origine, les couches tertiaires qui composent la Sicile : on rencontre cependant des débris volcaniques dans les argiles tertiaires de Catira. Les laves sont formées de dolérite contenant fréquemment du feldspath et de l'augite très distincts. Les produits de sublimation se déposent quelquefois en grande abondance, et l'on connaît des cas où tout le sommet de la montagne semblait comme recouvert de neige, effet dû aux dépôts de chlorure de sodium et de sel ammoniac.

Pantellaria.

Cette île est formée par une montagne annulaire de lave trachytique. Sa cime la plus élevée atteint à peu près 700 mètres et est composée de ponce, de lave et d'obsidienne. Au centre se trouve un lac situé dans un bassin cratérique, et dont l'eau est chaude et souvent agitée par le dégagement de gaz.

Linosa et *Lampedosa*, îles situées entre Pantellaria et Malte, sont des volcans éteints dont le premier possède encore quatre cratères.

Volcan sous-marin.

Sous 37° 2′ de latitude nord et 30° 16′ de longitude est (à partir de l'île de Fer), il y eut une éruption sous-marine aux mois de juillet et d'août 1831. Cette éruption donna naissance à une île composée seulement de scories désagrégées et de cendres. Cette île, nommée *Ferdinandea*, fut emportée par les flots au bout de peu de mois.

Il est probable que c'est ce même volcan qui avait donné naissance, en 1701, à une île qui n'était cependant pas située exactement à la même place.

Le 12 août 1863, il se fit une nouvelle éruption en ce point. Cette éruption donna naissance, après plusieurs jours d'explosions, à une petite île formée de cendres et possédant un cratère actif, mais qui disparut bientôt après.

SARDAIGNE.

A la contrée granitique et montagneuse qui forme la partie est de la Sardaigne, s'appuie un plateau tertiaire et montagneux de 400 mètres de hauteur environ. C'est dans ce district que l'on rencontre le volcan éteint nommé *Monte-Ferru*, dont le sommet a reçu le nom de Monte-Urtica. Cette montagne a environ 1070 mètres de hauteur, et c'est dans son cratère qu'est bâti le village de Lissargiu. — Plus au sud, on trouve un autre volcan, Arci, qui est moins bien conservé. Aux environs d'Osila et de Castelsardo, on trouve beaucoup d'obsidienne.

ESPAGNE.

L'Espagne possède un petit district volcanique en Catalogne, où actuellement on peut encore voir environ quatorze cratères éteints, dont le plus beau se trouve près de la ville d'Olot. Les cônes sont peu élevés et formés de lapillis et de scories qui ont conservé un aspect de fraîcheur, comme si elles étaient récentes.

Plus au sud, entre Valence et l'île de Majorque, se trouvent les petites îles *Columbretes*. Une île assez grande et plusieurs îles plus petites, sont formées par les bords déchirés d'anciens cratères éteints, composés de lave, d'obsidienne et de scories.

On rencontre encore, plus au sud et le long de la côte située entre le cap San-Martin et celui de Gata (c'est-à-dire dans le district de Carthagène), un certain nombre de petits cônes volcaniques qui possèdent en partie des cratères bien conservés.

GRÈCE.

Methana.

Il n'y a qu'un seul point volcanique sur la terre ferme de Grèce, c'est la presqu'île de *Méthana.* Cette presqu'île est formée de trachyte, et, à son extrémité inférieure, intercalée pour ainsi dire entre le trachyte et un terrain calcaire, on trouve un volcan éteint de 418 mètres de hauteur (hauteur propre : 200 mètres), composé de scories de lave rouge brunâtre et de lapillis. Le cratère a encore une profondeur de 70 à 80 mètres. Une coulée puissante de lave s'est étendue depuis la montagne jusque bien loin dans la mer.

Le volcan ne s'est formé, d'après Pausanias et Strabon, qu'en 375 avant J.-C. Depuis ce temps, il n'a plus donné de signes d'activité; on rencontre seulement quelques sources chaudes dans son voisinage, près de Kounoupitsa.

Les îles grecques.

Les Cyclades sont composées de deux rangées parallèles d'îles. Ces îles sont la continuation de la chaîne de montagnes d'Eubée et de celle de l'Attique avec lesquelles leurs roches correspondent parfaitement. A l'extrémité sud de ce système de montagnes, on trouve le groupe volcanique de *Santorin, Milos, Kimolos, Polinos* et *Nysiros.*

Le plus considérable de ces volcans, c'est *Santorin* qui, récemment, a attiré l'attention générale par une grande éruption. L'île principale a une forme semi-lunaire. Les parois de ce rebord cratérique sont très-abruptes du côté interne, et laissent facilement apercevoir la coupe des différentes couches qui le composent, tandis que le côté extérieur présente une pente douce. Du côté où ce rebord a été rompu, se trouvent les îles de *Therasia* et d'*Aspronisi*, et à l'intérieur du bassin cratérique, on rencontre les petites îles de *Palaea-Kaïmeni, Nea-Kaimeni* et *Mikra-Kaïmeni.*

D'après les recherches auxquelles la dernière éruption a donné lieu, on sait que Santorin était déjà, au milieu de la période tertiaire, une petite île formée de calcaire et de phyllite, dont les restes sont encore visibles. Plus tard, il y eut dans le voisinage des éruptions sous-marines dont les produits, non détruits par la mer, se réunirent peu à peu à l'île.

A l'époque de la pierre, dont on a retrouvé des traces, il y eut

une grande éruption qui sépara Therasia et Aspronisi, et par laquelle le bord cratérique restant fut recouvert de tuf ponceux.

L'éruption de 198 avant J.-C. produisit l'île de Palaea-Kai-
meni, située dans le cratère, et les éruptions de 1573, et de 1707
à 1712, donnèrent naissance aux petites îles de Mikra-Kaimeni
et de Nea-Kaimeni. Par contre les éruptions des années 19,
46,726, 1457 et 1650, n'ont pas laissé de traces permanentes.

L'éruption la plus récente commença en 1866 et dura cinq
ans, jusqu'à l'automne de 1870. Cette éruption fit naître le cône
volcanique *Georgios* qui formait d'abord une île particulière
dans l'enceinte de Santorin, mais qui en s'agrandissant se
réunit sous forme de presqu'île à l'île de Nea-Kaimeni. Cette île
fut encore agrandie, sur un autre point, par plusieurs autres
petites îles primitivement isolées.

Les laves de ce volcan sont de véritables trachytes souvent
fortement fondus et passant à l'obsidienne.

Milos n'est volcanique qu'en partie. Au nord de cette île on
rencontre des masses de trachyte, de la ponce et de l'obsidienne. La partie moyenne est composée de tuf sur lequel on
trouve des solfatares, des sources thermales et des sources
salines.

Polinos contient des roches trachytiques fortement décomposées et sur lesquelles on reconnaît l'action des vapeurs volcaniques. La mer environnante donne encore actuellement
issue à des gaz.

Kimolos est recouverte de ponce, de tuf et de lave trachytique.

Nisyros possède à son centre un grand cratère presque circulaire et est recouvert de ponce. On dit qu'il y eut une éruption au xve siècle et le volcan redevint actif en 1873.

Les îles *Antimilos*, *Polikandros*, *Falkonera*, *Karavi* et *Bel-
lopoulos* sont aussi, dit-on, volcaniques.

Jusqu'ici nos connaissances du volcanisme reposent presque
entièrement sur l'étude des volcans européens. Mais les volcans des autres contrées sont, en partie du moins, beaucoup
plus grandioses, de sorte que l'exactitude de nos connaissances
n'est pas toujours en rapport avec l'importance spéciale des
volcans.

AFRIQUE.

Malgré son étendue, l'Afrique ne possède qu'un petit nombre
de volcans, ce qui résulte probablement de sa masse compacte
et du peu de développement de ses côtes.

Guinée.

La chaîne des hautes montagnes de *Cameron* commence à
l'angle interne du golfe de Guinée. Son point le plus élevé
(à 4° 12' de latitude nord), qui est appelé par les indigènes
Mongo-ma-Lobah est, dit-on, un point principal d'activité volcanique. Ses pentes sont couvertes de scories fraîches et de
coulées de lave. Une éruption y eut lieu, paraît-il, dans la troisième décade de notre siècle.

Le *Petit Cameron*, tout rapproché de la côte et des montagnes
géantes *Rumby* et *Quaa*, qui sont situées plus au nord, est
également considéré comme volcan.

Les volcans de la terre ferme sont continués par une rangée
d'îles dans laquelle nous rencontrons d'abord :

Fernan do Po, situé à 6 lieues seulement de la côte. Le *Cla-
rence Peak*, qui se trouve à l'extrémité nord de l'ile, émet parfois
des fumées et une colonne lumineuse. Sa cîme présente un
grand cratère, et plusieurs autres plus petits se trouvent sur
ses pentes.

St-Thomé est également de nature volcanique. Cette île est
plus élevée et plus escarpée que Fernan do Po.

Annobon est probablement un volcan éteint. De nombreuses
montagnes coniques, composées de scories et de lave, se groupent autour d'un lac circulaire dont les bords sont également
formés de cendres et de lave.

A cette série appartient probablement le volcan sous-marin
situé entre 0°,2' et 2° de latitude sud, et qui, depuis l'année 1747,
a eu six éruptions sur une étendue de plusieurs degrés de longitude : la dernière de ces éruptions eut lieu en 1838.

Afrique méridionale.

Sous 10° à peu près de latitude sud, on remarque sur le continent africain, mais tout près de la côte, le puissant volcan *Zambi*.
Ce volcan est toujours dans une grande activité solfatarique, et
produit peut-être encore de temps en temps des éruptions, puisque l'on prétend avoir vu de la fumée et des lueurs vives sortir de son sommet.

Le volcan *Pembo*, sur lequel nous ne possédons pas encore
de notions détaillées, est situé plus à l'intérieur du continent et
un peu au nord de celui de Zambi.

Les petites îles *De Los*, situées près du continent, au nord de
Sierra Leone, sont aussi considérées comme îles volcaniques.

Côte orientale de l'Afrique.

Sur la côte orientale de l'Afrique on rencontre d'abord, lorsqu'on vient du midi, un volcan situé sur la côte du Mozambique et qui fait partie d'une grande région volcanique s'étendant
à travers les Comores et comprenant encore une partie de Madagascar.

On indique en effet quatre volcans actifs à la pointe nord-
ouest de Madagascar. On ne sait pas encore si les montagnes
de Ramada et si les cônes situés près de Keyvoondza sont
vraiment de nature volcanique.

Les îles Comores contiennent deux volcans actifs dont le
plus grand, nommé *Ngazia*, rejette de la lave. Il eut des
éruptions très-considérables en 1830, 1855 et 1858. — Au sud-
est du Ngazia, la petite île *Pamanzi* renferme aussi un volcan
avec un grand cratère. Ce volcan, d'après quelques auteurs,
est complétement éteint, mais, d'après d'autres, il est encore
en activité.

Le petit volcan insulaire, *Mayate*, qui n'est pas éloigné de
Pamanzi, est certainement éteint.

Sous la latitude 2° sud, Rebmann et Short ont découvert
deux volcans, qui atteignent, dit-on, la région des neiges éternelles.

Dans la partie équatoriale et continentale de l'est de l'Afrique on connaît un territoire volcanique tout à fait grandiose qui s'étend vers le nord le long de la côte, et pénètre
profondément dans la terre ferme. La plùpart de ces volcans
sont sans doute éteints, mais parmi la grande quantité de
cratères et de coulées puissantes de lave qu'on y rencontre, on
trouve aussi quelques volcans actifs. Parmi ceux-ci on distingue
le *Doenyo-Mburo*, et plus loin, sous 9° latitude nord, le *Sabu*,
qui a eu une éruption pendant ce siècle. Dans son voisinage on
trouve le *Winzegoor* qui, il n'y a pas très-longtemps, fît connaître son activité par une éruption. — On ne connaît point
d'éruptions du volcan *Fantali*, quoique cette montagne soit encore signalée comme active. — Au milieu d'un grand nombre
de volcans éteints, s'élève, près de la ville d'Ankobar, le *Dofâne*,
solfatare très-active, donnant naissance à d'épaisses masses
de fumée et sublimant continuellement de grandes quantités de
soufre.

L'Abyssinie est aussi riche en volcans. Beaucoup d'entre eux
étaient encore actifs, dit-on, du temps des Ptolémées. Ces

volcans sont surtout très-nombreux aux environs du lac Dem-
beah. Deux de ces volcans portent le nom d'*Alequa :* l'un d'entre eux est situé près du Takazze, l'autre dans la province
d'Agamé. Trois autres, au sud-est de Massowah, ne paraissent
pas encore éteints. Le *Dschebbel Dubbeh*, à 13° 57' latitude
nord, entre Massowah et Bab-el-Mandeb, eut une éruption **au**
mois de mai 1861.

Toute la côte dont nous venons de parler est bordée par une
série d'îles volcaniques. *Perim*, qui n'est qu'un cratère volcanique percé par la mer et qui constitue actuellement un excellent port, divise le détroit de Bab-el-Mandeb en deux canaux.
— Plus au sud, entre 11° et 12° de latitude nord, se trouve le beau
golfe *Gubet-Harab*, également formé par un cratère volcanique;
celui-ci est encore aujourd'hui entouré de nombreuses sources
chaudes.

Au nord de Bab-el-Mandeb et sous 12° 50' et 13° de latitude
nord, on rencontre les îles volcaniques d'*Abeïlat* et les îles *Ba-
heme* qui renferment de nombreux petits cônes éruptifs : puis
sous le 45° 7' de latitude nord, les îles *Zeybeyar*, riches en volcans.
Le volcan *Saddle-Island* a eu, dit-on, une éruption en 1824 et il
émet encore de grandes masses de fumée. Le *Dschebbel Tarr* ou
Dukhan, dont la dernière éruption eut lieu en 1834, se trouve
actuellement dans le même état que le Saddle-Island.

ASIE.

Asie Mineure et Asie occidentale.

A l'ouest de Smyrne, se trouve une contrée volcanique éteinte
depuis les temps préhistoriques, mais qui porte si visiblement
les traces de l'activité volcanique antérieure, que les anciens
avaient déjà reconnu la nature de la contrée et lui avaient imposé le nom de *Katakekaumene*. Les couches tertiaires de
l'Hermus sont recouvertes de laves et de scories du sein desquelles s'élèvent environ une trentaine de cônes avec coulées
de lave. Les cratères sont cependant presque tous peu distincts, les scories se décomposent et sont en partie couvertes
de végétation.

Trois volcans seulement paraissent plus jeunes. Le premier,
Kara-dewit, se trouve près de la ville de *Koola* ; il mesure 170
mètres de hauteur et possède un cratère bien conservé d'où
part une coulée de lave. Le second, situé entre Sandal et
Megne, présente un grand cratère dont la profondeur est de

près de 70 mètres. Le dernier enfin et le plus occidental, nommé *Kaplan-Alan*, a couvert de lave tous les alentours : son cratère est grand et parfaitement conservé.

Plusieurs volcans sont compris dans la chaîne du Taurus. Le *Hassan Dagh* (haut de 2700 mètres environ) est composé de trachyte et est entouré de plusieurs cônes éruptifs et de coulées de lave. Dans toute cette contrée trachytique, la seule vallée de Tatlar présente des masses doléritiques. Le pays compris entre le village de Tatlar et la ville de Neochehr est couvert de petits cônes de scories.

L'*Argaeus* (à 38°30' de latitude nord), situé sur le côté nord du Taurus, domine un grand territoire volcanique et trachytique d'environ 19000 kilomètres carrés d'étendue, par conséquent sept fois plus grand que le territoire de l'Etna. L'Argaeus (Erdjids-Dagh), en Cappadoce, a 4062 mètres de hauteur. Le côté méridional de sa base présente de nombreuses collines trachytiques dont plusieurs ont des cratères, Karny-Yarak par exemple. A 2500 mètres de hauteur s'étend une terrasse analogue à celle de l'Atrio del Cavallo, car c'est de là que s'élève le volcan récent, sous forme d'un cône gigantesque. Le cratère forme un bassin immense et ses bords sont en partie recouverts de neiges éternelles : il est ouvert du côté nord-est. La pente orientale du cône éruptif est sillonnée de ravins profonds analogues aux Barrancos. L'Argaeus a encore eu des éruptions dans les temps historiques (d'après les récits de Strabon), et, d'après Tschihatscheff, son activité se serait prolongée jusqu'au IV⁰ siècle.

Sur la rive boréale du lac Wan, on trouve une montagne volcanique, le *Sipan-Dagh*, élevée de plus de 3,300 mètres. Ce volcan est probablement éteint. Au sud du même lac se trouve le *Sindjar*, qui est aussi considéré comme volcan.

Ce n'est qu'en 1862 qu'Abich a trouvé, entre les bassins de l'Euphrate et de l'Araxe (sous 39° 46' latitude nord et 61° 38' longitude orientale), le volcan *Tandurek*, identique avec la montagne découverte par Taylor et désignée par lui sous le nom de Sunderlik-Dagh. Sa hauteur est de 3,832 mètres, et le diamètre du cratère est de près de 700 mètres. Ce cratère fume constamment, et une quantité considérable de sources chaudes s'échappent partout autour de la montagne.

Le plateau de Kar et de Songanlug, sur la rive orientale de l'Araxe, est couvert de masses volcaniques parmi lesquelles on remarque l'*Atah-Dagh*, et, au sud de l'Araxe, le *Takal-Tau*.

La montagne la plus élevée de l'Arménie, l'*Ararat* (39° 42' latitude nord, et 41° 57' long. orientale de Paris) est un volcan

de 5,750 mètres de hauteur, qui est resté en activité jusqu'au
XVe siècle : ses laves se sont toujours fait jour à travers les
parties déclives de la base.

On reconnaît, à de grandes coulées de laves, que le *petit
Ararat* était un volcan, mais qu'il est depuis longtemps éteint.
Au nord-est d'Erivan, près du lac Sewang, on rencontre plusieurs volcans à laves basaltiques. On ne sait rien de très-pré-
cis au sujet du volcan arménien *Akal-Zikhe*, ni au sujet des
cônes de scories qui l'entourent.

Entre la mer Caspienne et les plaines de la Perse, le volcan
Demawend s'élève à plus de 4,000 mètres. Son cratère principal fume de temps en temps, et l'on rencontre du soufre
dans un grand nombre de petits cratères latéraux.

Sur le rivage oriental de la mer Caspienne, près de la baie
Mangischlak, on remarque un volcan, l'*Abischtcha*, qui émet
continuellement de la fumée et des gaz sulfureux.

Les volcans du Caucase atteignent une hauteur très-considérable. L'*Elbrus* (de 6,000 mètres de hauteur) et le *Kasbek* possèdent de grands cratères : celui de l'Elbrus est rempli d'eau.
Ce dernier volcan a fourni des coulées de laves, qui, comme
celles de la plupart des volcans caucasiques, appartiennent
aux andésites et se sont étendues jusqu'à la ville qui porte ce
nom.

Le volcan *Tschegem* ne possède point de cratère à son sommet. *Pasemta* et *Savalan* sont encore peu connus. Près de la
route de Tiflis, on rencontre les trois *montagnes rouges* formées
de lapillis colorés en rouge. De nombreuses et puissantes coulées de laves sont sorties de ces montagnes. L'*Alaghez* est actuellement à l'état d'activité solfatarique et se distingue par sa
riche production de soufre.

Le *Degneh*, montagne jusqu'alors inconnue du district de
Kobistan, et située à 50 kilomètres de la ville de Schemacha, devenue si célèbre récemment par ses tremblements de terre,
entra en éruption le 11 août 1866. Cette éruption se fit principalement par deux ouvertures : n di cependant que du feu
(lave?) sortit de plus de quatre cents cônes. On remarqua aussi
parmi les produits un grand courant de boue.

Arabie.

Le territoire volcanique de la côte occidentale et des îles de
la mer Rouge s'étend jusqu'à la côte orientale. A partir du
15e degré de latitude nord, une chaîne de volcans court le

long de la côte occidentale et le long d'une partie de la côte méridionale de l'Arabie.

Un volcan situé dans la vallée de Sehado, près de Médine, eut pendant le XIII⁰ siècle une éruption si violente, que le souvenir s'en est conservé jusqu'à nos jours.

L'espace compris entre la ville et le port d'Aden renferme beaucoup de volcans à cratères éteints dont le plus élevé est le *Schamscham*. La ville d'Aden est construite dans un de ces cratères.

Sur la côte méridionale, on connaît les volcans *Kurruz*, *Asses Eors* et *Hassan*. Le *Bir-Bahut* ou *Albir-Hut* appartient à la catégorie des volcans actifs.

Sur la côte orientale de l'Arabie, on a trouvé de la ponce et de l'obsidienne, près de la route d'Ormuz; et aux îles Maude, des dépôts considérables de soufre, compris entre des laves et des scories, indiquent aussi qu'il y eut là des foyers d'activité vol-canique.

Asie centrale.

Les volcans de l'Asie centrale forment le seul exemple de volcans actifs situés au milieu d'un continent et éloignés de toutes les mers.

D'après Semonow, il y a un grand territoire volcanique entre le 42⁰ et le 44⁰ degré de latitude nord. Quatre points y sont désignés surtout comme volcans : 1⁰ *Boschan* à 42⁰ 25' ou 42⁰ 35' de latitude nord, à peu de distance au nord de la ville de *Kut-Sche*. Un récit chinois du VII⁰ siècle dit : « Le « volcan émet continuellement de la fumée et des flammes. « D'un côté, toutes les roches brûlent, fondent et coulent sur « une longueur d'environ 7 kilomètres. La masse fondue se « durcit par le refroidissement. On y recueille aussi du soufre. » Le sel ammoniac y est si abondant, que sa récolte seule suffit aux habitants pour payer leur tribut.

2⁰ La *Solfatare d'Urumtsi* (Ou-lu-mot-si des Chinois). Un géographe chinois qui vivait en 1777 dit que cette montagne rejette sans cesse « des cendres volantes ».

3⁰ *Turfan* ou Hot-scheu, à 780 kilomètres du Boschan, est constitué par un cône isolé qui émet continuellement de la fumée lumineuse pendant la nuit.

4⁰ *Aral-Tjube*, île du lac Alak Kul, à 485 kilomètres de Semi-palatinsk, a, dit-on, vomi autrefois des flammes. (Schrenk pré-tend n'y avoir trouvé, en 1841, que du porphyre et des schistes arg leux.)

Dans le Thiauschan, M. Stoliczka a découvert un plateau avec des volcans éteints bien conservés.

Une seconde contrée volcanique, nommée *Ujung-Holdongi*, se trouve à 26 kilomètres de la ville de Mergen, au bord du Noni, rivière tributaire du Sungari, et, par conséquent, de l'Amour. Il paraît y avoir de nombreux petits cônes volcaniques, mais qui entrent rarement en éruption. Des récits chinois nous font savoir qu'il y eut là une éruption en 1721, éruption qui dura une année, et produisit un volcan de 270 mètres environ de hauteur.

Indes.

Clark indique toute une série de volcans éteints à la base occidentale de la chaîne de Ghat. On ne sait pas cependant d'une manière certaine si ces montagnes sont de véritables volcans ou si ce sont des basaltes. On est de même dans l'incertitude à propos de l'existence de volcans dans la presqu'île de Cutsch ; on prétend cependant que l'une des montagnes qui s'y trouvent, le *Dendur*, eut une éruption en 1819.

Un volcan sous-marin de la côte de Coromandel, tout près de Pondichéry, eut une éruption en 1757. Il y apparut même une île de scories, qui ne put pas résister aux flots, et qui disparut bientôt après.

Kamtschatka.

La presqu'île de Kamtschatka est parcourue, à peu près du 51° jusqu'au 56° latitude nord, par trois chaînes de montagnes parallèles. La chaîne médiane est, dit-on, formée de trachyte et de lave, et presque chaque montagne posséderait un cratère : toute cette chaîne est cependant peu connue.

La chaîne orientale, qui comprend les montagnes les plus élevées, contient encore un grand nombre de volcans. D'après K. von Ditmar, le Kamtschatka contiendrait 38 volcans, dont 12 encore actifs.

Déjà au 62° de latitude nord, on rencontre des sources thermales ; mais entre le 58° et le 57° latitude nord, où la chaîne des Aleoutes touche le Kamtschatka, on rencontre les premiers volcans éteints. Ces volcans deviennent plus nombreux et plus serrés entre le 56° et 54° et s'étendent jusqu'à l'extrémité sud de la presqu'île. Les volcans actifs de cette contrée sont :

1° *Schewelutsch* (56° 40′ de latitude boréale), haut de 3,274 mètres, tout à fait isolé et entouré de petits lacs. Sa dernière éruption eut lieu en 1854.

2° *Kliutschewskaja Sopka* (54° 8′ latitude nord), le volcan le plus haut du monde, puisqu'il s'élève directement du niveau de la mer à une hauteur de plus de 5,000 mètres. Son cratère, qui a plus de 700 mètres de diamètre, se trouve dans les neiges éternelles et sert souvent d'issue aux éruptions. Ses éruptions sont ordinairement de courte durée. Une seule, celle de 1727-31, dura un peu plus de trois ans. Il y eut ensuite des éruptions en 1767, 1795, 1825, 1841 et 1854. Les laves sont formées de dolérite et contiennent souvent de gros cristaux de labrador. Il arrive fréquemment au Kamtschatka que des volcans rapprochés entrent simultanément en éruption. Ainsi, en 1854, le Kliutschewskaja, le Schewelutsch et le Saemaetschik se trouvaient en même temps en éruption, et en 1731, il en était de même pour le Kliutschewskaja et l'Awatscha. La liaison souvent admise entre Schewelutsch et Kliutschewskaja ne se confirme pas toujours, car en 1735 et en 1824, le Schewelutsch était en repos, tandis que l'autre volcan était en éruption.

3° *Grand Tolbatscha* (55° 15′ de latitude boréale), haut de 2,600 mètres, situé entre deux fleuves et possédant un immense cratère qui émet continuellement des fumées, souvent éclairées de lueurs incandescentes. Une éruption très-violente s'y fit en 1739.

4″ *Kisimen* (55° latitude boréale), cône très-élevé et pointu, n'émet des vapeurs que depuis peu de temps.

5° *Uson*, au sud du lac de Kranozk, volcan puissant à cratère circulaire dont le diamètre dépasse un mille. Il est couvert de dépôts de soufre et de sources thermales.

6° *Kichpinitsch*, au sud-est de l'Uson, cône autrefois toujours fumant.

7° Le *grand Semaetschik*, près du fleuve du même nom, s'effondra complétement, il y a environ 70 ans. Depuis une vingtaine d'années il a recommencé à émettre de la fumée.

8° Le *petit Semaetschik*, petit cône tronqué qui eut en 1854 une éruption de cendres.

9° *Jupanow* (53° 32′ latitude boréale), cône pointu, haut de 2,832 mètres, dont la cime fume toujours.

10° *Awatscha* (53° 17′ latitude boréale), haut de 2,738 mètres. Le véritable cône éruptif est situé dans l'enceinte, en partie détruite, d'un vieux cratère, et sur les pentes de la montagne se trouvent de petits cônes adventifs. En 1737 et en 1827, ce volcan eut de violentes éruptions. La lave de 1827 s'étendit au loin dans le voisinage, et se recouvrit de petits cônes de scories. En 1855, il y eut une nouvelle éruption.

11° *Asatscha* (52° 2′ latitude boréale) eut en 1828 une grande éruption qui amena la chute de son sommet : les cendres furent transportées jusqu'au port de Pierre-et-Paul.

12° *Tschaochtsch,* au bord sud-ouest du lac des Kuriles.

Les volcans éteints connus de cette région sont : 13° *Uschins-kaja Sopka* (56° lat. bor.), qui s'est effondré depuis les temps historiques, mais qui a conservé cependant une hauteur de 3,666 mètres ; 14° *Krestowskaja Sopka* (56° 4' lat. bor.), couvert de neiges éternelles ; 15° *Petit Tolbatscha* ; 16° *Kronozkaja Sopka* (54° 8' lat. bor.); 17° *Unana*; 18° *Taunjitz;* 19° *Hamtschen;* 20° *Backening* (54° lat. bor.), près des sources du Kamtschatka; 21° *Koriatzkaja Sopka* (53° 19' lat. bor.), haut de 3,670 mètres, a autrefois produit de puissantes coulées de lave; 22° l'île de *Chlebalkin,* au bord méridional de l'Awat-schabai; 23° *Wiljat'schinskaja Sopka* (52° 51' lat. bor.), haut de 2,306 mètres; 24° *Poworotnaja Sopka* (52° 22' lat. bor.), hauteur 2,480 mètres; 25° à 28° : au sud de cette dernière montagne et jusqu'au cap Lopatka, on trouve quatre volcans éteints ; 29° *Wine,* sur la rive boréale du lac des Kuriles; 30° *Utasut* est situé plus à l'est et possède une solfatare ; 31° *Golygina* (52° 15' lat. bor.); 32° *Ksudatsch,* aux sources du Bauniu ; 33° *Apatscha.* A l'ouest de la presqu'île se trouvent : 34° *Sissel* (57° 30' lat. bor.), avec cône élevé et pointu ; 35° *Piroschnikow-Chrebet;* 36° *Tepana,* à la source du Tigil; 37° *Belaja Sopka* (56° 10' lat. bor.); enfin 38° *Eleulcken,* au sud-est de Kawran.

Iles Aleutes.

Les îles Aleutes et les îles du Renard forment une ligne courbe de cimes élevées appartenant probablement à un rebord montagneux sous-marin, qui relie l'Asie et l'Amérique entre le Kamtschatka et l'Alaschka.

Ces montagnes diminuent de hauteur, depuis l'Amérique jusqu'en Asie; elles deviennent aussi moins escarpées et moins sauvages. Cette rangée d'îles présente 48 volcans qui ont été tous en activité dans les temps modernes. Elle commence par :

Le *petit Sitchin* (51° 59' lat. bor. 177° 26' longit. or. de Paris) est situé près du continent asiatique.

Semisopotschny, qui contient sept cônes volcaniques.

L'île *Gorely* (51° 47' lat. bor.), volcan toujours fumant et haut de 1,445 mètres.

Tanaga (51° 55' lat. bor. 177° 30' long. or. de Paris), probablement le plus grand volcan des Aleutes et présentant plusieurs cimes dont la plus haute émet constamment de la fumée.

Les neiges éternelles commencent déjà à mi-hauteur de la montagne.

Kanaga (52° 1' lat. bor.). On trouve beaucoup de soufre dans le cratère de cette montagne, dont la base donne issue à beaucoup de sources chaudes.

Ost-Sitkin (Sitkin oriental, 52° 4' lat. nord, 178° 22' long. or.) contient un volcan de 1,500 m. de hauteur.

Atcha, avec trois volcans actifs, c'est-à-dire fumants ; *Kliuts-chewskaja*, qui présente plusieurs petits cratères ayant des éruptions périodiques : *Korowin*, situé au nord de la presqu'île et haut de 1,510 mètres environ : enfin un volcan sans nom, situé à la pointe nord-est de l'île.

Siguam, avec un petit volcan fumant parfois.

Amuchta, qui eut, dit-on, une éruption en 1786, mais qui paraît actuellement éteint.

Junaska (52° 40' lat. bor. 127° 78' longit. or.). Cette île a changé complétement d'aspect en 1824, à la suite de l'éruption d'un volcan situé dans la partie orientale de l'île.

Thschegulak, *Ulliaghin*, *Tunakh-Angunakh* et *Kigamilach* sont de petites îles volcaniques.

La grande île *Umnak* renferme deux volcans actifs : *Wsewi-dok* (53° 15' lat. bor.), haut de 2,620 mètres environ, et *Tulisk*.

L'île *Joanna Bogoslawa*, située à 53° 58' de lat. bor., doit sa naissance à une éruption sous-marine, qui eut lieu en 1796. Elle s'est continuellement agrandie jusqu'en 1818, époque où elle avait près de 30 kilomètres de pourtour, et une hauteur de 700 mètres.

La plus grande des îles Aleutes, *Unalaschka*, n'est pas tout à fait volcanique. A l'ouest de cette île, s'élève le volcan *Makuschin*, qui eut une éruption en 1826 : une autre éruption avait eu lieu en 1820, mais dans la partie boréale de l'île.

Akutan contient une montagne de 1,270 mètres de hauteur, dont la cime produit de grandes quantités de soufre.

Akun, à 54° 17' de latitude boréale.

Unimak, tout près d'Alaska, renferme six volcans. *Schis-schaldinskoi*, à 54° 45' latitude boréale, cône de 2,526 mètres de hauteur. Il s'effondra en partie en 1795, mais il est encore continuellement actif. *Progomnoi*, qui a 2,820 mètres de hauteur. Entre ces deux montagnes, se trouve le *Pic de la Déso-lation*, qui eut une éruption en 1863. Les trois autres volcans n'ont point de dénomination particulière.

Amak contient un volcan éteint, sous 55° 25' de latitude boréale.

L'île de *Shuam-Shu*, près d'Alaska, fut le siége d'une éruption le 22 juin 1856.

Kuriles.

Les îles Kuriles se relient au volcan le plus méridional du Kamtschatka : elles sont disposées suivant une ligne un peu inclinée du nord-est vers le sud-ouest, et s'étendent jusqu'au voisinage du cap Broughton, le promontoire le plus boréal de Jeso. Cette ligne a environ 1,330 kilomètres de longueur. Ces îles contiennent vingt volcans dont dix sont encore actifs.

Alaïd (50° 54' lat. bor. 153° 12' long. or. de Paris); ce volcan, haut de plus de 3,300 mètres, a eu des éruptions en 1776 et 1793 ; depuis lors il constitue une solfatare constamment active.

L'île *Poromuschir* contient, dit-on, plusieurs volcans dont l'un, situé à 50° 15' de latitude boréale, eut une éruption en 1793, en même temps que l'Alaïd. Certains auteurs nient complétement l'existence de volcans dans cette île.

L'île *Orokotan* possède trois volcans : 1° *Poorussyr*, qui est situé au milieu d'un grand lac ; 2° *Amka-ussir*, qui se trouve également dans un lac ; 3° *Asir-mintir*, situé à la pointe boréale de l'île.

L'île *Chiachkotan* possède deux volcans, dont l'un eut une éruption en 1855.

Simnarka (48° 53' lat. bor. et 151° 4ʊ' longit. or.) eut autrefois une violente éruption, mais il est resté inactif depuis.

Raukoko (48° 16' lat. bor. et 15° 55' long. or.) est un volcan continuellement en activité depuis 1780.

Dans l'île *Matua* (48° 6' lat. bor.), se trouve le *Sarytschew*, volcan actif de 1409 mètres de hauteur.

A *Uschischir*, on connaît un volcan éteint.

Schimuschir est une île dans laquelle se trouve le volcan éteint *Itakioi*, nommé aussi *Pic La Peyrouse* ou *Pic Prévost*.

Tschirpooi (46° 29' lat. bor. 148° 13' long. or.) est un volcan sur lequel on n'a pas de détails.

A l'extrémité boréale de la plus grande des Kuriles, *Iturap* (45° 30' de lat. bor.), se trouve un volcan toujours en activité.

L'île *Kunasiri* (44° 3' lat. bor.) possède le volcan appelé *Tschatschanaburi*.

Japon.

Jeso, Nipon et Kiusiu, les trois grandes îles du Japon, contiennent des volcans, ainsi qu'un grand nombre des petites îles

voisines. Nous ne connaissons cependant encore qu'une partie
de ces volcans.

Non loin du cap du Nord-ouest ou Romanzow, on trouve, dans
une petite île, le *Pic de Langle* (de 1026 mètres de hauteur),
volcan très-important.

Jesso contient, d'après Siebold, 17 volcans dont deux actifs :
l'*Usaga-dake*, dans la partie boréale et la plus haute montagne
de l'île, et le *Kajohori*. Nous connaissons aussi le nom de quelques volcans éteints : *Outschioura*, situé près de Chakodade ;
Osongadake ; *Ou-oussou-yama*, près de l'extrémité méridionale
de l'île, et le *Ghinzon* ou *Yo-ou-beri*.

L'île *Oosima* (41° 21' lat. bor.) possède un volcan puissant qui
émet toujours de la fumée. Cette fumée blanche s'échappe en
nuées denses d'un bassin cratérique effondré, et une coulée de
lave, échappée du volcan, se dirige vers le sud jusqu'à la mer.

Koosinma, par 41° 21' latitude boréale, est une petite île
volcanique constamment fumante.

Le *Pic Tilesesius* ou *Iwaki-yama* (40° 37' lat. bor. et 137°
50' long. or.), situé près de la rive nord-ouest de Nipon, est
couvert de neige pendant la plus grande partie de l'année.

Yaké-yama est un volcan toujours actif, situé tout à fait à
l'extrémité boréale de Nipon.

Jesan, près de Nambu, est connu par de grandes éruptions
de ponce.

Asama-yama (36° 12' lat. bor.), dans la province de Sinano et
près de la ville de Komoro. On sait qu'il eut déjà une éruption
en 1864 ; mais en 1783, il en eut une des plus formidables que
l'histoire ait enregistrées, et depuis ce temps il est toujours en
activité. Sa dernière et très-violente éruption eut lieu en 1870.

Fusi-no-yama (34° 50' lat. bor.), au sud de Yeddo, a 4080 mètres d'élévation : il est formé par une pyramide régulière, couverte de neiges éternelles. D'après la tradition japonaise, ce
volcan ne se serait formé qu'en l'année 286 av. J.-C. Parmi les
nombreuses éruptions de ce volcan, les plus remarquables
furent celles de 798, 800, 863, 937, 1032, 1083 et 1707.

Sirama-yama est également couvert de neiges éternelles.
Il se trouve dans la partie occidentale de l'île, et eut des éruptions en 1529 et en 1854.

Uschiuru-yama, près de la baie du volcan, fut visité le
1er septembre 1865. Son cratère a 1200 mètres de diamètre de
l'est à l'ouest : il émet de la fumée en divers points. On rencontre encore près de la même baie trois volcans actifs et
trois volcans éteints.

Komanartaki fut également visité par Forbes. Ce volcan eut des éruptions en 1796 et en 1845. C'est du haut de cette montagne que Forbes vit dans le lointain, près d'Endermo, un volcan en pleine activité.

Près la rive sud-est de Nipon, on voit sortir de la mer les deux volcans nommés *Vries* et *Noki-sima*.

La presqu'île de Simabara près de Nangasaki est formée par le volcan *Usen* (32° 4' lat. bor.). C'est un cône large et régulier, haut de 1285 mètres et d'une remarquable beauté de forme. Actuellement il n'émet plus que peu de fumée, mais il eut en 1793 une formidable éruption à la suite de laquelle il s'effondra en partie et répandit des torrents d'eau bouillante.

Biwono-Kubi est rapproché de l'Usen. Il entra en éruption, en 1793, peu de temps après l'Usen.

Le *Miyi-yama* eut une éruption à la même époque et s'effondra.

Aso-yama est un volcan actif de la côte occidentale du Kiusiu ; on y récolte du soufre et de l'alun.

Le *Pic-Horner* et le *Tsuruma* dans la province de Bungo sont, dit-on, des volcans éteints.

A l'intérieur de la baie de Kangosima on rencontre les volcans éteints de *Sakura* et de *Mitakenima*.

Kirisima (31° 45' lat. boréale) est un volcan qu'on ne connaît pas particulièrement.

Iwosima (30° 43' lat. bor.), haut de 780 mètres environ, est une île volcanique à l'état de solfatare.

Dans l'île de Sikolf on rencontre plusieurs volcans : le *Ko-Fusi* est probablement éteint, mais le *Twogasima* et les deux *Ya-rabusima* sont encore actifs ; le Twogasima contient des masses énormes de soufre. Il faut encore citer le *Futsisio*, qui est situé plus au sud.

La rangée des Kuriles et des îles japonaises se continue au sud par les petites îles Lutschu. On y rencontre, en fait de volcans, le *Yakunosima*, le *Tanega-Sima*, et au nord-est de Lutschu, la petite île fumante de *Lung-hoang-schan*.

Becher vit une éruption sur la petite île de *Sumasesima*, à 29° 39' de latitude boréale. Cette île est haute de 933 mètres et est ordinairement à l'état de solfatare.

Formose.

Il y a, près de l'île de Formose, plusieurs volcans sous-marins, à la latitude boréale de 20° 56' et à 134° 45' longitude est de Paris; il y eut une éruption en 1850. Une autre éruption se fit le 29 octobre 1853 sur 24° latitude boréale et 121° 50′ longitude orientale : enfin, en 1854, une troisième éruption se fit encore plus près de Formose.

Parmi les quatre volcans de Formose il y en a au moins trois d'actifs : 1° *Lieu-huang-schan*, le plus boréal, qui est actif sur plusieurs points; 2° *Hoschan*, également actif; 3° *Phy-nan-my-schan*, qui est fréquemment lumineux ; 4° *Tschy-kang*, le plus méridional, est éteint et contient un lac d'eau chaude.

Tout près de la presqu'île de Corée, on trouve l'île volcanique de *Tsinmura* ou *Tanto*, qui fut formée en 1007 seulement.

Philippines.

On connaît plusieurs volcans dans les petites îles Bajuban, qui sont situées au nord de l'archipel. L'un d'entre eux, le *Claro Babyan* (10° 27′ lat. bor. et 110° 42′ longit. or.), est toujours actif et eut une éruption en 1831. Le second, dans l'île *Camiguin* (18° 54′ lat. bor. et 119° 32′ long. or.), sert de phare parce qu'il est toujours lumineux; le troisième, *Didica*, se forma en 1856 seulement, entre les récifs de même nom, et il avait déjà atteint en 1860 une hauteur de 230 mètres.

Des schistes cristallins forment la base géologique des Philippines : au-dessus de ces schistes on rencontre des couches tertiaires et d'autres encore plus récentes, entre autres des récifs coralliens soulevés. — Les trachytes et les calcaires nummulitiques sont plus récents. On prétend aussi avoir trouvé des couches sédimentaires anciennes dans la partie boréale de Luçon et à Cebu : dans la premières de ces îles on trouve aussi du granit.

Le *Serangani*, à Mindanao, était en activité depuis les temps historiques. Le *Sujul* (7° 38′ lat. bor.) et le *Davao* sont peut-être encore aujourd'hui des volcans actifs. Le *Kalagan*, près du promontoire de San-Augustin (6° 34′ lat. bor. et 123° 26′ long. or.), est au contraire éteint. Le *Sanguil*, à l'extrémité sud-ouest de l'île sous 5° 44′ lat. bor., eut une éruption en 1645.

Semper vit d'épaisses fumées s'échapper du volcan *Malespina*, qui est situé à l'extrémité boréale de Negro et qui a une hauteur de 1700 mètres environ.

Les petites îles Camiguin [1], Bohol et Cebu furent ébranlées en

---

1. Il y a deux îles Camiguin : l'une est au nord de Luçon, l'autre se trouve entre Mindanao et Siquihor.

1871 par de violents tremblements de terre, jusqu'à ce que le volcan *Ruwang*, situé près du village de Catarman, entra en éruption, le 1er mai, et rejeta de grandes masses de fumée, de cendres et de scories [1].

Les solfatares *Dagami* et *Danon* se trouvent dans l'île de Leyte. L'île Fuego (19° 6' lat. bor. et 121° 8' long. or.) possède le volcan actif de *Siquihor*.

La grande île de Luçon est la plus riche en volcans. A son extrémité boréale, on trouve le *Cagua*, haut de 827 mètres environ, qui émet continuellement de la fumée. Trois autres volcans actifs : le *Taal*, l'*Albay* et le *Bulusan*, sont éloignés du Cagua, mais y sont cependant reliés par une série de volcans éteints.

Le Taal, qui n'a qu'une hauteur de 290 mètres, s'élève dans la grande Laguna de Bombon, au sud de Manille, par 14° de latitude boréale et 118° 13' de longitude orientale : il est séparé de la mer par un détroit de deux milles de largeur composé de tuf trachytique. Le grand cratère principal contient quatre cônes émettant beaucoup de fumée; les pentes de la montagne sont recouvertes de laves et de grands blocs. Pendant ses dernières éruptions de 1716 et de 1754 le volcan ne rejeta que de la cendre mais point de laves.

L'Albay ou Mayon a eu un grand nombre de fortes éruptions qui produisirent des torrents de boue, de laves et des cendres. Ses principales éruptions eurent lieu dans les années 1766, 1800, 1814, 1854 et en décembre 1871. Il a environ 2300 mètres de hauteur.

Jagor a vu le Bulusan émettre de la fumée. Il a environ 1700 mètres de hauteur et est le plus méridional des dix volcans de la presqu'île de Camarines. Les noms des autres volcans sont : *Ysarog, Masaraga, Babacay, Lobo, Bonotan, Buji, Yriga, Colasi.*

Aringuay, qui se trouve près de la côte occidentale du Luçon, eut, en 1641, une éruption en même temps que le Sanguir.

Au sud de la Laguna de Bay on voit le *Majaijai*, le *Malavarat* et le *Maquilin* : ce dernier est à l'état de solfatare. A sa base se trouvent les thermes sulfureux de los Baños et le volcan boueux Natanos. — Entre Maquilin et Majaijai s'étend la contrée volcanique de San-Pablo qui contient un grand nombre de lacs cratériques, et plus au nord, on trouve des laves dolériliques et des tufs. L'obsidienne, que l'on rencontre sur les

1. Le Ruwang eut une nouvelle éruption au mois de mai 1874.

presqu'îles de Halahala et de Binangonan, indique aussi la présence de volcans.

La baie de Manille est limitée vers l'ouest par des laves doléritiques appartenant à la chaîne du Pico de Butilao et à la sierra de Marivelles. L'île du *Corregidor*, avec un vieux cratère, continue ces chaînes vers le sud, et de l'autre côté de la baie on trouve le *Pico de Loro*, de sorte que toute cette baie est formée principalement par des volcans. On ne sait pas si le cône trachytique d'Arayat, près de Pambonga, et le Data sont des volcans éteints ou non.

Les laves sont presque toutes formées d'andésite amphibolique ou pyroxénique : on n'est pas encore certain si elles contiennent aussi du labrador. Les tufs contiennent des empreintes de feuilles et sont composés, en partie, de cendres cimentées par de la chaux provenant de coquilles.

Vis-à-vis de la baie de Manille, sous 31° 45' lat. boréale et 118° 3' long. orientale, le volcan *Ambil* se dresse dans la mer. Il est lumineux, depuis très-longtemps, pendant la nuit, et favorise ainsi l'entrée des vaisseaux dans la baie.

L'île de *Yolo* possède un volcan qui, d'après Chamisso, est encore en activité, mais qui, d'après d'autres voyageurs, est complétement éteint. Le volcan de la petite île de *Mindoro* est encore en activité.

Moluques.

Les Moluques forment une série d'îles des plus fertiles, couvertes de hautes montagnes, dont les masses de laves et de scories arides forment le contraste le plus frappant avec la splendeur de la végétation qui les entoure. On y rencontre un grand nombre de sources thermales, et les gaz des solfatares répandent au loin leur odeur désagréable.

L'île *Sanguir* (3° 40' lat. bor.), située entre les Philippines et Célèbes, renferme le volcan *Gunung-Awu*, qui eut des éruptions en 1711 et en 1856.

L'île *Sioa* (2° 43' lat. bor. et 123° 15' long. or.) contient le *Gunung-Api*, très-haute montagne qui est restée en activité permanente depuis son éruption de 1712.

On a indiqué onze volcans sur la presqu'île boréale de Célèbes dans la résidence de Menado. Les plus importants de ces volcans sont : *Kemas*, formé en 1694 seulement; *Klabat*, haut de 2000 mètres et détruit en partie par une éruption en 1680; *Lokan*, *Saputang* et *Empong*.

Sous 2° 44' latitude boréale et 226° 5' longitude orientale est située l'île Moratay, qui renferme le volcan *Tolo*, resté actif jusqu'à la fin du siècle dernier.

Le *Gamanacore*, dans l'île de Gilolo, est également un volcan formé en 1673 seulement.

Le *Gamalama*, situé sur l'île de Ternate, est très-actif. Cette montagne, haute de 1380 mètres, eut des éruptions en 1608, 1635, 1653, 1673, 1839, et la dernière de ses éruptions, celle de mars à novembre 1868, se fit remarquer par l'émission d'une colonne de fumée de 1700 mètres de hauteur.

Entre 0° 38' et 2° 20' latitude nord, se trouvent trois petites îles possédant chacune un volcan : *Tidore*, *Motir* et *Machian ;* ces trois îles sont entourées de récifs de corail. D'après Forest, *Motir* a eu une éruption de scories en 1778. *Machian* eut une violente éruption en 1646. Après un repos de 216 ans une nouvelle éruption eut lieu le 29 décembre 1862, mais elle fut tellement violente que la forme de la montagne en fut complétement modifiée.

Iles de la Sonde.

Le volcan *Wowani*, situé dans l'île Hitu, est connu par sa grande éruption de 1694. Il en eut une nouvelle en 1820.

Pulu-Kambung, *Wetta* et *Roma* sont des îles volcaniques dénudées, situées près de l'archipel de Banda. Ce dernier groupe est composé de trois petites îles dont la plus petite contient un volcan toujours fumant. C'est un cône presque parfait, couvert à sa base de végétation ; plus haut, il présente un gouffre qui émet constamment d'épaisses colonnes de fumée.

L'île *Siroa* (6° 10' lat. mér. et 130° 50' long. or. de Greenwich) renferme le *Gunung-Legelala*, qui fut détruit en partie par une éruption, en 1693, et qui eut une nouvelle éruption en 1844.

L'ile de *Manuk* est un peu isolée : elle contient un volcan du même nom ; tout près de là, se trouve Nila avec un volcan à l'état de solfatare.

Damme (7° 20' lat. mér. et 126° 16' long. or. de Paris) renferme un volcan très-élevé.

Une petite île située entre Timor et Ceram, sous 6° 35' latitude méridionale et 124° 20' longitude orientale de Paris, contient un volcan qui eut une éruption en 1669 et qui porte le nom fréquemment employé de *Gunung-Api*.

L'île de *Timor* présente un seul volcan actif tout près de son centre. Ce volcan fut crevé pendant une éruption, en 1638, et il est en repos depuis ce temps.

Le volcan *Lobetoll*, sur l'île Lombten, eut une éruption en 1819 et celui de *Komba*, plus au nord, eut deux éruptions, en 1849 et 1850. Ils sont encore actifs tous les deux.

Dans l'île Flores, il y a au moins trois volcans actifs : d'abord l'*Ombu-Riombo*, haut de 2,828 mètres environ, puis le *Jedja*, en éruption au mois de janvier 1867 et au mois de mai 1868 ; enfin le *Lobetobi*, qui se trouve sur la côte sud-ouest de l'île. Ce dernier eut une éruption au mois de juillet 1868 et il émettait encore une colonne de fumée au mois de décembre suivant.

Tukey parle d'un volcan situé sur Sandebosch, par 9° 20′ de latitude méridionale et 116° 58′ longitude orientale ; il signale encore un *Gunung-Api* ou Lava Peak, sous 8° 11′ latitude méridionale et 116° 45′ longitude orientale.

Le *Temboro*, à Sumbava, est un des volcans les plus renommés, surtout à cause de l'éruption sans pareille de l'année 1815 qui lui fit perdre 1,300 mètres de hauteur. Il a actuellement 2,800 mètres d'élévation.

Tout près du côté oriental de Java se trouve la petite île de Bali (8° 35′ lat. mér. et 115° long. or. de Greenwich), sur laquelle on rencontre d'abord le *Gunung-Batoer* qui fume continuellement, puis le *Bromo*, le *Batok* et enfin le *Wido*. L'*Agoeng*, qui est situé au nord, est encore plus considérable, mais depuis l'éruption de 1843 il est à l'état de solfatare.

L'île Lombok (8° 12′ lat. mér. et 115° 44′ long. or.) contient le *Rindjanie*, de 3,880 mètres de hauteur. Ce volcan est situé au milieu d'un grand plateau volcanique.

Java. L'île de Java est une des contrées volcaniques les plus intéressantes de la terre. Sur ce petit espace, on rencontre plus de cent volcans éteints ou actifs ; quarante-six d'entre eux sont plus particulièrement connus. Les volcans de Java forment une chaîne dirigée de l'est à l'ouest, et qui est entre-coupée par des chaînes plus petites dirigées du nord au sud. La chaîne principale débute à l'est par l'Idjen-Raun et se dirige, en suivant presque le cercle de latitude, jusqu'au Tengger ; de là elle se dirige un peu au nord jusqu'au Diengge et se continue ensuite, presque parallèlement à l'équateur, jusqu'au haut plateau de la régence de Preang.

Le volcan *Gunung-Pulu-rekatu*, qui est encore situé dans le détroit de la Sonde, appartient cependant à la chaîne javanaise. Ce volcan est actuellement recouvert de végétation, mais en 1680, il couvrit la mer d'une éruption de pierre ponce.

L'île volcanique de *Cracatoa,* qui est haute de 840 mètres, se trouve également dans le détroit de la Sonde.

La plaine de Batavia est bornée par une chaîne de montagnes présentant à droite le *Salak,* qui eut en 1699 une éruption de boue et dont la dernière éruption date de 1761. Au-delà de cette montagne on rencontre le Gedeh, qui est beaucoup plus grand et plus élevé. C'est un des massifs volcaniques les plus grandioses. Il consiste en un cône colossal renfermant un immense cratère dont le rebord se nomme *Gunung-Seda-Ratu* (2,700 mètres) et au sud *Mandalavanji* (2,720 mètres). Le Pangerango est le plus grand cône contenu dans ce cratère (3,108 mètres de hauteur). Ce cône possède lui-même un grand cratère dans lequel se trouve un troisième cône gigantesque. Le Pangerango est éteint. A côté du Pangerango (à environ un mille 1/4) et dans le même bassin cratérique, un second cône encore actif, le Gedeh, atteint une hauteur de 3,800 mètres. Le cratère de ce dernier cône a 130 mètres de diamètre et une profondeur de 80 mètres ; le sol en est fangeux et fumant. Du cratère de Gedeh comme de celui de Pangerango, descend un ravin profond, rappelant tout à fait la Caldera. Le Gedeh a rejeté à diverses reprises, à une époque récente (28 mai 1862, 14 mars 1853), de la boue et des cendres, mais jamais de lave.

Sur le côté nord du plateau se trouve un massif de montagnes s'élevant à 2,000 mètres au-dessus du niveau de la mer et à 1,300 mètres au-dessus du plateau. Ce massif se compose à l'est d'un cône tronqué, le *Gunung-Bukit-Tungol* ; au milieu, d'une crète, *Tangkuban-Prahu* ; et à l'autre extrémité, d'une montagne fortement déchiquetée, le *Burangrang.* La montagne médiane est seule active, quoique sa forme n'indique nullement une montagne volcanique. Le cratère de ce volcan est entouré par un rebord elliptique et il est divisé par une mince cloison médiane en deux bassins presque circulaires. Le bassin occidental s'appelle Kawa-Upas, et l'oriental Kawa-Ratu. L'ellipse a 2,000 et 1,000 mètres de diamètre. L'Upas contient un bassin rempli d'eau trouble et est entouré de tous côtés par des solfatares ; le Ratu est nu et ses roches sont décomposées par des vapeurs sulfureuses. La dernière éruption, en 1846, rejeta de la boue contenant de l'acide sulfureux, du sable et des scories. La cloison médiane a plus de 3 mètres de hauteur à sa partie la plus basse ; elle est recouverte de soufre que les vapeurs y ont déposé. Les flancs extérieurs du Ratu présentent des côtes très-remarquables. Sa lave peut être désignée sous le nom d'andésite-pyroxénique.

Guntur, l'un des volcans les plus actifs de Java (hauteur 2,300 mètres environ) rejette ordinairement, à plusieurs reprises dans l'année, des cendres, du sable et des scories ; il a déjà eu douze grandes éruptions dans la première moitié de notre siècle.

Telagabodas forme un lac alunifère, dont les bords émettent des vapeurs sulfureuses.

Le *Gelungung* a la forme d'une longue crête. On désigne ordinairement sous le nom de cratère une grande fente qui le surmonte, parce que cette fente donne issue à d'épaisses masses de vapeurs. Ce n'est qu'en 182} que ce volcan, inconnu jusqu'alors, se réveilla et ravagea le pays environnant par une éruption de boue et d'eau chaude.

Le *Sawal*, vis-à-vis du Gelungung, est situé dans un pays de plaine ; il est peu élevé mais sillonné de ravins profonds.

Le *Tjerimai*, près de Cheribon, forme un cône tronqué, dont le cratère est à l'état de solfatare. Il eut des éruptions en 1772 et en 1805.

Le *Slamat*, la montagne la plus élevée de l'île après le Semeru, est situé dans la partie la plus étroite de l'île. Son cône régulier présente une cime à pourtour peu étendu, laquelle est occupée par un cratère circulaire. Ce volcan eut des éruptions en 1772, 1825, 1835, 1849.

Le *Sendoro* est soudé, jusqu'à une hauteur de 1,442 mètres, avec le Sumbing et forme ainsi un double volcan. Son cratère n'a qu'un diamètre de 100 mètres ; il eut en 1818, une éruption de cendres. — Le *Sumbing* a 216 mètres de plus en hauteur et présente des côtes très-marquées sur ses pentes.

Le *Merbabu* est soudé au Merapi et forme aussi un volcan double. C'est un cône tronqué et couvert de côtes ; son cratère est grand ; sa dernière éruption date de 1560. — Le *Merapi* ne présente des côtes que de trois côtés. Sa cime est formée par les restes d'un ancien cratère. Le véritable cône éruptif est situé sur le côté ouest de la montagne ; il entra en éruption en juillet 1863 et en avril 1872.

Le *Lawu*, malgré ses 3,330 mètres d'élévation, forme un cône régulier et est entouré de nombreuses sources chaudes. La seule éruption qu'on connaisse de lui eut lieu au mois de mai 1752.

Le groupe du *Tengger*, haut de 2,915 mètres, a la forme d'un cône tronqué à cause de son immense cratère, dont le fond présente 9260 mètres de diamètre et est entouré de parois abruptes de 300 à 500 mètres de hauteur. Les cônes éruptifs vrais, au nombre de quatre, s'élèvent au fond de ce cratère qui est couvert de sable volcanique. Trois de ces cônes,

Widodarin, *Segorowedi* et *Bromo*, sont soudés entre eux ; le
Bromo est en état d'activité. Le *Batok*, qui a 330 mètres d'é-
lévation, est isolé. Les parois du grand cratère sont interrom-
pues vers le nord-est, d'où part une vallée profonde qui descend au bas de la montagne. Toute la montagne de Tengger
est couverte extérieurement de cannelures profondes qui commencent à la cime, deviennent de plus en plus larges vers la
base et se ramifient en partie. Les parois du grand cratère
présentent intérieurement des terrasses abruptes et sont composées au sommet de couches de sable et de tuf, auxquelles
succèdent plus bas des couches de lapillis, de ponce, d'obsidienne et enfin une nouvelle couche de tuf. Le Batok, qui présente la forme d'un pain de sucre, est aussi couvert de cannelures ainsi que les autres cônes qui ont tous des cratères. Une
colonne bruyante de vapeurs se fait jour sur le côté est du
Bromo. Les parois de la profonde vallée qui descend de la
montagne sont formées par des laves trachy-doléritiques et
par de l'andésite augitique. Le Bromo eut des éruptions en
1804, 1822-23, 1829, 1830, 1842, 1843, 1858, 1859, 1862 et
1868. On prétend que le Bromo et le Lamongang sont alternativement en activité ; cependant ils entrèrent simultanément
en éruption en 1844 et en 1859.

Le *Lamongang* est le plus actif des volcans de Java ; il est
relié au Tengger et présente deux cônes à son sommet. Tout
autour de sa base on trouve de petits bassins profonds et remplis d'eau qui rappellent les maars. Outre ses éruptions habi-
tuelles de cendres, il a eu dans ces derniers temps une éruption
qui a donné naissance à un courant formé de débris de laves.

Le *Semeru* est le plus élevé des volcans de Java : il a
3,740 mètres d'altitude.

Dans la partie orientale de Java se trouve le groupe volcanique colossal de l'Idjen-Raun : ce groupe est annulaire et
s'élève à la hauteur de 3,330 mètres. L'intérieur de cet anneau
est formé par un haut plateau séparé de la plaine, vers le nord,
par une montagne peu élevée, le Gunung-Kendang. Les autres
côtés sont entourés, au contraire, par les cônes élevés de
Kukusan, Idjen-Merapi, Randeh, Pendill, Raun et Sukette. Les
coulées de lave s'étendent d'un côté jusqu'au détroit de Bali et
de Mandura, et de l'autre jusqu'à la mer du Sud. L'Idjen est
encore actif et présente, dans un cratère appelé Widodarin, un
lac d'un blanc de lait et à l'état de solfatare. Ce volcan forme,
pour ainsi dire, un gradin précédant l'Idjen-Merapi. Ce dernier
est éteint : le Widodarin eut cependant, en 1796 et 1817, des

éruptions accompagnées de courants de boue fournis par les eaux du lac. — Le second volcan du groupe, le *Raun*, est haut de 3,399 mètres. Son cratère terminal est probablement le plus profond de tous ceux que l'on connaît : il présente des diamètres de 6,600 et 1,900 mètres. Le sol est toujours fumant. Ses éruptions eurent lieu en 1586, 1638, 1730, 1788, 1808, 1812 et 1815. On rencontre encore, autour de ce volcan, les volcans éteints, *Wilis*, *Ringgit*, *Tembro*, et les solfatares d'*Ardjuno* (à 3,550 mètres d'altitude), et d'*Ajang* (à 3,170 mètres d'altitude).

Le *Kloët* est entré en éruption au commencement de l'année 1875.

Le *Buluran*, qui est complétement éteint, se trouve dans la partie tout à fait orientale de l'île.

Sumatra. Parmi les 19 volcans de cette île, il y en a sept en activité.

1° *Gunung-Dempo* (à 3° 50' lat. mérid.), haut de près de 4,000 mètres et toujours fumant.

2° Un volcan fumant, près de Palembang.

3° *Indrapura*, haut de 2,630 mètres : Junghuhn a observé deux éruptions de ce volcan.

4° *Talang*, près de Padang.

5° *Gunung-Salasi*, qui possède trois cratères, eut des éruptions en 1833 et en 1845.

6° *Gunung-Merapi* (2,990 mètres), le volcan le plus actif de Sumatra, eut une grande éruption en 1845.

7° *Gunung-Singalang*, qui est relié au précédent, possède un cratère rempli d'eau.

8° *Gunung-Passaman* (à 0° 55' lat. bor.) de 3,054 mètres de hauteur, est probablement éteint.

9° *Lubu-Radja* (1° 24' lat. bor.), massif de montagnes de 1,950 mètres de hauteur. Il est éteint, et ses cratères ne se sont pas conservés entièrement.

10° *Dolog-Dsaiit* (1° 55' lat. bor.), au nord du précédent. Ces deux volcans présentent de magnifiques côtes rayonnantes.

11° *Mentimpang* (2° 5' lat. bor., 98° 56' long. or.), grand volcan éteint, à sources sulfureuses thermales.

12° *Seret-Berapi*.

13° *Montagne de l'Eléphant* (5° 7' lat. bor., 94° 38' long. or.).

14° *Batu-Gapit*, haut de 2,000 mètres.

Borneo. Jusqu'ici on n'a signalé dans cette grande île, trèspeu connue, qu'une seule montagne volcanique, le *Gunung-Api*; encore est-ce un volcan éteint.

D'après les estimations de Junghuhn, il existerait entre le cap Serangani, à Mindanao, le cap Nord-West de la Nouvelle-Guinée, les Nicobares et les îles Andaman, 109 volcans distincts, mais dont 42 à 45 seulement ont été actifs depuis les temps historiques. D'après cette estimation, il n'existerait nulle part sur la terre une accumulation aussi considérable de volcans, sur un espace aussi restreint.

Sous 12° 17′ de latitude boréale et 93° 54′ de longitude orientale, on trouve, dans l'archipel des Andamans et dans la direction de la chaîne des volcans de Sumatra , l'île de Barren (*Barrenisland*), colline circulaire renfermant un cratère fumant. Les parois de ce cratère sont détruites du côté nord. Il est petit et n'a que 30 à 35 mètres de diamètre, mais il est continuellement en activité, et produit des explosions à peu près toutes les dix minutes.

Non loin de là, et également dans le golfe du Bengale, par 13° 24′ de latitude boréale, et 92° de longitude orientale, s trouve l'île de *Narcondam*, avec un volcan qui paraît actuellement éteint.

Les îles *Reguain* et *Ramri* (19′ 21′ lat. bor.), près de la côte d'Arracan, sont aussi formées par des volcans. Le dernier de ces volcans eut une éruption en 1839, et une nouvelle île se forma dans son voisinage en 1843.

L'île de *Tscheduba* (18° 40′ lat. bor.) contient un volcan de boue qui est constamment en activité.

AUSTRALIE.

Nouvelle-Guinée.

Près de la rive occidentale de la Nouvelle-Guinée, se trouve un volcan découvert par Dampier et qui est, dit-on, très-élevé, Un autre volcan actif se trouve sur la rive boréale de la même île, et un troisième tout près de la côte entre plusieurs petites îles.

L'île du Cap (9° 48′ lat. mér., 140° 19′ long. or. de Paris) contient un volcan actif, qui eut une éruption en 1793.

Nouvelle-Angleterre.

Sous 5° 12′ de latitude méridionale, et 152° de longitude de Greenwich et à l'entrée du canal Saint-Georges, qui sépare 'île de Car de la Nouvelle-Bretagne, s'élève un volcan fumant: on en rencontre un second au-dessus du canal de Gloucester, qui sépare la Nouvelle-Bretagne de la Nouvelle-Guinée. Tout près de là, on en connaît un troisième qui est actif et se trouve sous 6° 22' de latitude boréale et 148° 10' longitude orientale de Greenwich.

Nouvelle-Hollande.

On connaît seulement un seul district volcanique dans cette île continentale. Il est situé dans la partie sud-ouest de l'île, dans la province de Victoria, et s'étend un peu vers les rameaux supérieurs des chaînes de Campaspe, Loddon et Coliband. La partie sud-ouest contient de nombreuses collines volcaniques, dont beaucoup possèdent encore des cratères et des lacs cratériques. Les plus remarquables de ces montagnes sont : 1° Un volcan situé près des sources du Merri Creek, à 180 kilomètres environ au nord de Melbourne; 2° *Mount-Atkin*, haut de 500 mètres; 3° plusieurs volcans avec cratères, près du lac Korangamite; 4° *Tower-Hill*, entre Warnambool et Belfast.

AMÉRIQUE.

Amérique du Nord.

Les volcans des Aleutes, dont nous avons parlé précédemment, se relient à ceux de la presqu'île d'Alaska. On connaît actuellement cinq volcans situés dans la chaîne qui traverse cette presqu'île, et dont les montagnes sont très-élevées et couvertes de neiges éternelles.

1° *Pawlowsky*, situé près de la mer et près de la baie du même nom. Il possède deux cratères, dont le premier est toujours en activité, tandis que le second est, depuis la fin du siècle dernier, à l'état de repos.

2° *Morschowsky*.

3° *Wenjaminow*, la plus haute montagne de la presqu'île, quoiqu'elle se soit en partie effondrée en 1786. Ce volcan (ou celui de Morschowsky) eut une éruption au mois de mars 1866.

Le volcan d'*Ujakuschutsch* (hauteur 3,770 mètres) et celui d'*Iljamna* se trouvent dans le détroit de Cook.

La chaîne des Cascades, qui commence sous le 60° de latitude boréale, et s'étend jusqu'au 42° de latitude boréale, longe la côte occidentale du continent. On y a déjà reconnu un grand nombre de volcans.

Le mont *Elias* (60° 17' lat. boréale et 140° 51' longit. occid. de Greenwich) est le volcan de cette chaîne le plus avancé vers le nord. Sa hauteur est de 5,586 mètres.

Mount-Fairweather (59° 45' lat. bor., 137° 15' long. occid.)

est élevé de 4,700 mètres à peu près, et a eu probablement une éruption récente.

Mount-Krillon.

Mount Edgecombe (57° 1' lat. bor., 138° 10' long. occid.) sur la petite île Lazarus. Il forme un cône régulier très-élevé, et présente, au sommet, un cratère à moitié détruit. On dit qu'il fit éruption en 1796, mais cette assertion semble erronée.

Mount-Brown et *Mount-Hooker* (52° 25' lat. bor.) sont des volcans éteints d'à peu près 5,000 mètres de hauteur, et situés à 75 mètres de la côte.

Mount-Baker (48° 48' lat. bor.) à l'extrémité du détroit de Jouan de Fouca. Il a une hauteur de 3,717 mètres et est très-actif.

Mount-Olympos (47° 50' lat. bor.). Il est douteux que cette montagne soit un volcan ; il en est de même du *Mount-Adams* (46° 18' lat. bor.).

Mount-Regnier ou *Tachoma* (46° 8' lat. bor.), près du Pugetsund, présente des glaciers sur ses trois cônes. C'est un volcan très-actif qui eut des éruptions en 1841 et en 1843.

Mount-St-Helens (46° 12' lat. bor.), haut de 4,700 mètres est situé au nord de la Colombie. Son cratère terminal émet constamment des vapeurs et eut une éruption en 1842.

Sawalahos ou *Saddle-Hill*, près d'Astoria, présente un cratère éteint et en partie détruit.

Mount-Hood (45° 10' lat. bor.), avec un très-grand cratère éteint, a 6,120 mètres de hauteur environ.

Mount-Vancouver et *Jefferson* (44° 38' lat. bor.). Hauteur, 5,200 mètres environ.

Louglin ou *Pitt* (42° 30' lat. bor.) de 3,186 mètres de hauteur, à l'ouest du lac Plamat.

Mount-Shasta (3,800 mètres d'altitude) est un cône magnifique, couvert de glaciers et de neiges éternelles. A 110 kilomètres environ plus au sud, se trouve la *Lassens Butte* (3,520 mètres de hauteur). Brewer et King firent l'ascension de cette montagne en 1863. Ce n'est pas un cône isolé, mais bien la cime d'une crête élevée qui présente encore plusieurs autres cimes. Il n'a ni cratère, ni cendres, ni lapillis.

On rencontre près de sa base, une grande coulée de ryacolithe superposée à plusieurs coulées de trachyte. Sur les collines qui précèdent la montagne, on trouve des traces de cratères, de nombreuses solfatares, des mares de boue fumante et des sources de vapeurs. — A l'est de ce massif, se trouve une région encore inconnue, mais probablement volcanique et qui présente des cônes de 2,500 à 3,000 mètres d'élévation.

L'une de ces cimes, le *Cinder Cône*, entièrement composée de cendres, a été visitée par Whitney.

La Sierra Nevada présente, à la latitude de San-Francisco, le *Monte del Diabolo*, volcan éteint, de 1,225 mètres de hauteur.

La chaîne très-étendue des Montagnes-Rocheuses, éloignée de 120 à 200 milles du rivage, semble, d'après son aspect, renfermer des volcans éteints. On dit même qu'au mois de novembre 1873, il y eut une éruption en un point de cette chaîne qui n'a pas été exactement déterminé. — Deux volcans, le *Mount-Raton* et le *Fischer's Peak*, situés sur le versant oriental de la chaîne entre Bert's Fort et Santa-Fé, ont émis des coulées de lave entre le Canadian River et l'Arkansas supérieur. Les *Spanish Peaks* se relient au Raton et occupent, sous 36° 50′ de latitude boréale, un district de 150 kilomètres. Outre ces montagnes, on rencontre encore sur le même versant, le *petit Cerrito* qui, dans ses précédentes éruptions, a jeté des scories jusque sur les prairies.

L'action volcanique était encore bien plus grandiose sur le versant occidental de la chaîne. L'un des groupes, situé près de la crête de la chaîne, est formé par le *Mount Taylor*, haut de près de 4,000 mètres et entièrement couvert de laves. Un second groupe se trouve à 18 milles plus à l'ouest, et forme la Sierra de San-Francisco qui présente de nombreux cônes et cratères analogues, dit-on, à ceux de l'Auvergne. — Au nord de cette sierra, on a reconnu un autre petit district volcanique, près du fort Defiance. — Le troisième grand groupe est situé bien plus au nord, sous 43° 5′ de latitude boréale, et est formé du *Fremont Peak* et de *Three Buttes*.

Les volcans de *las Virgines* sont situés sous 27° 9′ de latitude boréale : l'un de ces volcans émet constamment des vapeurs, et un autre eut une éruption en 1746.

Mexique.

Les Cordillères passent, vers le nord, à un haut plateau très-large qui atteint sa plus grande altitude dans les vallées élevées de Mexico et de Lerma. Mexico est situé à peu près au milieu de ce plateau, entre deux chaînes de montagnes très-élevées qui suivent les bords du haut plateau de l'est à l'ouest. L'une de ces chaînes s'appelle Sierra Cuernavaca, et se trouve sous 19° latitude boréale ; l'autre, le Real del Monte, sous 20° 10′ latitude boréale. La première de ces chaînes renferme les montagnes les plus hautes du pays, entre autres les volcans de

Puebla, le Popocatepetl et l'Istaccihuatl. Les principaux volcans de ce pays sont :

1° *Tuxtla* (3,706 mètres d'élévation), au sud de Vera-Cruz et près du golfe du Mexique. Il émet des vapeurs et eut une éruption en 1793.

2° *Citlaltepetl* ou *Pic d'Orizaba*, situé entre Orizaba et Jalappa, a une hauteur de 5,534 mètres. Ses pentes sont couvertes de cendres et de fumeroles sulfureuses. Le cratère présente une forme ovale et est divisé en trois parties par des coulées de lave. Son côté oriental contient beaucoup de cônes éruptifs secondaires.

3° *Naucamtepetl* ou *Coffre de Perote*. Il est complétement couvert de ponce et de coulées de lave qui se sont fait jour le long de ses pentes.

4° *Popocatepetl*, de 5,567 mètres de hauteur, la montagne la plus élevée du Mexique. Cette montagne, qui n'est pas très-éloignée de Mexico, a une forme des plus belles et des plus admirables ; elle est presque toujours couverte de neige. Sa partie supérieure est formée de cendres et de ponce. Le cratère qui se trouve à la cime, émet des vapeurs sulfureuses.

5° *Cerro de Ajusco*, volcan éteint, à grand cratère ouvert du côté nord-ouest, d'où partent de nombreuses coulées de lave.

6° *Toluca*, volcan éteint et couvert de neiges éternelles.

7° *Xorullo* (19° 9′ lat. bor., 105° 51′ long. occid.). Son cône principal a 1,343 mètres d'élévation, et porte un cratère considérable : il est entouré de plusieurs petits cônes. Ce volcan fut formé en 1759 par une éruption, et il resta en activité pendant plusieurs dizaines d'années.

8° *Pic de Tancitaro*.

San-Nicolas, *Xocatepec* et *la Caldera*, sur la rive nord du lac de Xochimilco, sont trois volcans éteints de la vallée de Mexico.

9° *Collima del fuego* eut des éruptions en 1818 et 1869. Ces éruptions donnèrent naissance à plusieurs coulées de laves, et à une colonne de fumée qui s'éleva à une hauteur de plusieurs milliers de pieds. La dernière éruption n'était pas encore terminée en 1870.

10° *Ahuacatlan*.

11° *Ceboruco* (21° 25′ lat. bor.), élevé de 1,525 mètres au-dessus du niveau de la mer et de 480 mètres au-dessus de la plaine. On croyait ce volcan éteint, mais il eut des éruptions en 1870 et le 11 février 1875.

Ce même groupe contient encore les sources chaudes et les volcans de boue de Magdalena, au nord-ouest de Guadalaxara.

12° Le volcan de *Tepic*, haut de 1,390 mètres.

13° *Malinche*.

14° Un nouveau volcan situé sur la montagne San-Ana, près de Tuitan, et qui eut une éruption en 1856.

15° *Pochutla*. C'est aussi un volcan récent de l'État d'Oajaca, sous 15° 54' de latitude boréale et 98° 27' longitude occidentale de Paris. Sa première éruption eut lieu en 1870.

Etacalcho, *Tesonccacahuapa* et *Cochumac* sont de petits volcans éteints. Le dernier est situé dans le lac de Chalko ; il est élevé de 265 mètres, et présente un cratère circulaire ouvert du côté oriental.

Neuf de ces volcans sont actifs.

AMÉRIQUE CENTRALE.

C'est par l'Amérique centrale que débutent les nombreux volcans de la côte occidentale qui s'étendent bien loin dans la partie sud de l'Amérique méridionale.

La chaîne de l'Amérique centrale commence sous 16° 10' de latitude nord, et s'étend jusqu'à 8° 15' de latitude nord. Les volcans les plus méridionaux se trouvent sur le versant atlantique des Cordillères ; en allant vers le nord, ils s'élèvent sur la crête des montagnes, puis descendent sur le versant pacifique jusqu'à la baie de Fonseca, et s'élèvent de nouveau graduellement le long du versant atlantique de la chaîne, pour atteindre une seconde fois la crête.

Guatemala.

Les trois volcans éteints *Toban*, *Omoa* et *San-Gil*, se trouvent dans le nord du pays.

Le *Soconusco*. (15° 54' lat. bor. et 96° 7' long. occ.) forme une montagne conique qui émet de temps en temps de la fumée. Il est situé près du lac Atitlan, et appartient encore au Mexique.

L'*Amilpas* a deux cimes et fume faiblement.

Sapotitlan (15° 10' lat. nord, 92° 12' long. occ.) est un volcan toujours actif.

Tajamulco et *Tacama*. Le premier de ces volcans est en activité depuis 1821.

Quezaltenango présente trois cimes dont la médiane est en activité.

Atitlan, haut de 3,572 mètres et entouré par les volcans éteints de San-Petro et Colimo, est encore lui-même en activité, puisqu'il eut des éruptions en 1828 et en 1833.

Acatenango (4,150 mètres d'élévation) est probablement la plus haute montagne de l'Amérique centrale.

Le *volcan de Fuego* est soudé par la base au précédent. Il possède à son sommet un petit cratère, et, en outre, le cratère actuellement en activité, qui a 400 à 450 mètres de diamètre et 600 mètres de profondeur. Il eut des éruptions en 1565, 1651, 1664, 1668, 1671, 1677, 1775, 1852-57, 1860. Une colonne de vapeurs blanches s'élève constamment de son cratère.

Agua, haut de 4542 mètres, et couvert de neiges éternelles, eut en 1541 une éruption d'eau. Son cratère a à peine 175 mètres de diamètre. Autour de ce volcan, on trouve de grands dépôts de ponce, de cendres et de lapillis.

Pacaya. Cette montagne est formée par deux cônes qui s'élèvent au milieu d'un cratère immense encore reconnaissable à sa forme annulaire. Le cône, situé au sud-est et qui a 2,550 mètres d'élévation, est encore actif.

On rencontre au voisinage du Rio de los Esclavos, deux volcans éteints qui n'ont pas encore reçu de nom.

Amayo, volcan éteint. Les volcans éteints *Cuma, San-Catherina, Monte-Rico* et *Ipala*, se trouvent sur une ligne qui coupe à angle droit la chaîne principale près de l'Amayo.

Le volcan de *Chingo* est remarquable par la beauté et la régularité de sa forme.

San-Salvador.

Les volcans les plus importants de ce pays sont :

L'*Isalco* (13° 48' lat. bor., 89° 09' long. occ.), haut de 658 mètres. Ce volcan se forma en 1770, et d'après d'autres récits, en 1793 seulement : depuis ce temps il n'est en repos que pendant quelques jours. Son cratère est formé de trois petits bassins. La roche dont il est formé est une andésite d'un gris foncé contenant beaucoup d'oligoclase et un peu d'olivine. Il eut des éruptions postérieures en 1803, puis en 1856, 1869 et 1873, mais on peut dire que ses éruptions ne cessent jamais complétement.

San-Ana eut peut-être une éruption en 1854.

Apaneca est probablement un volcan éteint.

La chaîne principale des volcans est de nouveau coupée par une chaîne transversale, comprenant cinq volcans. L'un d'entre eux, le *Quezaltapeque*, a eu des éruptions dans le courant de ce siècle.

San-Salvador, haut de 2,500 mètres, est un volcan éteint

dont le cratère est couvert de végétation. A l'ouest de ce volcan, on trouve un lac cratérique nommé Laguna de Cuscutlan, et près de là un petit cône qui autrefois rejetait beaucoup de cendres.

Cojutepeque, volcan éteint.

San-Vincente, également éteint. Son cratère formait autrefois un lac qui est aujourd'hui desséché.

Tecapa et *Chinameco* sont tous deux éteints.

San-Miguel, haut de 2,153 mètres, est toujours enveloppé de nuages de vapeurs blanches. Il émet fréquemment des coulées de lave, notamment dans sa dernière éruption, en 1844, pendant laquelle le courant s'étendit jusqu'à la ville de San-Miguel.

Honduras.

Il y a trois volcans dans ce petit État.

Nacaome est probablement un volcan éteint.

L'île *Tigre*, dans la baie de Fonseca. Il en part une prodigieuse coulée de lave, qui s'est étendue jusqu'à la mer. Au milieu de l'île se trouve un cône avec un cratère peu apparent.

Conchagua forme la pointe de la baie et était considéré comme volcan éteint lorsqu'il entra de nouveau en éruption le 23 février 1868, après de violents tremblements de terre.

Nicaragua.

Il y a au moins 24 volcans dans le Nicaragua.

Le *Coseguina* forme le promontoire de la baie de Fonseca opposé au Conchagua. Ce volcan n'a que 170 mètres de hauteur et il est entouré par la mer sur trois côtés. Il eut des éruptions en 1709, 1809 et en 1835; pendant cette dernière éruption il couvrit le pays de scories à une distance de 180 kilomètres.

Guanacaure, au golfe d'Amapalla.

Viejo, haut de 3,000 mètres, présente trois cratères renfermés l'un dans l'autre et concentriques. Il est encore en activité

La solfatare de *San-Jacinto* est remplie d'eau vaseuse, toujours agitée par un dégagement d'hydrogène sulfuré et d'acide sulfureux.

Telica, haut de 1,170 mètres environ. Sa partie supérieure est formée de scories qui contiennent un cratère rempli d'eau chaude.

El Nuevo eut une éruption en 1850, mais il est habituellement à l'état de solfatare.

Le *volcan de las Pilas* est en activité.

Le 14 novembre 1867, il se fit une grande éruption à 2 ou 3 lieues à l'est de Leon. L'endroit n'est pas désigné avec assez d'exactitude pour qu'on puisse juger si c'est un des volcans précédemment décrits qui était entré en activité, ou s'il s'agit de la formation d'un nouveau volcan.

Nindiri eut une éruption en 1775. Cette montagne est soudée au

Mosaya, qui était toujours actif avant la grande éruption de 1670. A partir de cette année il resta en repos jusqu'en 1853, et depuis ce temps il est en éruption continue.

Momobacho, hauteur : 1,300 mètres environ ; couvert de forêts depuis la base jusqu'au sommet. On voit cependant qu'il émet de la fumée.

Dans le lac de Nicaragua il y a de nombreuses îles à cônes volcaniques, cratères et lacs cratériques ; parmi ces îles on remarque *Zapatero*, *Mandeira* et *Omotepec* ; les deux dernières sont en activité.

<h3 align="center">Costarica.</h3>

Le nombre des volcans de ce pays n'est pas exactemen connu. Ils forment une chaîne composée de deux groupes. Le premier de ces groupes se trouve près de la rive méridionale du lac de Nicaragua et renferme les volcans suivants :

Orosi, qui possède deux cimes et qui semble éteint ;

Vieja, dont la cime émet de la fumée et qui a quelquefois des éruptions de cendres. On rencontre de nombreuses solfatares au pied de cette montagne.

Miravalles a deux cimes, dont l'une émet, dit-on, quelquefois de la fumée. Sur le versant méridional de cette montagne, on trouve des sources sulfureuses thermales nommées Hornillos, près desquelles on aperçoit une coulée de laves.

Tenorio. Il n'est pas sûr que ce soit un volcan.

Le second groupe est séparé du premier par une large dépression ; il renferme :

Votos ou *Poas*, crête étendue et boisée à l'extrémité boréale de laquelle on trouve un cratère rempli d'une eau d'un blanc lacté.

Barba, qui forme aussi une crête aplatie, avec un lac cratérique.

Irazu ou volcan de Carthagène, haut de 3,700 mètres environ, eut des éruptions en 1723, 1726, 1821 et 1847. Ses laves contiennent surtout de l'amphibole hornblende et de l'oligoclase.

Turrialva, relié à l'Irazu par une crête déchiquetée. Il est très-étendu de l'ouest à l'est et couvert de ravins rayonnants. Sa dernière éruption eut lieu de 1865 à 1866.

Picoblanco (9° 17' lat. bor., 83° 5' long. occ.) est élevé de 3,000 mètres environ.

Herradura. On croit avoir entendu dans son intérieur un bruit souterrain et l'on en a conclu que c'est un volcan.

Chiriqui se compose de cinq cônes : le cône principal est tronqué et montre une dépression manifeste. Les plus grandes coulées de lave ont 44 kilomètres de longueur et sont composées d'une andésite renfermant de la hornblende. Il a été probablement actif jusqu'au milieu du XVIᵉ siècle.

AMÉRIQUE MÉRIDIONALE.

La chaîne de volcans qui s'étend le long de la côte occidentale de l'Amérique méridionale présente deux grandes lacunes : la première entre Quito et le Pérou est longue de 225 milles, la seconde entre le Pérou et le Chili a une extension de 90 milles.

Quito.

Les volcans bornent la vallée de Quito par une chaîne orientale et par une chaîne occidentale. Ils commencent à environ 5ᵒ de latitude méridionale, par le Sangay.

Le *Paramo de Ruiz* (4ᵒ 57′ lat. bor.) eut une éruption en 1845.

Tolima (4ᵒ 16′ lat. bor.) est couvert de neiges éternelles ; il eut des éruptions en 1595 et en 1826.

Puracé et *Sotara* sont deux volcans des environs de Popojan. Le premier est toujours fumant et eut une éruption de boue en 1848. Sa dernière éruption se fit en 1869.

Pasto ou *Turquerres*, à l'ouest de la ville de Pasto ; il a rejeté, dit-on, d'énormes masses de laves en 1868-69.

Chiles et son voisin *Cumbal* sont encore actuellement actifs.

Cotocachi, cône régulier de plus de 5,000 mètres de hauteur.

Atacazo, volcan éteint.

Corazou, haut de 4,950 mètres environ.

Pinchincha (4787 mètres) a la forme très-singulière, pour un volcan, d'une large muraille surmontée de quatre cimes. Ces cimes sont le Mozo, le Pinchincha (appelé par Humboldt Rucu), le Guagua et le Rucu-Pinchincha. Ce dernier possède le cratère actif qui eut des éruptions violentes en 1539, 1539, 1587, 1666. Une éruption moins remarquable eut lieu en 1868.

Ilinissa ne donne pas trace d'activité et il est probablement considéré à tort comme volcan.

Sinchulagua, haut de plus de 5,100 mètres, eut une éruption en 1666.

Carguairazo, haut d'environ 4,900 mètres, était autrefois b'en plus élevé, mais il s'effondra en 1698 après une éruption de grandes masses d'eau et de boue. Tout près de cette montagne s'élève le cône du Chimborasso si semblable aux cônes volcaniques.

Le *Quirotoa* (4010 mètres) possède un grand lac cratérique à son sommet. En 1725, il y eut une éruption de scories au milieu du lac; il en fut de même en 1740 et en 1859; pendant ces éruptions le lac semblait être en flammes.

Bordonzillo est le volcan le plus boréal de la série orientale.

Cayambe Uru se trouve juste sous l'équateur; sa hauteur a considérablement diminué à la suite d'un éboulement.

L'*Antisana* a 5,756 mètres de hauteur et est situé au bord d'un plateau. Ses éruptions eurent lieu en 1590 et 1720; on dit, en outre, qu'il émit des fumées denses en 1801. Les laves sont des andésites quartzeuses.

Altar, montagne déchiquetée qui s'effondra en partie, peu de temps avant l'arrivée des Espagnols.

Le *Cotopaxi*, haut de 5,943 mètres, n'est pas seulement un des volcans les plus actifs mais encore l'un des plus élevés et des plus beaux de la terre par son admirable forme conique. Les éruptions connues eurent lieu en 1532, 1533, 1742, 1746, 1766 et surtout en 1768. En 1742 le bruit souterrain était tellement intense qu'on le perçut encore à Honda, c'est-à-dire à 200 milles de la montagne. En 1803, toute la neige qui recouvrait la montagne fondit en une seule nuit et l'on vit alors apparaître une colonne de feu. L'éruption suivante se fit en 1850, et depuis ce temps il y a, chaque jour, plusieurs éruptions de scories : des éruptions plus considérables eurent lieu en 1854, 1855, 1855, 1868 et 1869.

Sangay (hauteur 5,325 mètres) est le dernier volcan de la chaîne orientale et le seul qui se trouve sur le versant oriental des Cordillères; il est situé dans le bassin de l'Amazone. Il est dans un état continu d'éruption et rejette des scories à des intervalles de 10 à 15 minutes.

Au nord de Quito, on trouve les volcans éteints Moyanda (4294 mètres), Yana-Uven (4272 mètres) et le Pululagua.

Le *Tunguragua* (1° 4' lat. mér.), haut de 4927 mètres, le *Ruminavi*, et l'*Imbaburu*, qui eut en 1691 une éruption de boue, sont tous trois situés entre les deux grandes chaînes. Le Tunguragua eut aussi une éruption de boue en 1797.

Pérou et Bolivie.

Les volcans du Pérou commencent par 16° de latitude méridionale et s'étendent jusqu'au 24° 17′. On connaît 19 volcans sur cet espace de terrain.

Le *Chuquibamba* est le volcan le plus boréal de la série.

Misti, près d'Arequipa, haut de 5500 mètres, possède un vaste cratère. Au mois de septembre 1869 il recouvrit son voisinage d'une couche de cendres.

Uvinas possède un cratère qui se trouvait en repos depuis son éruption du XVI° siècle ; son activité reprit le 28 mai 1867 après 300 ans de repos. Il eut alors une éruption violente de cendres, et le tremblement de terre qui l'accompagnait fut perçu jusqu'à Arequipa.

Omate et *Chipicani*. Le dernier de ces volcans contient un lac cratérique à moitié détruit.

Chungara et *Parinacota* sont des volcans soudés.

Gualatieri ou *Sahama*, haut de 6990 mètres, est situé sur un plateau de grès : son cône est tronqué et régulier et a 1500 mètres de hauteur. Le cratère a une grande étendue.

Isluga, à 19° 10′ latitude méridionale, eut une éruption en août 1863.

Le volcan de la Laguna (21° lat. mér.) et le volcan d'Atakama (22°, 5′ lat. mér.) sont tous les deux en activité.

Illascar, dans les Andes d'Akatama, eut une éruption en 1848 et il était encore en activité en 1854.

Ioconado (23° 10′ lat. mér.), *Lioncau* (22° 50′), *Coloma*, *Tugalagua*, *Tutapaca* et *Coquima* ont encore, d'après Forbes, de temps en temps des éruptions.

Llulaillaco, le volcan le plus méridional de la série, a plus de 6000 mètres de hauteur et entre encore quelquefois en éruption.

Chili.

La chaîne des volcans du Chili est la plus longue de l'Amérique méridionale, car elle contient au moins 33 volcans compris entre 30° 5′ et 43° 50′ de latitude méridionale. Au commencement de la série ils sont assez éloignés du rivage, et l'Antuco est le plus éloigné de tous : mais ils s'en rapprochent peu à peu vers le sud. Les plus connus de ces volcans sont : .

Coquimbo, aux environs de la ville du même nom.

Limari, à 31° de latitude méridionale.

Anconcagua, au nord-est de Valparaiso, haut de 6837 mètres.

Cette montagne est considérée par Darwin comme un volcan, mais Pisis prétend qu'elle est formée de roches stratifiées.

St-Vincente eut, dit-on, une éruption le 12 janvier 1873.

Tupungato, à l'est de Valparaiso.

Rancagua (34° 15' lat. mér.) est toujours en activité. Le volcan de Chillan (36° 20' lat. mér.) est entouré à sa base de solfatares fumantes. Le 2 août 1861 ce volcan eut une éruption qui produisit un nouveau cône situé au voisinage d'un glacier. Peu de temps après une partie du glacier se détacha et tomba au fond de la vallée. C'est peut-être le même volcan qui, désigné sous le nom de Chilloa, eut une éruption en 1864 et forma un nouveau cône rejetant de la lave.

Maypu et *Peteroa* sont deux volcans toujours actifs.

Antuco est une grande montagne conique qui porte sur son versant occidental un cône plus petit et actif. Ce cône vomit, de 10 en 10 minutes, des colonnes de fumée et des scories. Il eut des éruptions plus considérables en 1863.

Villarica, quoique situé au pied des Andes, est cependant très-élevé. Il est toujours en activité et eut une éruption en 1869.

Llogel (55° 26' lat. mér.). Ce volcan était inconnu, lorsque le 6 juin 1872 il entra en éruption. Ses cendres furent transportées jusqu'à la ville de Tacna qui en est éloignée de 100 lieues environ, et au mois de juillet il en tomba même à Santiago.

Le *Pisé* ou *volcan d'Osorno* est situé entre deux lacs et possède une hauteur de 2621 mètres : il est régulièrement conique. Au siècle dernier une éruption détruisit toute la végétation qui le recouvrait. Pendant un siècle environ on ne le vit émettre qu'une légère fumée; mais en 1869, il entra de nouveau en éruption.

Les volcans de *Minchimadom*, *Corcabado* et *Yanteles* sont situés juste vis-à-vis de l'île de Chiloë.

Quelques autres volcans, moins connus, de cette série sont : Choapo (31° 51' lat. mér.) ; Ligua (32° 12') ; Punmahuidda (35° 30') ; Callaqui (38°) ; Chinale (38° 40') ; Natuco (39° 20') ; Chignal (39° 55') , Ranco (40° 15') ; Guaregue (40° 50') ; Quechucabi (41° 40') ; Mediclana (44° 20').

On rencontre, dit-on, sur la côte occidentale de la Patagonie de nombreux produits volcaniques, de grandes plaines stériles de laves et des masses considérables de scories. Darwin a trouvé, sur la côte orientale du même pays, un conglomérat blanchâtre très-étendu de ponce. Hall prétend même avoir vu, sous 55° 3' de latitude méridionale, une montagne volcanique en pleine éruption.

L'île Masafuera, près de Juan Fernandez, est composée de scories et de laves riches en olivine.

Un volcan sous-marin se trouve entre Valparaiso et Juan Fernandez. Ce volcan produisit, pendant une éruption, en 1836, trois îles dont deux furent rapidement détruites.

ILES DE L'OCÉAN.

Nous avons énuméré jusqu'ici les volcans continentaux et ceux des îles qui sont en relation avec les volcans de la terre ferme. Mais les volcans situés dans la mer et loin de tout continent sont aussi très-nombreux.

Islande.

L'Islande est une des contrées les plus célèbres sous le rapport de l'activité volcanique, puisqu'elle contient non-seulement un grand nombre de volcans qui trahissent leur activité par des éruptions, mais encore un grand nombre de sources chaudes et de geysers qui bouleversent le sol et n'ont d'analogues que dans la Nouvelle-Zélande. Partout où le sol de cette île est abordable (car elle est couverte de glaciers qui occupent environ 11,000 kilomètres carrés), on rencontre des roches volcaniques, telles que basalte et trachyte, sur lesquels reposent des produits de volcans récents.

Depuis que l'Islande est habitée par des Européens, c'est-à-dire depuis le IXᵉ siècle, 27 points différents de l'île ont été reconnus pour des volcans. Mais 15 de ces volcans n'ont eu qu'une éruption pendant les temps historiques.

Les volcans les plus connus de l'Islande sont :

L'*Hekla* (haut. 1654 mètres), cône allongé, éloigné d'environ 74 kilomètres de la côte, est composé de couches escarpées de tuf. Sa cime est occupée par plusieurs cratères à fumeroles actives. Il eut des éruptions en 1004, 1137, 1222, 1341, 1362, 1389, 1538, 1619, 1636, 1693, 1766-68, 1845. L'éruption de 1845 fut très-violente et détruisit une partie de la montagne. Les cendres volèrent jusqu'aux îles Féroë.

Le *Skaptar Yœkull* eut une violente éruption en 1783. Il épancha alors deux coulées de lave dont l'une avait 80 kilomètres de longueur sur 24 de largeur : l'autre coulée qui a 64 kilomètres de longueur et 11 de largeur, a, en certains points, une épaisseur de 170 mètres. On attribue aussi au Skaptar une éruption qui eut lieu au mois de janvier 1873.

Oroefa ou *EyrefaYoekull* est la plus haute montagne de l'Islande. On connaît de lui cinq éruptions parmi lesquelles celles de 1332 et 1362. Pendant longtemps on le crut complétement éteint, mais il rentra en activité au siècle dernier.

Troelladyngr eut des éruptions en 1150, 1188, 1359 et 1510.

Krafla. Cette montagne est formée d'un tuf de palagonite et présente, sur ses flancs, plusieurs cratères et plusieurs coulées de lave. Sa dernière éruption eut lieu de 1724 à 1730.

Koetlugja ou *Katla* est le plus actif des volcans d'Islande après l'Hekla, puisqu'il eut 15 éruptions, entre autres celles de 900, 1245, 1262, 1416; 1580, 1625, 1660, 1721, 1755, 1860.

Eyafialla, haut de 1810 mètres environ, eut des éruptions en 1720 et en 1822.

Raudakambar est éteint depuis 1311.

Herdubreid. Sa dernière éruption date de 1510.

Lheirnukr eut une éruption de 1725 à 1729.

Mosfells Yoekull eut des éruptions en 1222-24 et en 1340.

Vatna était probablement en éruption en 1867. Près de lui, dans une contrée inhabitée, on reconnut en 1875 plusieurs grandes éruptions.

Skeidarar Yoekull ; Solheimar ; Bjarnaflag.

Ian Mayen.

Cette île est située sous 71·49′ de latitude boréale et 8° de longitude occidentale de Greenwich, dans la direction des volcans de l'Islande. Le *Beerenberg*, haut de 2139 mètres, est le point le plus élevé de l'île et probablement un volcan. Mais l'*Esk* est certainement une montagne volcanique puisqu'il eut une éruption en 1818.

A moins de 7 kilomètres de Ian Mayen, s'élève la petite île volcanique actuellement active de *Birds Island* ou *Egg*.

Banc de Bahama.

Le 25 novembre 1837 il y eut une éruption sous-marine au banc de Bahama.

Açores.

L'archipel des Açores, composé de neuf îles, est situé entre 36° 45′ et 39° 45′ de latitude boréale et entre 25° et 31° 30′ de longitude ouest de Greenwich : il se partage du sud-est au nord-ouest en trois groupes. Le groupe sud-est est formé des îles Santa-Maria, San-Miguel et des récifs des Formigas. Le groupe moyen se compose des îles Terceira, Graciosa, San-

Jorge, Pico et Fayal : enfin le groupe le plus boréal est formé des îles Flores et Corvo.

Santa-Maria, la plus méridionale des Açores, est en majeure partie composée de roches volcaniques et contient un grand nombre de cônes de scories dont plusieurs présentent des cratères.

San-Miguel, la plus grande des Açores, est située à 37° 50' de latitude boréale et à 27° 50' de longitude occidentale de Paris. Des sommets élevés et tronqués y alternent avec des plateaux, et l'on voit partout des cônes éruptifs dont beaucoup possèdent encore leurs cratères. Partout aussi on y rencontre des sources thermales et acidules, dont la plus remarquable est la grande source jaillissante appelée Caldeira Grande, qui est située dans la vallée de Fournas. Les laves sont composées soit de dolérite et de basalte, soit de trachyte renfermant de la sanidine, comme celle du lac cratérique de Lagoa de Fogo. Depuis la découverte de l'île il n'y eut d'éruption que dans la partie occidentale, notamment en 1444, 1563 et 1652.

Près de San-Miguel, et entre cette île et celle de Terceira, il y a de temps en temps des éruptions sous-marines. On en connaît du xve, du xviie et du xviiie siècle : elles formèrent plusieurs petites îles qui furent bientôt détruites. Le même fait se reproduisit en 1811 et en juin 1867.

Terceira. Cette île s'élève graduellement vers l'ouest sous la forme d'un dôme, haut de 1200 mètres environ, qui entoure le grand cratère double connu sous le nom de Caldeira San-Barbara. Ce dôme est relié à un plateau couvert de nombreux cônes de scories dominés par la montagne centrale, haute de 1400 mètres. Le Bagacina Pic répandit en 1761 une grande quantité de laves.

Pico, sous 38° 46' de latitude boréale et 30° 48' longitude occidentale de Paris. La chaîne de montagnes qui traverse cette île allongée est bordée, sur son plateau oriental, par des cônes de scories. Le Pico alto, haut de 2300 mètres environ, est cependant le véritable volcan actif de l'île : il possède un grand cratère à l'intérieur duquel se trouve le cône éruptif. Cette montagne eut des éruptions en 1572, 1718 et 1720.

Fayal est une montagne en forme de dôme, recouverte partout de laves. Toutes ces laves, à l'exception de celle qui s'écoula en 1672, sont recouvertes de végétation.

San-Jorge est une étroite crête de montagne sur laquelle des coulées de lave s'épanchèrent en 1580, 1757 et 1808.

Graciosa. On y distingue une chaîne centrale; au nord-ouest de cette chaîne, est un rivage couvert de cônes de scories, et à l'est, un dôme avec grand cratère.

Corvo est formé par les restes d'un cône avec cratère. Il n'y a pas eu d'éruption depuis la découverte de l'île.

Flores. On trouve de nombreux cônes de scories et des cratères remplis d'eau sur la crête élargie de cette île. Il n'y a cependant pas de laves ayant l'apparence de laves récentes. On rencontre aussi un cône élevé près du port de San-Cruz.

Madère.

Cette île est principalement formée de couches de tuf, de scories et de cendres. La chaîne de montagnes est coupée par des ravins profonds nommés « Ribeiras » dans l'un desquels, situé près de Porto da Cruz, on voit un affleurement de diabase, roche qui constitue la partie fondamentale de l'île. Les fossiles trouvés dans les couches les plus profondes du tuf appartiennent au miocène supérieur. Les pics Ruivo et de Torres, les plus hautes montagnes de l'île, possèdent probablement des cratères. On a trouvé plusieurs cratères sur le Palheiro, près de la côte, ainsi que sur le Camacha, qui a une hauteur de 700 mètres. Ces montagnes sont depuis longtemps en repos, bien que certaines de leurs coulées de lave paraissent récentes.

Iles Canaries.

Ces îles forment une ligne courbe, du nord-est au sud-ouest, d'environ 440 kilomètres d'étendue. A partir de l'ouest, on rencontre les îles Hiero, Palma, Gomera, Teneriffe, Gran Canaria, Fuertaventura et Lanzerota.

Hiero ou *Ferro*, la plus petite des Canaries, est couverte de basalte.

Palma a acquis une grande notoriété scientifique, parce que L. de Buch, en étudiant les phénomènes dont cette île a été le siége, fut amené à établir sa théorie des cratères de soulèvement. Des recherches nouvelles ont suffisamment éclairé la signification véritable des formations volcaniques de Palma.

La partie boréale de l'île est formée par le dôme puissant de la Caldera ; la partie méridionale est formée par une crête étroite et abrupte, nommée Cumbre vieja, qui est réunie à la Caldera par une arête peu élevée. L'île prend ainsi la forme d'un coin.

Le massif de la Caldera est un dôme dont le sommet manque, et est remplacé par la grande et profonde Caldera. Un ravin étroit, nommé Barranco de las Angustias, s'étend depuis la rive occidentale de l'île jusqu'à l'intérieur de la Caldera. Le fond de cette dernière est élevé de 400 mètres, et les montagnes qui l'entourent atteignent de 2,000 à 2,700 mètres de hauteur. La Caldera de Taburiente est donc un grand bassin ayant environ 6,000 mètres de diamètre. La partie supérieure de ses parois (environ 700 mètres) est composée de scories avec des bancs subordonnés de laves basaltiques et trachy-doléritiques. La partie inférieure (1,470 mètres environ) est un véritable chaos de filons de diabase tellement nombreux, que la roche fondamentale a presque disparu. Entre ces filons on aperçoit aussi des colonnes de lave qui se sont élevées jusqu'à la partie supérieure. Toute cette masse repose sur une base d'hypersthénite.

Les laves sont très-abruptes du côté de la mer, et sur la pente extérieure de la montagne ; elles sont, au contraire, horizontales au sommet. Sur le bord de la Caldera, on rencontre des restes de cônes éruptifs. Le pied de la montagne est recouvert de laves récentes sur lesquelles se trouve la ville de San-Cruz. On rencontre même sur cette lave, près de San-Lucia, des cônes éruptifs, dont les produits se sont épanchés dans la mer.

Le Cumbre nueva est recouvert de laves à l'endroit où il se joint au massif de la Caldera. Ce Cumbre est une crête étroite couverte d'un grand nombre de cônes éruptifs. Près de Villaflor, une grande coulée de lave descend du Cumbre et s'étend jusqu'à la mer : on doit considérer cette coulée comme une des plus modernes, si même elle ne s'est point fait jour depuis les temps historiques.

L'extrémité méridionale de l'île contient un grand nombre de cônes éruptifs récents qui présentent en général des cratères bien conservés. C'est aussi en ce point que se fit la dernière éruption (en 1677), laquelle produisit un grand cône éruptif à cratère étendu et dont la base fournit une coulée de laves. Parmi les produits de cette éruption, on remarque des blocs de roches basaltiques et de roches contenant de la hornblende, de l'hypersthénite et du labrador.

De tous ces faits géognostiques il résulte que l'île était d'abord formée par un massif de diabase de 1,300 mètres environ de hauteur, sur lequel s'éleva un volcan à grand cratère. Ce cratère fut peu à peu élargi par l'érosion des eaux en un grand bassin, la Caldera actuelle. Toutes les autres Calderas, la vallée de Carral à Madère, le Val del Paso alto de Ténériffe, etc., ont été formés de la même manière. Les éruptions modernes se sont toutes produites, soit à la base de la montagne, soit sur les plaines de l'île.

Gomera est une petite île escarpée dont les montagnes sont si hautes qu'elles se recouvrent, de temps en temps, de neige. On ne sait pas si elles possèdent des cratères.

Ténériffe. La base de cette île est formée de diabase, mais cette roche n'affleure nulle part : on en a cependant constaté l'existence grâce à des blocs mélangés aux produits volcaniques d'Orotava et d'Arica, etc. Tout le reste du pays est recouvert de laves et de scories. Les massifs d'Anaya et de Teno sont probablement les montagnes les plus anciennes : elles sont composées de roches basaltiques contenant des roches trachytiques subordonnées. Ces montagnes forment des crêtes allongées qui présentent sur leur ligne médiane de puissantes agglomérations de roches indiquant les restes de cônes éruptifs, tandis que sur les deux versants on trouve des bancs de lave. Ces bancs sont exposés depuis si longtemps à l'action de l'eau, que celle-ci a fini par y creuser de profondes vallées. Des éruptions répétées ont fait naître entre ces collines basaltiques, et même sur elles, de nouvelles parties élevées de l'île que l'on peut considérer comme une espèce d'avant-garde du Pic de Teyde.

Les laves de ces nouveaux cônes ont d'abord recouvert le massif de Lorenzo et d'Adeja, et plus tard la partie orientale du massif de Teno. C'est encore plus tard que le Cirque du Pic de Teyde se forma. Le véritable pic s'élève au milieu de ce Cirque, et semble formé lui-même de plusieurs cônes superposés. Ses laves recouvrirent les pentes des montagnes inférieures, et s'épanchèrent dans les vallées du massif de Teno. Le Pic a environ 3,800 mètres de hauteur, et possède un cratère de 553 mètres de diamètre, percé du côté sud et du côté est. Les pentes du Pic sont recouvertes de nombreux cônes entre lesquels on remarque la Montana de Tuco. On rencontre encore de nombreux cônes dans d'autres parties de l'île, et la plupart d'entre eux, comme le Monte Uredo par exemple, ont donné naissance à de grandes coulées de laves.

La première éruption connue, depuis la découverte de l'île, eut lieu en 1430, au Pic de Teyde : il y eut encore des éruptions en 1505 et 1704. En 1798, le grand bassin cratérique latéral eut une éruption beaucoup plus violente que toutes celles du Pic lui-même.

Gran Canaria a une forme circulaire. La partie fondamentale de l'île consiste en diabase et en hypersthénite. Sur cette base s'élève une voûte volcanique haute de 1,700 à 2,000 mètres : la pente méridionale présente, à environ 1,170 mètres de hauteur, la Caldera de la Tiraxana, immense vallée en bassin qui s'abouche à la plaine par deux ravins, le Barranco de Fatago et le Barranco de la Tiraxana. On ne connaît point d'éruptions historiques de ce volcan; on rencontre cependant, dans la partie nord-ouest de l'île, de nombreux cônes de scories munis de cratères ou de lacs cratériques. Parmi ces derniers on remarque surtout le beau lac de Vandama. D'autres cratères contiennent des laves si peu altérées, qu'on ne peut pas les considérer comme très-anciennes.

Fuertaventura. La base de cette île est formée de diabase et d'hypersthénite, et la chaîne d'Attalaga (hauteur 820 mètres), la plus élevée de l'île, n'est, en général, pas couverte de roches volcaniques. Les laves recouvrent seulement la pente inférieure de la chaîne. Ce sont en partie des basaltes, en partie de véritables laves, comme, par exemple, au beau cône de scories nommé *El Volcan*, près de Aqua de Bueyes, dont la lave a coulé sur les vieux basaltes, et au cône de *Pajara*, dont la coulée s'est épanchée dans une vallée de diabase.

Lanzerota. Cette île est moins montagneuse que les autres. On y peut distinguer quatre formations : 1° De la diabase et de l'hypersthénite; 2° du basalte (qui s'élève jusqu'à 750 mètres); 3° des produits volcaniques appartenant aux âges préhistoriques; 4° enfin, des laves basaltiques formées depuis les temps historiques.

La *Montâna de Fuego* est un volcan encore actif, et dont la hauteur est de 450 mètres. Ce volcan est constitué par une immense plaine de lave sur laquelle s'élèvent environ trente cônes qui n'ont que 70 à 130 mètres de hauteur. Le plus élevé de ces cônes s'appelle Fuego. Il eut une formidable éruption de 1730 à 1735, et une plus faible en 1824.

Iles du Cap Vert.

Ce groupe, qui a 290 kilomètres environ de longueur, est composé d'îles volcaniques.

San-Antâo contient un volcan éteint qui a produit de grandes masses de ponce.

San-Vincente est formé par un immense rebord cratérique, en partie détruit, et qui constitue actuellement un excellent port.

San-Nicolao est une île allongée dont le cratère principal est situé à la hauteur de 1,300 mètres environ.

Sal possède un cratère de plusieurs milliers de pieds de
diamètre. Le fond de ce cratère est recouvert d'une croûte de
sel ressemblant à une couche de glace.

Brava est une petite île formée de tuf trachytique.

Fogo possède un volcan de 2,830 mètres de hauteur, nommé
Pic. Ce volcan s'élève au milieu d'un rebord semi-circulaire,
ouvert du côté oriental et qui porte le nom de Serra. Le point
le plus élevé de ce rebord est presque aussi élevé que le Pic.

La pente extérieure de la Serra est couverte de petits cônes
éruptifs. Le Pic de Fogo, le seul volcan actif du groupe, a eu
15 éruptions depuis sa découverte : la plus ancienne en 1564, la
plus récente au mois d'avril 1847.

Santiago (San-Iago, San-Thiago). On trouve sur cette grande
île des roches tertiaires traversées par des produits volcaniques. Plusiéurs petits cônes y possèdent des cratères.

Petites Antilles.

Grenada est formée de deux montagnes contiguës. Un lac,
nommé *Grand Étang*, remplit un vaste cratère entouré d'un
grand nombre de plus petits cratères dont la plupart sont aussi
remplis d'eau. On appelle *Morne Rouge*, un groupe de cônes
de scories d'environ 200 mètres de hauteur.

St-Vincent possède un volcan actif haut de 1,580 mètres,
nommé *Morne Garon*. Il était en repos depuis 1718, lorsque,
en 1812, survint une nouvelle éruption qui lança des cendres
jusqu'aux Barbades, et transforma complétement le cratère.

Ste-Lucie. Le *Qualibou* (hauteur 600 mètres) est actuellement à l'état de solfatare. Son grand cratère contient plusieurs
petits lacs et émet constamment des vapeurs sulfureuses. On
prétend qu'il eut une éruption en 1766.

Martinique, la plus grande des petites Antilles, est tout à fait
volcanique. La *montagne Pelée*, de 1,372 mètres de hauteur,
présente un grand cratère à son sommet et plusieurs petits
sur ses pentes. Cette montagne eut plusieurs éruptions à la fin
du siècle dernier : l'éruption la plus récente date de 1851. Au
milieu de l'île, se trouve le haut *Piton du Carbet*, qui doit être
considéré comme un volcan éteint ; il en est de même du *Piton
de Vauclair*, situé à l'extrémité méridionale de l'île.

Dominique contient encore plusieurs solfatares.

Guadeloupe. L'une de ses parties, nommée Grande Terre,
n'est pas de nature volcanique ; l'autre partie contient la fa-
meuse *Soufrière de la Guadeloupe*, cône multiforme dont la

partie supérieure est formée de laves trachytiques. Les éruptions y sont rares quoiqu'elles semblent devenir plus fréquentes depuis la fin du siècle dernier : il y en eut en 1778, 1797, 1812 et 1836.

Monserrat possède aussi un volcan nommé *Soufrière*.

Nièves est une haute montagne d'où sortent des vapeurs sulfureuses.

St-Cristophe contient un volcan, le *Mont-Misère*, qui eut une éruption en 1692. Son cratère est actuellement occupé par un lac.

St-Eustache possède un volcan éteint et déjà tout couvert de végétation.

Il existe un volcan sous-marin sous 7° de latitude nord, et sous 4° environ de longitude orientale de l'île de Fer : ce volcan se fit remarquer en 1824 par une éruption.

Ile de l'Ascension.

L'île de l'Ascension, à 8° de latitude méridionale et à 44° de longitude occidentale, a la forme d'un triangle irrégulier au centre duquel s'élèvent les *Green Mountains* (hauteur 956 mètres). Ils sont entourés de lave basaltique noire, d'où émergent des cônes de scories.

Sainte-Hélène.

L'île est environnée de montagnes basaltiques dont les pentes abruptes sont dirigées vers l'intérieur. Les laves se sont écoulées de l'intérieur vers la côte.

Fernando da Noronha.

Cette île est située à 3° 50' de latitude méridionale, et à 1850 kilomètres des bords de l'Amérique méridionale, à l'est de Pernambuco. Plusieurs montagnes coniques et basses se trouvent sur les petites îles qui forment le groupe.

Tristan da Cunha.

Toute l'île (située à 3° 73' de latitude sud et à 2,580 kilomètres du cap de Bonne-Espérance) est formée par un seul volcan. Sa forme est celle d'un cône tronqué, au milieu duquel s'élève un nouveau cône avec un cratère terminal d'environ 7,400 mètres de pourtour : ce second cône a une hauteur de 2,600 mètres. Le cratère renferme un lac.

Océan Indien.

Dans la partie méridionale de l'Océan Indien et à l'est du cap, on rencontre, sous 46° à 47° de latitude méridionale, l'île du *Prince Édouard* et le groupe des îles *Crozet,* petits cônes avec cratères et coulées de laves basaltiques.

La *Nouvelle-Amsterdam* est à 38° 43′ de latitude méridionale, et 70° 13′ de longitude occidentale de Greenwich. L'île est formée par une seule montagne dont le grand cratère, encore intact en 1697, est actuellement percé par la mer. Il s'y dégage encore maintenant des vapeurs et l'on prétend y avoir vu, en mars 1792, des lueurs enflammées.

St-Paul. Cette île est formée par une colline aplatie et tronquée. Sa base, qui avoisine le rivage, est couverte de plusieurs petits cônes. Les côtés internes descendent presque à pic vers le grand cratère où le flux et le reflux de la mer se font facilement. L'île est composée de filons réguliers de lave, de tuf et de scories, entrecoupés de minces couches. La base de l'île est formée de rhyolithe avec felsite, recouvert de tuf et de brèches. Ces couches sont traversées par des filons de dolérite et en sont parfois même recouvertes. D'après leur stratification régulière, on peut supposer que ces couches sont d'origine sousmarine. La troisième période de formation de l'île est caractérisée par des laves basaltiques récentes et des scories. C'est surtout dans la portion située au nord de l'île, que l'on rencontre encore des sources de vapeurs, des sources thermales et du gaz acide carbonique.

Bourbon. Cette île est circulaire et s'élève graduellement vers le centre où se trouvent des cratères éteints. La plus haute montagne, le *Gros Morne* ou *Piton de Neige,* a près de 3,330 mètres de hauteur. Actuellement la seule partie active de l'île est celle du sud-est, nommé le Grand Pays Brûlé, qui est située plus bas que le reste de l'île et en est séparée par une pente abrupte. On trouve trois cratères sur le volcan, qui a 2,500 mètres de hauteur. Une grande éruption s'y fit au milieu du siècle dernier, et depuis ce temps il s'y forme plusieurs fois par an des épanchements de lave : en 1861, il y eut une nouvelle grande éruption.

Maurice est couverte de montagnes basaltiques de 700 à 1,000 mètres de hauteur, sur lesquelles il y eut des épanchements de lave. Au centre de l'île s'élève un cône considérable nommé *Piton du milieu,* qui semble être actuellement éteint.

L'*Ile de la Déception* (62° 55′ latitude méridionale et 60° 29′

longitude occidentale de Greenwich), est formée par un rebord
cratérique échancré. On prétend que celui-ci est formé par des
couches alternatives de glace et de cendres s'élevant à 600 mètres de hauteur. Des gaz et des vapeurs se sont fait jour à travers la glace par de nombreuses ouvertures.

L'île de *Bridgeman* (62° latitude méridionale, et 59° longitude occidentale de Greenwich), est une montagne arrondie de
près de 1,700 mètres de hauteur et formée de scories et de
laves.

L'île *Kerguelen*. L'extrémité nord de cette île est de nature
volcanique, et l'on y rencontre un grand nombre de cônes
munis de cratères.

GRAND OCÉAN.

Iles Salomon.

Le volcan que Pedro de Ortego a vu fumer dans ces parages
en 1567, et qu'il a nommé *Sesarga*, n'est probablement autre
que le *Lammat*, haut de 2,700 mètres environ, et qui est situé
dans l'île de Guadalcanar (par 9° 50′ de lat. mér. et 160° 20′ de
long. or.). Ce groupe renferme encore un autre volcan, le
Semoya.

Iles de Santa-Cruz.

Ce groupe renferme le volcan toujours actif de *Tinakoro*
(hauteur 800 mètres environ), qui eut une violente éruption au
mois de mars 1869, et le *Medana* (10° 23′ lat. mér. et 165° 45′
long. occ. de Greenwich), qui était en éruption au moment de
la découverte de l'île, en 1595.

Nouvelles Hébrides.

Le volcan de *Tanna* (19° 30′ lat. mér. et 169° 38′ long. or.
de Greenwich) est très-actif quoiqu'il n'ait que 142 mètres de
hauteur. Il était en éruption en 1774 au moment de sa découverte. Il est entouré de beaucoup de cratères fumants.

Ambrym (142 mètres de hauteur), sous 16° 15′ de latitude
méridionale et 168° 28′ longit. orientale, est un volcan fumant.

Lopevi est une île qu'on n'a remarquée qu'en 1863, parce
que le volcan qu'elle contient était alors en éruption.

Les îles *Banks* forment un petit groupe situé au nord de
Lopevi. Sur le *Great Banks*, il y a un volcan en activité depuis

de longues années, et aux environs duquel se trouvent des geysers.

Les *Torres* forment un groupe de cinq petites îles volcaniques au nord-ouest des Nouvelles-Hébrides.

Mathews Rock (22° 22′ lat. mér. et 168° 5′ de long. or.) est un rocher dénudé, à l'est de la pointe méridionale de la Nouvelle-Calédonie. D'Urville y observa une éruption en 1828.

Nouvelle Zélande.

L'île méridionale de la Nouvelle-Zélande, qui est traversée par une chaîne de montagnes très-hautes, les Alpes du Sud, possède un petit territoire volcanique dont les cratères, situés sur la rive orientale, sont en partie détruits et forment des ports excellents, comme le *Port Cooper*, le *Levy Bay* et le *Port d'Otago*. L'activité volcanique y est complétement éteinte.

On distingue trois districts volcaniques dans l'île du nord :

1° *Taupozone*, situé près du lac du même nom, à l'intérieur de l'île. Le groupe de *Tongariro* se trouve près du rivage de ce lac et possède plusieurs cônes actifs. Le *Ruapahu* forme un cône aplati et tronqué haut de 3,118 mètres, il est entouré de petits cônes éteints (Kuharua, Kakaromea, Pichargo). Le *Naugarohoe* (1,981 mètres) s'élève au milieu d'un grand cirque et forme la partie méridionale du groupe. Son cratère rejette des cendres et eut une éruption en 1857. Une autre éruption plus considérable qui produisit une grande quantité de laves eut lieu en 1870. Le *Ketetahi* se trouve un peu plus au nord ; son cratère est actuellement rempli d'eau quoiqu'on prétende qu'en 1855 il vomit des cendres. Le *Taranaki*, haut de 2,525 mètres, se trouve tout à fait isolé sur le rivage occidental de l'île. Le volcan insulaire *Whakari* est situé à peu de distance de la côte nord de la Nouvelle Zélande ; le cratère de cette montagne est à l'état de solfatare. Whakari et Tongariro sont les seuls volcans encore actifs de la Nouvelle-Zélande, mais sur l'espace qui les sépare, et qui a 880 kilomètres environ d'étendue, il y a plus de mille points dégageant des vapeurs. Ce district côtier est très-renommé à cause de ses sources thermales, de ses solfatares et de ses geysers.

2° *Zone d'Auckland*. L'isthme d'Auckland est couvert de nombreux cônes, hauts de 100 à 200 mètres, ayant des cratères plus ou moins bien conservés, qui ont fourni de grandes coulées de lave. Le plus connu de ces cônes s'appelle *Rangitoto* et a 307 mètres de hauteur. Tous ces cônes n'ont eu qu'une seule éruption. Le Takapuna forme la pointe nord du port d'Auckland. La rive nord du port de Waitemata est complétement entourée par une chaîne de ces petits volcans éteints.

3° *Zone de la baie de l'île.* Cette zone est formée par un certain nombre de cônes volcaniques éteints, situés entre la rivière Hongiaka et la baie de l'île. Le volcanisme ne s'y trahit plus que par des sources thermales et des solfatares.

Petits groupes d'îles.

Groupe de Tonga ou de l'Amitié. On trouve des volcans sur plusieurs de ces nombreuses îles. Le plus considérable est le *Tofua* qui épancha de grands courants de lave en 1792. L'*Amargura*, autre volcan de ce groupe, eut une éruption en 1847.

Le groupe de *Viti* est couvert de laves basaltiques et trachytiques, de cratères et de sources thermales.

Le groupe de *Samoa* ou *des Pêcheurs*, découvert en 1768 seulement, est composé de 12 îles. L'île d'Upolu contient un volcan haut de 651 mètres, mais qui n'est plus actif. Tout près de cette île, se trouve l'île de Savoi qui renferme le *Mauna-Mu*, volcan encore actif. Au mois de novembre 1866, il y eut une éruption sous-marine entre Olesinga et Mauna.

Iles de la Société. Ce groupe, connu depuis 1606, se compose de onze grandes îles et de plusieurs petites. La plus grande de ces îles est Tahiti, qui porte le volcan *Tobreonu*, haut de 3,330 mètres, et l'*Orohena* dont la hauteur est de 2,280 mètres. Borabora renferme le volcan de *Pahia* dont la hauteur n'est que de 130 mètres ; Eineo en a un de 1346 mètres.

Les îles *Marquises* possèdent un volcan, le *Hiwahoa*, haut de 1,642 mètres.

Les îles de *Pâques* renferment l'*Ota-iti* (334 mètres de hauteur) et plusieurs cratères éteints.

Iles Sandwich.

Ce groupe contient douze îles dont quatre grandes et habitées, quatre petites inhabitées et quatre récifs de rocs. Leurs roches sont volcaniques ; ce sont surtout des tufs, des laves basaltiques et des laves trachytiques.

1° Nihda, rocher dénudé ; 2° Niihau, long de 20 milles, large de 5 ; plus grande élévation : 600 mètres ; 3° *Kaula*, cône de tuf ; 4° Lehua, cône de tuf ; 5° Kauai, long de 30 milles, large de 28 ; sa plus grande élévation est de 2,700 mètres ; 6° Oahu, longueur 35 milles, largeur 11, altitude 1,300 mètres ; 7° Molokai, longueur 35 milles, largeur 7 milles, altitude 1000 mètres; 8° Lanai, longueur 20 milles, largeur 10 milles, altitude 690 mètres ; 9° Maui, 54 milles de long, 28 de large, altitude 3,400 mètres. Ce n'est qu'en 1874 qu'on a trouvé dans cette île un volcan actif qui émet des vapeurs sulfureuses. 10° Kahoolave ; 11° Molokini, cône de tuf ; 12° Hawaï, long de 100 milles, large de 90. Cette dernière île renferme quatre volcans·remarquables.

1° *Mauna-Kea* (att. 4,363 mètres). La cime de cette montagne couverte de scories et de cendres présente plusieurs cônes éruptifs qui sont de temps en temps en activité.

2° *Mauna-Loa*, dans la partie méridionale de l'île, haut de 4,303 mètres, est certainement le plus remarquable de tous les volcans. Il forme, en effet, avec le Kea, le massif montagneux le plus élevé de toutes les îles connues et les phénomènes volcaniques qu'il présente se développent sur une échelle si colossale que les volcans les plus énergiques pâlissent devant lui. — Le sommet de cette montagne est aplati et assez large, on y rencontre un grand cratère qui est toujours en activité solfatarique. Ce cratère terminal nommé Mokunweoweo a eu de nombreuses éruptions, entre autres en 1832, 1843, 1852, 1859, la plus grandiose en 1866 et la dernière en 1875. Un nouveau cratère s'ouvrit en 1866, un peu au-dessous du premier, et épancha pendant trois jours une grande coulée de lave. A peine cet épanchement eut-il cessé qu'une nouvelle coulée se fît jour sur le penchant oriental de la montagne. La lave de cette dernière coulée était comprimée avec une telle puissance qu'elle s'élança comme un jet d'eau. On prétend que la colonne jaillissante avait 30 mètres d'épaisseur et qu'elle fut lancée à près de 330 mètres de hauteur ; un cône éruptif de 100 mètres de hauteur se forma rapidement autour de l'ouverture d'éruption. Tout le côté oriental de Hawaï ressemblait à un torrent de feu et la nuit était éclairée comme le jour. Une nouvelle éruption très-considérable eut lieu peu de temps après, au mois d'avril 1868. De grands courants de lave ravagèrent l'île et un grand cratère, situé au côté méridional de la montagne, vomit des blocs de lave incandescente. — Ce volcan présente encore un phénomène unique en son genre. C'est un grand cratère situé sur un des côtés de la montagne et qu'on appelle *Kilauea;* il forme un des plus grands bassins volcaniques que l'on connaisse. Ce cratère est ovalaire et a 4,500 mètres de longueur sur 2,250 de largeur. Les parois de ce cratère sont élevées de 300 mètres et entourées de la lave liquéfiée et incandescente qui s'élève et s'abaisse lentement, et qui, se solidifiant à ses bords, forme des terrasses superposées de 270 à 330 mètres, accolées aux parois. Des gaz se dégagent avec une si grande rapidité dans l'intérieur de cette masse fluide de lave, qu'elle rejaillit très-haut en un grand nombre d'endroits. Quelquefois ce lac de lave présente lui-même des éruptions réelles. Sa surface baissa subitement de 110 mètres au mois de juin 1840, parce que la lave s'était creusé des passages latéraux. La dernière de ces coulées latérales se produisit le 5 janvier 1872.

3° *Mauna-Wororai*, situé au centre de l'île. Il eut une éruption en 1801.

4° Le volcan *Ponahohoa*.

Mariannes.

Les îles de ce groupe ne sont pas toutes volcaniques, mais on rencontre dans certaines d'entre elles un nombre assez considérable de volcans éteints, et au moins quatre volcans actifs.

Assomption.

Cette île (19° 45' lat. bor. et 143°15' long. or. de Paris) contient un volcan élevé et actif qui a probablement épanché, il n'y a pas longtemps, une coulée de laves.

Guaguar.

Petite île volcanique située sous 18° de latitude nord et qui fume en beaucoup d'endroits.

Pahon.

Cette île (18° 45' lat. bor. et 143° 25' long. or. de Paris) possède un volcan actif et un second qui a l'air éteint.

On trouve aussi des volcans éteints dans l'île de *Grigon* et dans celle de *Guham*. Cette dernière possède aussi le *Hikion*, volcan élevé, qui a émis de grandes masses de lave, mais dont le cratère ne s'est pas parfaitement conservé.

Près de là se trouve l'île rocheuse de *Sala y Gomez*, qui est peut-être de nature volcanique.

Galopagos.

Cet archipel est situé sous l'équateur à 3700 ou 4500 kilom. des bords de l'Amérique méridionale et se compose de cinq grandes îles et de plusieurs petites, toutes volcaniques. Darwin estime qu'il y a plus de 2,000 cônes et cratères dans cet archipel ; mais on en rencontre d'actifs dans deux de ces îles seulement.

Chatam. De nombreux cratères se trouvent sur le rivage de cette île ; ils ont produit des laves riches en olivine.

Albemarle contient cinq cratères dont l'un est situé sur une montagne de 4,700 pieds anglais d'altitude.

Narborough, *Goods Island*, *James Island*, *Culpepper* et *Wenman* sont aussi remarquables par la grande quantité de cônes qu'ils contiennent.

Mer polaire du Sud.

Les îles de *Young*, de *Bukle*, de *Sturge*, de *Row* et de *Borrodaile* forment un petit groupe situé sous 60° 44' de lat. mér. et 163° 11' de long. orient. de Greenwich. Un volcan de plus de trois mille mètres de hauteur s'élève sur l'île de Young, et *Bukle* fumait en beaucoup de points au moment de sa découverte en 1839.

Sawadowski (56° 8' lat. mér.) et l'île d'*Alexandre* (69° lat. mér.) possèdent, dit-on, des volcans.

Sous 76° de lat. mér. et 168° 12' de long. or. de Greenwich, Ross découvrit, en 1841, les volcans *Érèbe* et *Terror*, situés dans l'île Victoria. Le Terror est le plus méridional des deux ; il atteint 3,400 mètres de hauteur et semble éteint. L'Erèbe a une hauteur de 3,900 mètres ; il était en éruption au moment de sa découverte.

FIN.

DISTRIBUTION GÉOGRAPHIQUE DES VOLCANS
Australie

TABLE DES MATIÈRES

LIVRE PREMIER.

VOLCANS

LIVRE DEUXIÈME.

TREMBLEMENTS DE TERRE

LIVRE TROISIÈME.

LES VOLCANS BOUEUX

LIVRE QUATRIÈME.

LES GEYSERS

LIVRE CINQUIÈME.

GÉOGRAPHIE DES VOLCANS

ANCIENNE LIBRAIRIE GERMER BAILLIÈRE et Cⁱᵉ

FÉLIX ALCAN, ÉDITEUR

CATALOGUE

DES

LIVRES DE FONDS

(PHILOSOPHIE — HISTOIRE)

On peut se procurer tous les ouvrages qui se trouvent dans ce Catalogue par l'intermédiaire des libraires de France et de l'Étranger.

On peut également les recevoir *franco* par la poste, sans augmentation des prix désignés, en joignant à la demande des TIMBRES-POSTE ou un MANDAT sur Paris.

PARIS

108, BOULEVARD SAINT-GERMAIN, 108

Au coin de la rue Hautefeuille.

JANVIER 1885

Les titres précédés d'un *astérisque* sont recommandés par le Ministère de l'Instruction publique pour les Bibliothèques et pour les distributions de prix des Lycées et Collèges.

BIBLIOTHÈQUE DE PHILOSOPHIE CONTEMPORAINE

Volumes in-18 à 2 fr. 50

Cartonnés.... 3 francs. — Reliés.... 3 fr. 75.

H. Taine.

LE POSITIVISME ANGLAIS, étude sur Stuart Mill. 2ᵉ édit.

L'IDÉALISME ANGLAIS, étude sur Carlyle.

* PHILOSOPHIE DE L'ART DANS LES PAYS-BAS. 2ᵉ éd.

* PHILOSOPHIE DE L'ART EN GRÈCE. 2ᵉ édition.

Paul Janet.

* LE MATÉRIALISME CONTEMP. 4ᵉ éd.

* LA CRISE PHILOSOPHIQUE. Taine, Renan, Vacherot, Littré.

* PHILOSOPHIE DE LA RÉVOLUTION FRANÇAISE. 3ᵉ éd.

* LE SAINT-SIMONISME.

* DIEU, L'HOMME ET LA BÉATITUDE. (*Œuvre inédite de Spinoza.*)

LES ORIGINES DU SOCIALISME CONTEMPORAIN. 4ᵉ édit.

Odysse Barot.

PHILOSOPHIE DE L'HISTOIRE.

Alaux.

PHILOSOPHIE DE M. COUSIN.

Ad. Franck.

* PHILOS. DU DROIT PÉNAL. 2ᵉ éd.

PHILOS. DU DROIT ECCLÉSIASTIQUE.

LA PHILOSOPHIE MYSTIQUE EN FRANCE AU XVIIIᵉ SIÈCLE.

Charles de Rémusat.

* PHILOSOPHIE RELIGIEUSE.

Charles Lévêque.

* LE SPIRITUALISME DANS L'ART.

* LA SCIENCE DE L'INVISIBLE.

Émile Saisset.

* L'AME ET LA VIE, suivi d'une étude sur l'Esthétique franç.

* CRITIQUE ET HISTOIRE DE LA PHILOSOPHIE (frag. et disc.).

Auguste Laugel.

* LA VOIX, L'OREILLE ET LA MUSIQUE.

* L'OPTIQUE ET LES ARTS.

* LES PROBLÈMES DE LA NATURE.

LES PROBLÈMES DE LA VIE.

* LES PROBLÈMES DE L'AME.

Challemel-Lacour.

* LA PHILOSOPHIE INDIVIDUALISTE

Albert Lemoine.

* LE VITALISME ET L'ANIMISME.

* DE LA PHYSIONOMIE ET DE LA PAROLE.

* L'HABITUDE ET L'INSTINCT.

Milsand.

* L'ESTHÉTIQUE ANGLAISE.

A. Véra.

PHILOSOPHIE HEGÉLIENNE.

Beaussire.

* ANTÉCÉDENTS DE L'HEGÉLIANISME DANS LA PHILOS. FRANÇAISE.

Bost.

LE PROTESTANTISME LIBÉRAL.

Ed. Auber.

PHILOSOPHIE DE LA MÉDECINE.

Leblais.

MATÉRIALISME ET SPIRITUALISME.

Ad. Garnier.

* DE LA MORALE DANS L'ANTIQUITÉ.

Schœbel.

PHILOSOPHIE DE LA RAISON PURE.

Ath. Coquerel fils.

PREMIÈRES TRANSFORMATIONS HISTORIQUES DU CHRISTIANISME.

LA CONSCIENCE ET LA FOI.

HISTOIRE DU CREDO.

Jules Levallois.

DÉISME ET CHRISTIANISME.

Camille Selden.

LA MUSIQUE EN ALLEMAGNE.

Fontanès.

LE CHRISTIANISME MODERNE.

Stuart Mill.

AUGUSTE COMTE ET LA PHILOSOPHIE POSITIVE. 2ᵉ édition.

L'UTILITARISME.

Mariano.

LA PHILOSOPHIE CONTEMPORAINE EN ITALIE.

Saigey.
LA PHYSIQUE MODERNE, 2ᵉ tirage.

E. Faivre.
DE LA VARIABILITÉ DES ESPÈCES.

Ernest Bersot.
* LIBRE PHILOSOPHIE.

A. Réville.
HISTOIRE DU DOGME DE LA DIVINITÉ DE JÉSUS-CHRIST.

W. de Fonvielle.
L'ASTRONOMIE MODERNE.

C. Coignet.
LA MORALE INDÉPENDANTE.

Ét. Vacherot.
* LA SCIENCE ET LA CONSCIENCE.

E. Boutmy.
* PHILOSOPHIE DE L'ARCHITECTURE EN GRÈCE.

Herbert Spencer.
* CLASSIFICATION DES SCIENCES. 2ᵉ édit.
L'INDIVIDU CONTRE L'ÉTAT.

Gauckler.
LE BEAU ET SON HISTOIRE.

Bertauld.
* L'ORDRE SOCIAL ET L'ORDRE MORAL.
DE LA PHILOSOPHIE SOCIALE.

Th. Ribot.
LA PHILOSOPHIE DE SCHOPENHAUER. 2ᵉ édition.
* LES MALADIES DE LA MÉMOIRE. 2ᵉ édit.
LES MALADIES DE LA VOLONTÉ. 2ᵉ édit.
LES MALADIES DE LA PERSONNALITÉ.

Bentham et Grote.
* LA RELIGION NATURELLE.

Hartmann.
LA RELIGION DE L'AVENIR. 2ᵉ édit.
LE DARWINISME. 3ᵉ édit.

H. Lotze.
* PSYCHOLOGIE PHYSIOLOGIQUE. 2ᵉ édit.

Schopenhauer.
LE LIBRE ARBITRE. 2ᵉ édit.
LE FONDEMENT DE LA MORALE.
PENSÉES ET FRAGMENTS. 4ᵉ édit.

Liard.
* LES LOGICIENS ANGLAIS CONTEMPORAINS. 2ᵉ édit.

Marion.
* J. LOCKE. Sa vie, son œuvre.

O. Schmidt.
LES SCIENCES NATURELLES ET LA PHILOSOPHIE DE L'INCONSCIENT.

Haeckel.
LES PREUVES DU TRANSFORMISME.
PSYCHOLOGIE CELLULAIRE.

Pi y Margall.
LES NATIONALITÉS.

Barthélemy Saint-Hilaire.
* DE LA MÉTAPHYSIQUE.

A. Espinas.
* PHILOSOPHIE EXPÉR. EN ITALIE.

P. Siciliani.
PSYCHOGÉNIE MODERNE.

Leopardi.
OPUSCULES ET PENSÉES.

A. Lévy.
MORCEAUX CHOISIS DES PHILOSOPHES ALLEMANDS.

Roisel.
DE LA SUBSTANCE.

Zeller.
CHRISTIAN BAUR ET L'ÉCOLE DE TUBINGUE.

Stricker.
ÉTUDES SUR LE LANGAGE.

Les volumes suivants de la collection In-18 sont épuisés; il en reste quelques exemplaires sur papier vélin, cartonnés, tranche supérieure dorée :

JANET (P.). **Le cerveau et la pensée.** 1 vol.	5 fr.
H. TAINE. **De l'Idéal dans l'art.** 1 vol.	5 fr.
H. TAINE. **Philosophie de l'art en Italie.** 1 vol.	5 fr.
H. TAINE. **Philosophie de l'art.** 1 vol.	5 fr.

ÉDITIONS ÉTRANGÈRES

Éditions anglaises.

AUGUSTE LAUGEL. The United States during the war. In-8.   7 shill. 6 p.

ALBERT RÉVILLE. History of the doctrine of the deity of Jesus-Christ. 3 sh. 6 p.

H. TAINE. Italy (Naples et Rome). 7 sh. 6 p.

H. TAINE. The Philosophy of art. 3 sh.

PAUL JANET. The Materialism of present day. 1 vol. in-18, rel.   3 shill.

Éditions allemandes.

JULES BARNI. Napoléon I. In-18.   3 m.

PAUL JANET. Der Materialismus unsere Zeit. 1 vol. in-18.   3 m.

H. TAINE. Philosophie der Kunst. 1 vol. in-18.   3 m.

BIBLIOTHÈQUE DE PHILOSOPHIE CONTEMPORAINE

Volumes in-8°

Volumes à 5 fr., 7 fr. 50 et 10 fr.; cart., 1 fr. en plus par vol.; reliure, 2 fr.

JULES BARNI.
* **La morale dans la démocratie.** 1 vol. 2ᵉ édit. (*Sous presse.*)

AGASSIZ.
* **De l'espèce et des classifications.** 1 vol.   5 fr.

STUART MILL.
* **La philosophie de Hamilton.** 1 fort vol.   10 fr.
* **Mes mémoires.** Histoire de ma vie et de mes idées, traduit de l'anglais par M. E. Cazelles. 1 vol.   5 fr.
* **Système de logique** déductive et inductive. Traduit de l'anglais par M. Louis Peisse. 2 vol.   20 fr.
* **Essais sur la Religion.** 1 vol. 2ᵉ édit. 1884.   5 fr.

DE QUATREFAGES.
* **Ch. Darwin et ses précurseurs français.** 1 vol.   5 fr.

HERBERT SPENCER.
* **Les premiers principes.** 1 fort vol., traduit par M. Cazelles.   10 fr.
Principes de biologie. 2 vol., traduits par M. Cazelles.   20 fr.
* **Principes de psychologie.** 2 vol., traduits par MM. Ribot et Espinas.   20 fr.
* **Principes de sociologie :**
     Tome I, traduit par M. Cazelles. 1 vol. 1878.   10 fr.
     Tome II, traduit par MM. Cazelles et Gerschel. 1 vol. in-8. 1879.   7 fr. 50
     Tome III, traduit par M. Cazelles. 1 vol. 1883.   15 fr.
* **Essais sur le progrès,** traduit par M. Burdeau. 1 vol.   7 fr. 50
Essais de politique, traduit par M. Burdeau. 1 vol. 2ᵉ édit.   7 fr. 50
Essais scientifiques. 1 vol. traduit par M. Burdeau.   7 fr. 50
* **De l'éducation physique, intellectuelle et morale.** 1 volume. 5ᵉ édition.   5 fr.
* **Introduction à la science sociale.** 1 vol. 6ᵉ édit.   6 fr.
* **Les bases de la morale évolutionniste.** 1 vol. 2ᵉ édit.   6 fr.
* **Classification des sciences.** 1 vol. in-18. 2ᵉ édit.   2 fr. 50
L'individu contre l'Etat. 1 vol. in-18, traduit par M. Gerschel. 1885.   2 fr. 50
Descriptive Sociology, or Groupes of sociological facts, FRENCH compiled by JAMES COLLIER. 1 vol. in-folio.   50 fr.

AUGUSTE LAUGEL.
* **Les problèmes** (Problèmes de la nature, problèmes de la vie, problèmes de l'âme). 1 fort vol.   7 fr. 50

EMILE SAIGEY.
* **Les sciences au XVIIIᵉ siècle.** La physique de Voltaire. 1 vol. 5 fr.

PAUL JANET.
* **Histoire de la science politique** dans ses rapports avec la morale. 2ᵉ édition, 2 vol.   20 fr.
* **Les causes finales.** 1 vol. 2ᵉ édition.   10 fr.

TH. RIBOT.
L'hérédité psychologique. 1 vol. 2ᵉ édition.   7 fr. 50
La psychologie anglaise contemporaine. 1 v. 3ᵉ édit.   7 fr. 50
La psychologie allemande contemporaine. 1 vol. 2ᵉ édit. 7 fr. 50

ALF. FOUILLÉE.
* **La liberté et le déterminisme.** 1 vol. 2ᵉ édition. 1884.   7 fr. 50
Critique des systèmes de morale contemporains. 1 vol. in-8. 1883.   7 fr. 50

DE LAVELEYE.

* **De la propriété et de ses formes primitives**. 1 vol. 3e édit. 1882. 7 fr. 50

BAIN (ALEX.).

* **La logique inductive et déductive**, traduit de l'anglais par M. Compayré. 2 vol. 2e édit. 20 fr.

* **Les sens et l'intelligence**. 1 vol., traduit par M. Cazelles. 10 fr.

* **L'esprit et le corps**. 1 vol. 4e édit. 6 fr.

* **La science de l'éducation**. 1 vol. 4e édit. 6 fr.

Les émotions et la volonté, traduit par M. Le Monnier. 1 fort vol. 1885. 10 fr

MATTHEW ARNOLD.

La crise religieuse. 1 vol. 7 fr. 50

BARDOUX.

* **Les légistes, leur influence sur la société française**. 1 vol. 1877. 5 fr.

HARTMANN (E. DE).

* **La philosophie de l'inconscient**, trad. par M. D. Nolen, avec Préface de l'auteur pour l'édition française. 2 vol. 2e édit. (*Sous presse.*)

ESPINAS (ALF.).

Des sociétés animales. 1 vol. in-8. 2e édition. 7 fr. 50

FLINT.

* **La philosophie de l'histoire en France**, traduit de l'anglais par M. Ludovic Carrau. 1 vol. 7 fr. 50

* **La philosophie de l'histoire en Allemagne**, traduit de l'anglais par M. Ludovic Carrau. 1 vol. 7 fr. 50

LIARD.

* **La science positive et la métaphysique**. 1 v. 2e éd. 1883. 7 fr. 50

Descartes. 1 vol. 5 fr.

GUYAU.

* **La morale anglaise contemporaine**. 1 vol. 2e édit. 1885. 7 fr. 50

Les problèmes de l'esthétique contemporaine. 1884. 1 vol. 5 fr.

Esquisse d'une morale sans obligation ni sanction. 1884. 1 vol. 5 fr.

HUXLEY.

* **Hume, sa vie, sa philosophie**, traduit de l'anglais et précédé d'une introduction par M. G. Compayré. 1 vol. 5 fr.

E. NAVILLE.

La logique de l'hypothèse. 1 vol. 5 fr.

La physique moderne. 1 vol. 5 fr.

VACHEROT (ET.).

Essais de philosophie critique. 1 vol. 7 fr. 50

La religion. 1 vol. 7 fr. 50

MARION (H.).

De la solidarité morale. Essai de psychologie appliquée. 1 vol. 2e édition. 1883. 5 fr.

COLSENET (ED.).

* **La vie inconsciente de l'esprit**. 1 vol. 2e édit. (*Sous presse.*)

SCHOPENHAUER.

Aphorismes sur la sagesse dans la vie, traduit par M. Cantacuzène. 1 vol. 5 fr.

De la quadruple racine du principe de la raison suffisante, suivi d'une *Histoire de la doctrine de l'idéal et du réel*. 5 fr.

BERTRAND (A.).

L'aperception du corps humain par la conscience. 1 vol. 5 fr.

JAMES SULLY.

Le pessimisme, traduit par MM. Bertrand et Gérard. 1 vol. 7 fr. 50

BUCHNER.
Nature et science. 1 vol. 2ᵉ édition, traduit par M. Lauth. 7 fr. 50
EGGER (V.).
La parole intérieure. 1 vol. 5 fr.
LOUIS FERRI.
La psychologie de l'association, depuis Hobbes jusqu'à nos jours.
1 vol. 7 fr. 50
MAUDSLEY.
La pathologie de l'esprit. 1 vol., traduit de l'anglais par
M. Germont. 1883. 10 fr.
SÉAILLES.
Essai sur le génie dans l'art. 1 vol. 1883. 5 fr.
CH. RICHET.
L'homme et l'intelligence, fragments de psychologie et de physio-
logie. 1 vol. 1884. 10 fr.
PREYER.
Éléments de physiologie, traduits de l'allemand par M. Jules Soury.
1 vol. 1884. 5 fr.
WUNDT.
Éléments de psychologie physiologique, traduits de l'allemand
par M. le docteur Rouvier. 2 vol. avec figures. (*Sous presse.*)
E BEAUSSIRE.
Principes de morale, 1 vol. in-8 (*sous presse*).

COLLECTION HISTORIQUE DES GRANDS PHILOSOPHES

PHILOSOPHIE ANCIENNE

ARISTOTE (Œuvres d'), traduction de M. BARTHÉLEMY SAINT-HILAIRE.
— **Psychologie** (Opuscules), trad. en français et accompagnée de notes. 1 vol. in-8.............. 10 fr.
— **Rhétorique,** traduite en français et accompagnée de notes. 1870, 2 vol. in-8............... 16 fr.
— **Politique,** 1868, 1 v. in-8. 10 fr.
— **Traité du ciel,** 1866; traduit en français pour la première fois. 1 fort vol. grand in-8..... 10 fr.
— **Météorologie,** avec le petit traité apocryphe : *Du Monde,* 1863. 1 fort vol. grand in-8........... 10 fr.
— **La métaphysique d'Aristote.** 3 vol. in-8, 1879........ 30 fr.
— **Traité de la production et de la destruction des choses,** trad. en français et accomp. de notes perpétuelles. 1866. 1 v. gr. in-8. 10 fr.
— **De la logique d'Aristote,** par M. BARTHÉLEMY SAINT-HILAIRE. 2 vol. in-8.............. 10 fr.

* SOCRATE. **La philosophie de Socrate,** par M. Alf. FOUILLÉE. 2 vol. in-8.................. 16 fr.
* PLATON. **La philosophie de Platon,** par M. Alfred FOUILLÉE. 2 vol. in-8.................. 16 fr.
* — **Études sur la Dialectique dans Platon et dans Hegel,** par M. Paul JANET. 1 vol. in-8... 6 fr.
* ÉPICURE. **La Morale d'Épicure** et ses rapports avec les doctrines contemporaines, par M. GUYAU. 1 vol. in-8.......... 6 fr. 50
* ÉCOLE D'ALEXANDRIE. **Histoire de l'École d'Alexandrie,** par M. BARTHÉLEMY SAINT-HILAIRE. 1 v. in-8.................. 6 fr.
MARC-AURÈLE. **Pensées de Marc-Aurèle,** traduites et annotées par M. BARTHÉLEMY SAINT-HILAIRE. 1 vol. in-18............... 4 fr. 50
* FABRE (Joseph). **Histoire de la philosophie, antiquité et moyen âge.** 1 vol. in-18........ 3 50

PHILOSOPHIE MODERNE

* LEIBNIZ. **Œuvres philosophiques,** avec introduction et notes par M. Paul JANET. 2 vol. in-8. 16 fr.

LEIBNIZ. **Leibniz et Pierre le Grand,** par FOUCHER DE CAREIL. In-8.................. 2 fr.

LEIBNIZ. **Lettres et opuscules de Leibniz**, par FOUCHER DE CAREIL. 1 vol. in-8........., 3 fr. 50

— **Leibniz, Descartes et Spinoza**, par FOUCHER DE CAREIL. 1 vol. in-8................... 4 fr.

— **Leibniz et les deux Sophie**, par FOUCHER DE CAREIL. 1 vol. in-8................. 2 fr.

DESCARTES, par Louis LIARD. 1 vol. in-8.................. 5 fr.

* SPINOZA. **Dieu, l'homme et la béatitude**, trad. et précédé d'une introduction par M. P. JANET. 1 vol. in-18.............. 2 fr. 50

— **Benedicti de Spinoza opera** quotquot reperta sunt, recognoverunt J. Van Vloten et J.-P.-N. Land, édition publiée par la commission de la statue de Spinoza. 2 forts vol. in-8 sur papier de Hollande. 45 fr.

* LOCKE. **Sa vie et ses œuvres**, par M. MARION. 1 vol. in-18. 2 fr. 50

* MALEBRANCHE. **La philosophie de Malebranche**, par M. OLLÉ-LAPRUNE. 2 vol. in-8...... 16 fr.

* VOLTAIRE. **Les sciences au XVIIIe siècle.** Voltaire physicien, par M. Em. SAIGEY. 1 vol. in-8. 5 fr.

FRANCK (Ad.). **La philosophie mystique en France au XVIIIe siècle.** 1 vol. in-18... 2 fr. 50

* DAMIRON. **Mémoires pour servir à l'histoire de la philosophie au XVIIIe siècle.** 3 vol. in-8. 15 fr.

* MAINE DE BIRAN. **Essai sur sa philosophie**, suivi de fragments inédits, par JULES GÉRARD. 1 fort vol. in-8. 1876........ 10 fr.

PHILOSOPHIE ÉCOSSAISE

* DUGALD STEWART. **Éléments de la philosophie de l'esprit humain**, traduits de l'anglais par L. PEISSE. 3 vol. in-12... 9 fr.

* HAMILTON. **La philosophie de Hamilton**, par J. STUART MILL. 1 vol. in-8............. 10 fr.

* BERKELEY. **Sa vie et ses œuvres**, par PENJON. 1 v. in-8. 1878. 7 fr. 50

* HUME. **Sa vie et sa philosophie**, par Th. HUXLEY, trad. de l'anglais par G. COMPAYRÉ. 1 vol. in-8. 5 fr.

PHILOSOPHIE ALLEMANDE

KANT. **Critique de la raison pure**, trad. par M. TISSOT. 2 v. in-8. 16 fr.

— Même ouvrage, traduction par M. Jules BARNI. 2 vol. in-8. . 16 fr.

* — **Éclaircissements sur la critique de la raison pure**, trad. par J. TISSOT. 1 volume in-8... 6 fr.

* — **Principes métaphysiques du droit**, suivis du *projet de paix perpétuelle*, traduction par M. TISSOT. 1 vol. in-8.......... 8 fr.

— Même ouvrage, traduction par M. Jules BARNI. 1 vol. in-8... 8 fr.

— **Principes métaphysiques de la morale**, augmentés des *fondements de la métaphysique des mœurs*, traduct. par M. TISSOT. 1 v. in-8. 8 fr.

— Même ouvrage, traduction par M. Jules BARNI. 1 vol. in-8... 8 fr.

* — **La logique**, traduction par M. TISSOT. 1 vol. in-8..... 4 fr.

* KANT. **Mélanges de logique**, traduction par M. TISSOT. 1 v. in-8. 6 fr.

* — **Prolégomènes à toute métaphysique future** qui se présentera comme science, traduction de M. TISSOT. 1 vol. in-8... 6 fr.

* **Anthropologie**, suivie de divers fragments relatifs aux rapports du physique et du moral de l'homme, et du commerce des esprits d'un monde à l'autre, traduction par M. TISSOT. 1 vol. in-8..... 6 fr.

* FICHTE. **Méthode pour arriver à la vie bienheureuse**, traduit par Fr. BOUILLIER. In-8.... 8 fr.

— **Destination du savant et de l'homme de lettres**, traduit par M. NICOLAS. 1 vol. in-8. 3 fr.

* — **Doctrines de la science.** Principes fondamentaux de la science de la connaissance. In-8.. 9 fr.

SCHELLING. **Bruno** ou du principe divin, trad. par Cl. HUSSON. 1 vol. in-8................ 3 fr. 50
— **Écrits philosophiques** et morceaux propres à donner une idée de son système, trad. par Ch. BÉNARD. 1 vol. in-8........ 9 fr.
* HEGEL. **Logique**, traduction par A. VÉRA. 2e édition. 2 volumes in-8 .... 14 fr.
— **Philosophie de la nature,**
* traduction par A. VÉRA. 3 volumes in-8................... 25 fr.
— **Philosophie de l'esprit,** traduction VÉRA. 2 vol. in-8. 18 fr.
— **Philosophie de la religion,** traduction par A. VÉRA. Tomes I et II................... 20 fr
— **Essais de philosophie hegelienne,** par A. VÉRA. 1 vol. 2 fr. 50
— **La Poétique,** trad. par Ch. BÉNARD. Extraits de Schiller, Gœthe Jean, Paul, etc., et sur divers sujets relatifs à la poésie. 2 v. in-8. 12 fr.

* HEGEL. **Esthétique.** 2 vol. in-8, traduit par M. BÉNARD .... 16 fr.
— **Antécédents de l'Hegelianisme dans la philosophie française,** par BEAUSSIRE. 1 vol. in-18................ 2 fr. 50
— **La dialectique dans Hegel et dans Platon,** par Paul JANET. 1 vol. in-8............. 6 fr.
HUMBOLDT (G. de). **Essai sur les limites de l'action de l'État,** traduit de l'allemand, et précédé d'une Étude sur la vie et les travaux de l'auteur, par M. CHRÉTIEN. 1 vol. in-18............... 3 fr. 50
—* **La philosophie individualiste,** étude sur G. de HUMBOLDT, par CHALLEMEL-LACOUR. 1 vol. 2 fr. 50
* STAHL. **Le Vitalisme et l'Animisme de Stahl,** par Albert LEMOINE. 1 vol. in-18.... 2 fr. 50
LESSING. **Le Christianisme moderne.** Étude sur Lessing, par FONTANÈS. 1 vol. in-18.. 2 fr. 50

PHILOSOPHIE ALLEMANDE CONTEMPORAINE

L. BUCHNER. **Nature et science,** traduction de l'allemand, par le docteur LAUTH. 1 v. in-8. 2e éd. 7 fr. 50
— * **Le Matérialisme contemporain,** par M. P. JANET. 4e édit. 1 vol. in-18........ 2 fr. 50
CHRISTIAN BAUR et **l'École de Tubingue,** par Ed. ZELLER. 1 vol. in-18................ 2 fr. 50
HARTMANN (E. de). **La Religion de l'avenir.** 1 vol. in-18.. 2 fr. 50
— **La philosophie de l'inconscient.** 2e éd. 2 vol. in-8. (S. presse.)
— **Le Darwinisme,** ce qu'il y a de vrai et de faux dans cette doctrine, traduit par M. G. GUÉROULT. 1 vol. in-18, 3e édition........ 2 fr. 50
HAECKEL. **Les preuves du transformisme,** trad. par M. J. SOURY. 1 vol. in-18.......... 2 fr. 50
— **Essais de psychologie cellulaire,** traduit par M. J. SOURY. 1 vol. in-18.......... 2 fr. 50
O. SCHMIDT. **Les sciences naturelles et la philosophie de l'inconscient.** 1 v. in-18. 2 fr. 50
7(H.). **Principes généraux de psychologie physiologique,** trad. par M. PENJON. 1 v. in-18. 2 f. 50

PREYER. **Éléments de physiologie,** traduits par M. J. SOURY. 1 vol. in-8.   5 fr.
SCHOPENHAUER. **Essai sur le libre arbitre.** 1 vol. in-18... 2 fr. 50
— **Le fondement de la morale,** traduit par M. BURDEAU. 1 vol. in-18................ 2 fr. 50
— **Essais et fragments,** traduit et précédé d'une vie de Schopenhauer, par M. BOURDEAU. 1 vol. in-18................ 2 fr. 50
— **Aphorismes sur la sagesse dans la vie,** traduit par M. CANTACUZÈNE. In-8............. 5 fr.
— **De la quadruple racine du principe de la raison suffisante,** suivi d'une *Histoire de la doctrine de l'idéal et du réel.* 1 vol. in-8............. 5 fr.
RIBOT (Th.). **La psychologie allemande contemporaine** (HERBART, BENEKE, LOTZE, FECHNER, WUNDT, etc.). 1 v. in-8. 2e édition. 7 fr. 50
STRICKER. **Études sur le langage,** traduit de l'allemand par SCHWIEDLAND, 1 vol. in-18...... 2 fr. 50

PHILOSOPHIE ANGLAISE CONTEMPORAINE

STUART MILL *. **La philosophie de Hamilton.** 1 fort vol. in-8. 10 fr.

— * **Mes Mémoires.** Histoire de ma vie et de mes idées. 1 v. in-8. 5 fr.

— * **Système de logique** déductive et inductive. 2 v. in-8. 20 fr.

— * **Essais sur la Religion.** 1 vol. in-8. 2ᵉ édit............ 5 fr.

— **Le positivisme anglais**, étude sur Stuart Mill, par H. TAINE. 1 volume in-18............ 2 fr. 50

— **Auguste Comte** et la philosophie positive. In-18....... 2 fr. 50

— **L'Utilitarisme**, traduit par M. LE MONNIER. In-18........ 2 fr. 50

HERBERT SPENCER *. **Les premiers Principes.** 1 fort vol. in-8. 10 fr.

— * **Principes de biologie.** 2 forts vol. in-8................ 20 fr.

— * **Principes de psychologie.** 2 vol. in-8............ 20 fr.

— * **Introduction à la Science sociale.** 1 v. in-8 cart. 6ᵉ édit. 6 fr.

— * **Principes de sociologie.** 3 vol. in-8.............. 32 fr. 50

— * **Classification des Sciences.** 1 vol. in-18, 2ᵉ édition. 2 fr. 50

— * **De l'éducation intellectuelle, morale et physique.** 1 vol. in-8, 4ᵉ édition......... 5 fr.

— * **Essais sur le progrès.** 1 vol. in-8................ 7 fr. 50

— **Essais de politique.** 1 vol. in-8............... 7 fr. 50

— **Essais scientifiques.** 1 vol. in-8............... 7 fr. 50

— * **Les bases de la morale évolutionniste.** In-8......... 6 fr.

— **L'individu contre l'Etat.** 1 vol. in-18. 2 fr. 50

BAIN *. **Des Sens et de l'Intelligence.** 1 vol. in-8. 10 fr.

— * **La logique inductive et déductive.** 2 vol. in-8. 20 fr.

— * **L'esprit et le corps.** 1 vol. in-8, cartonné, 2ᵉ édition.. 6 fr.

— * **La science de l'éducation.** In-8.................. 6 fr.

— **Les émotions et la volonté.** 1 vol. in-8. 10 fr.

BENTHAM et GROTE *. **La religion naturelle.** 1 vol. in-18. 2 fr.

DARWIN *. **Ch. Darwin et ses précurseurs français**, par M. de QUATREFAGES. 1 vol. in-8.. 5 fr.

DARWIN *. **Descendance et Darwinisme**, par Oscar SCHMIDT. In-8, cart. 4ᵉ édit. 6 fr.

— **Le Darwinisme**, ce qu'il y a de vrai et de faux dans cette doctrine, par E. DE HARTMANN. 1 volume in-18.............. 2 fr. 50

DARWIN. **Les récifs de corail**, structure et distribution, par Ch. DARWIN. 1 vol. in-8...... 8 fr.

FERRIER. **Les fonctions du cerveau.** 1 vol. in-8....... 10 fr.

CHARLTON BASTIAN. **Le cerveau**, organe de la pensée chez l'homme et les animaux. 2 vol. in-8. 12 fr.

CARLYLE. **L'idéalisme anglais**, étude sur Carlyle, par H. TAINE. 1 vol. in-18.......... 2 fr. 50

BAGEHOT *. **Lois scientifiques du développement des nations** dans leurs rapports avec les principes de la sélection naturelle et de l'hérédité. 1 vol. in-8, 3ᵉ édit. 6 fr.

DRAPER. **Les conflits de la science et de la religion.** 1 vol. in-8. 6 fr.

RUSKIN (JOHN) *. **L'esthétique anglaise**, étude sur J. Ruskin, par MILSAND. 1 vol. in-18 ... 2 fr. 50

MATTHEW ARNOLD. **La crise religieuse.** 1 vol. in-8.... 7 fr. 50

MAUDSLEY *. **Le crime et la folie.** 1 vol. in-8. 5ᵉ édit....... 6 fr.

— **La pathologie de l'esprit.** 1 vol. in-8............. 10 fr.

FLINT *. **La philosophie de l'histoire en France et en Allemagne**, traduit de l'anglais par M. L. CARRAU. 2 vol. in-8. 15 fr.

RIBOT (Th.). **La psychologie anglaise contemporaine** (James Mill, Stuart Mill, Herbert Spencer, A. Bain, G. Lewes, S. Bailey, J.-D. Morell, J. Murphy), 2ᵉ éd. 1 vol. in-8.............. 7 fr. 50

LIARD *. **Les logiciens anglais contemporains** (Herschell, Whewell, Stuart Mill, G. Bentham, Hamilton, de Morgan, Beele, Stanley Jevons). 1 vol. in-18. 2ᵉ édit... 2 fr. 50

GUYAU *. **La morale anglaise contemporaine.** Morale de l'utilité et de l'évolution. 1 vol. in-8. 2ᵉ éd. 7 fr. 50

HUXLEY *. **Hume, sa vie, sa philosophie**, traduit par G. COMPAYRÉ. 1 vol. in-8............. 5 fr.

PHILOSOPHIE ITALIENNE CONTEMPORAINE

JAMES SULLY. **Le pessimisme,** traduit par M. A. BERTRAND et GÉRARD. 1 vol. in-8. 7 fr. 50
— **Les illusions des sens et de l'esprit.** 1 vol. in-8...... 6 fr.
SICILIANI. **Prolégomènes à la psychogénie moderne,** traduit de l'italien par M. A. HERZEN. 1 vol. in-18........ 2 fr. 50
ESPINAS *. **La philosophie expérimentale en Italie,** origines, état actuel. 1 vol. in-18. 2 fr. 50
MARIANO. **La philosophie contemporaine en Italie,** essais de philos. hegelienne. In-18. 2 fr. 50

FERRI (Louis). **Essai sur l'histoire de la philosophie en Italie au XIXe siècle.** 2 vol. in-8. 12 fr.
— **La philosophie de l'association depuis Hobbes jusqu'à nos jours.** 1 vol. in-8. 7 fr. 50
MINGHETTI. **L'État et l'Église.** 1 vol. in-8.................. 5 fr.
LEOPARDI. **Opuscules et pensées.** 1 vol. in-18.......... 2 fr. 50
MANTEGAZZA. **La physionomie et l'expression des sentiments.** 1 vol. in-8.............. 6 fr.

BIBLIOTHÈQUE D'HISTOIRE CONTEMPORAINE

Vol. in-18 à 3 fr. 50. — Vol. in-8 à 5 et 7 fr.

Cart., 1 fr. en plus par volume; reliure, 2 fr.

EUROPE

SYBEL (H. de). **Histoire de l'Europe pendant la Révolution française,** traduit de l'allemand par Mlle DOSQUET. 3 vol. in-8. 21 fr.
Chaque volume séparément. 7 fr.
DEBIDOUR. **Histoire diplomatique de l'Europe depuis 1815 jusqu'à nos jours.** 1 vol. in-8. (*Sous presse.*)

FRANCE

CARLYLE. **Histoire de la Révolution française.** Traduit de l'anglais. 3 vol. in-18; chaque volume. 3 fr. 50
CARNOT (H.). **La Révolution française,** résumé historique. 1 vol. in-12, nouvelle édit. 3 fr. 50
ROCHAU (De). **Histoire de la Restauration.** 1 vol. in-18, traduit de l'allemand. 3 fr. 50
* LOUIS BLANC. **Histoire de dix ans.** 5 vol. in-8. 25 fr.
Chaque volume séparément. 5 fr.
— 25 pl. en taille-douce. Illustrations pour l'*Histoire de dix ans.* 6 fr.
* ÉLIAS REGNAULT. **Histoire de huit ans** (1840-1848). 3 vol. in-8, 15 fr. — Chaque volume séparément. 5 fr.
— 14 planches en taille-douce. Illustrations pour l'*Histoire de huit ans.* 4 fr.
* TAXILE DELORD. **Histoire du second empire** (1848-1870). 6 vol. in-8, 42 fr. — Chaque volume séparément. 7 fr.
* BOERT. **La Guerre de 1870-1871,** d'après le colonel fédéral suisse Rustow. 1 vol. in-18. 3 fr. 50
LAUGEL (A.). **La France politique et sociale.** 1 vol. in-8. 5 fr.
GAFFAREL (P.). **Les Colonies françaises.** 1 vol. in-8. 2e édit. 5 fr.
WAHL. **L'Algérie.** 1 vol. in-8. 5 fr.

ANGLETERRE

SIR CORNEWAL LEWIS. **Histoire gouvernementale de l'Angleterre depuis 1770 jusqu'à 1830.** 1 vol. in-8, traduit de l'anglais. 7 fr.

REYNALD (H.). **Histoire de l'Angleterre** depuis la reine Anne jusqu'à nos jours. 1 vol. in-18. 2e édit. 3 fr. 50

* THACKERAY. **Les Quatre George.** Traduit de l'anglais par LEFOYER. 1 vol. in-18. 3 fr. 50

* BAGEHOT (W.). **La Constitution anglaise,** traduit de l'anglais. 1 vol. in-18. 3 fr. 50

* BAGEHOT (W.). **Lombart-street.** Le marché financier en Angleterre. 1 vol. in-18. 3 fr. 50

* LAUGEL (Aug.). **Lord Palmerston et lord Russel.** 1 vol. in-18. 3 fr. 50

* GLADSTONE (E. W.). **Questions constitutionnelles** (1873-1878). — Le Prince-époux. — Le droit électoral. Traduit de l'anglais, et précédé d'une Introduction par Albert GIGOT. 1 vol. in-8. 5 fr.

ALLEMAGNE

* HILLEBRAND (K.). **La Prusse contemporaine et ses institutions.** 1 vol. in-18. 3 fr. 50

* VÉRON (Eug.). **Histoire de la Prusse,** depuis la mort de Frédéric II jusqu'à la bataille de Sadowa. 1 vol. in-18. 3e édit. 3 fr. 50

VÉRON (Eug.). **Histoire de l'Allemagne,** depuis la bataille de Sadowa jusqu'à nos jours. 1 vol. in-18. 2e édit. 3 fr. 50

* BOURLOTON (Ed.). **L'Allemagne contemporaine.** 1 volume in-18. 3 fr. 50

AUTRICHE-HONGRIE

* ASSELINE (L.). **Histoire de l'Autriche,** depuis la mort de Marie-Thérèse jusqu'à nos jours. 1 vol. in-18. 2e édit. 3 fr. 50

SAYOUS (Ed.). **Histoire des Hongrois** et de leur littérature politique, de 1790 à 1815. 1 vol. in-18. 3 fr. 50

ESPAGNE

* REYNALD (H.). **Histoire de l'Espagne** depuis la mort de Charles III jusqu'à nos jours. 1 vol. in-18. 3 fr. 50

RUSSIE

HERBERT BARRY. **La Russie contemporaine,** traduit de l'anglais. 1 vol. in-18. 3 fr. 50

CRÉHANGE (M.). **Histoire contemporaine de la Russie.** 1 volume in-18. 3 fr. 50

SUISSE

DIXON (H.). **La Suisse contemporaine.** 1 vol. in-18, traduit de l'anglais. 3 fr. 50

* DAENDLIKER. **Histoire du peuple suisse,** traduit de l'allemand par Mme Jules FAVRE, et précédé d'une Introduction de M. Jules FAVRE. 1 vol. in-18. 5 fr.

AMÉRIQUE

DEBERLE (Alf.). **Histoire de l'Amérique du Sud,** depuis sa conquête jusqu'à nos jours. 1 vol. in-18. 2e édit. 3 fr. 50

* LAUGEL (Aug.). **Les États-Unis pendant la guerre.** 1861-1864. Souvenirs personnels. 1 vol. in-18. 3 fr. 50

---

* DESPOIS (Eug.). **Le Vandalisme révolutionnaire.** Fondations littéraires, scientifiques et artistiques de la Convention. 2e édition, précédée d'une notice sur l'auteur par M. Charles BIGOT. 1 vol. in-18. 3 fr. 50

* BARNI (Jules). **Histoire des idées morales et politiques en France au dix-huitième siècle.** 2 vol. in-18. Chaque volume. 3 fr. 50

* BARNI (Jules). **Les Moralistes français au dix-huitième siècle.** 1 vol. in-18 faisant suite aux deux précédents. 3 fr. 50

BARNI (Jules). **Napoléon Ier et son historien M. Thiers.** 1 vol. in-18. 3 fr. 50

BEAUSSIRE (Émile). **La guerre étrangère et la guerre civile.** 1 vol. in-18. 3 fr. 50

DUVERGIER DE HAURANNE. **La république conservatrice.** 1 vol. in-18. 3 fr. 50

* CLAMAGERAN (J.). **La France républicaine.** 1 vol. in-18. 3 fr. 50

LAVELEYE (E. de). **Le socialisme contemporain.** 1 vol. in-18. 3e édit. 3 fr. 50

MARCELLIN PELLET. **Variétés révolutionnaires.** 1 vol. in-18, précédé d'une Préface de A. RANC. 1885. 3 fr. 50

BIBLIOTHÈQUE HISTORIQUE ET POLITIQUE

Volumes in-8, à 5, 7 fr. 50 et 10 fr.

* ALBANY DE FONBLANQUE. **L'Angleterre, son gouvernement, ses institutions.** Traduit de l'anglais sur la 14e édition par M. F. C. DREYFUS, avec Introduction par M. H. BRISSON. 1 vol. 5 fr.

BENLOEW. **Les lois de l'Histoire.** 1 vol. 5 fr.

* DESCHANEL (E.). **Le peuple et la bourgeoisie.** 1 vol. 5 fr.

DU CASSE. **Les rois frères de Napoléon Ier.** 1 vol. 10 fr.

MINGHETTI. **L'État et l'Église.** 1 vol. 5 fr.

LOUIS BLANC. **Discours politiques** (1848-1881). 1 vol. 7 fr. 50

PHILIPPSON. **La contre-révolution religieuse au XVIe siècle.** 1 vol. in-8. 10 fr.

DREYFUS (F. C.). **La France, son gouvernement, ses institutions.** 1 vol. (*Sous presse.*)

PUBLICATIONS HISTORIQUES ILLUSTRÉES

HISTOIRE ILLUSTRÉE DU SECOND EMPIRE, par Taxile DELORD. 6 vol. in-8 colombier.
Chaque vol. broché, 8 fr. — Cart. doré, tr. dorées. 11 fr. 50
L'ouvrage est complet. On peut se procurer les livraisons de 8 pages au prix de 10 centimes.

HISTOIRE POPULAIRE DE LA FRANCE, depuis les origines jusqu'en 1815. — Nouvelle édition. — 4 vol. in-8 colombier.
Chaque vol., avec gravures, broché, 7 fr. 50 — Cart. doré, tranches dorées.................................. 11 fr.
L'ouvrage est complet. Chaque livraison de 8 pages se vend séparément 15 centimes.

RECUEIL DES INSTRUCTIONS

DONNÉES

AUX AMBASSADEURS ET MINISTRES DE FRANCE

DEPUIS LES TRAITÉS DE WESTPHALIE JUSQU'A LA RÉVOLUTION FRANÇAISE

Publié sous les auspices de la Commission des archives diplomatiques au Ministère des affaires étrangères.

I. — AUTRICHE

avec une Introduction et des notes, par Albert SOREL.

Un beau vol. in-8 cavalier, imprimé sur papier de Hollande..... 20 fr.

ANTHROPOLOGIE

ET

ETHNOLOGIE

EVANS (John). **Les âges de la pierre**. Grand in-8, avec 467 figures dans le texte. 15 fr. — En demi-reliure.   18 fr.

EVANS (John). **L'âge du bronze**. Grand in-8, avec 540 figures dans le texte, broché, 15 fr. — En demi-reliure.   18 fr.

GIRARD DE RIALLE. **Les peuples de l'Afrique et de l'Amérique.** 1 vol. in-18.   60 cent.

HARTMANN (R.). **Les peuples de l'Afrique.** 1 vol. in-8, avec figures.   6 fr.

JOLY (N.). **L'homme avant les métaux.** 1 vol. in-8 avec 150 figures dans le texte et un frontispice. 4ᵉ édit.   6 fr.

LUBBOCK (Sir John). **L'homme préhistorique**, suivi d'une Description comparée des mœurs des sauvages modernes. 526 figures intercalées dans le texte. 3ᵉ édition, suivie d'une conférence de M. P. BROCA sur les *Troglodytes de la Vezère*. 1 beau volume in-8. (*Sous presse*.)

LUBBOCK (Sir John). **Les origines de la civilisation.** État primitif de l'homme et mœurs des sauvages modernes. 1877. 1 vol. gr. in-8, avec figures et planches hors texte. Trad. de l'anglais par M. Ed. BARBIER. 2ᵉ édit. 1877,   15 fr. — Relié en demi-maroquin, avec tranches dorées.   18 fr.

DE QUATREFAGES. **L'espèce humaine.** 1 vol. in-8. 6ᵉ édit.   6 fr.

WHITNEY. **La vie du langage.** 1 vol. in-8. 3ᵉ édit.   6 fr.

ZABOROWSKI. **L'anthropologie,** son histoire, sa place, ses résultats. 1 brochure in-8.   1 fr. 25

ZABOROWSKI. **Les mondes disparus.** 1 vol. in-18.   60 c.

ZABOROWSKI. **L'homme préhistorique.** 3ᵉ édit. 1 vol. in-18.   60 c.

ZABOROWSKI. **L'origine du langage.** 2ᵉ édit. 1 vol. in-18.   60 c.

ZABOROWSKI. **Les grands singes.** 1 vol. in-18.   60 c.

CARETTE (le colonel). **Études sur les temps antéhistoriques.** Première étude : *Le langage.* 1 vol. in-8. 1878.   8 fr.

REVUE PHILOSOPHIQUE
DE LA FRANCE ET DE L'ÉTRANGER
Dirigée par TH. RIBOT
Agrégé de philosophie, Docteur ès lettres

(10ᵉ *année*, 1885.)

La Revue philosophique paraît tous les mois, par livraisons de 6 ou 7 feuilles grand in-8, et forme ainsi à la fin de chaque année deux forts volumes d'environ 680 pages chacun.

CHAQUE NUMÉRO DE LA *REVUE* CONTIENT :

1° Plusieurs articles de fond ; 2° des analyses et comptes rendus des nouveaux ouvrages philosophiques français et étrangers ; 3° un compte rendu aussi. complet que possible des *publications périodiques* de l'étranger pour tout ce qui concerne la philosophie ; 4° des notes, documents, observations, pouvant servir de matériaux ou donner lieu à des vues nouvelles.

Prix d'abonnement :

Un an, pour Paris, 30 fr. — Pour les départements et l'étranger, 33 fr.
La livraison..................... 3 fr.

Les années écoulées se vendent séparément, 30 francs, et par livraisons de 3 francs.

REVUE HISTORIQUE
Dirigée par G. MONOD
Maître de conférences à l'École normale, directeur à l'Ecole de Hautes-Études.

(10ᵉ *année*, 1885.)

La Revue historique paraît tous les deux mois, par livraisons grand in-8 de 15 ou 16 feuilles, de manière à former à la fin de l'année trois beaux volumes de 500 pages chacun.

CHAQUE LIVRAISON CONTIENT :

I. Plusieurs *articles de fond*, comprenant chacun, s'il est possible, un travail complet. — II. Des *Mélanges et Variétés*, composés de documents inédits d'une étendue restreinte et de courtes notices sur des points d'histoire curieux ou mal connus. — III. Un *Bulletin historique* de la France et de l'étranger, fournissant des renseignements aussi complets que possible sur tout ce qui touche aux études historiques. — IV. Une *analyse des publications périodiques* de la France et de l'étranger, au point de vue des études historiques. — V. Des *Comptes rendus critiques* des livres d'histoire nouveaux.

Prix d'abonnement :

Un an, pour Paris, 30 fr. — Pour les départements et l'étranger, 33 fr.
La livraison.................. 6 fr.

Les années écoulées se vendent séparément 30 francs, et par fascicules de 6 francs. Les fascicules de la 1ʳᵉ année se vendent 9 francs.

Table des matières contenues dans les cinq premières années de la Revue *historique* (1876 à 1880), *par* CHARLES BÉMONT. 1 vol. in-8, 3 fr. (pour les abonnés de la *Revue*, 1 fr. 50).

BIBLIOTHÈQUE SCIENTIFIQUE INTERNATIONALE

Publiée sous la direction de M. Émile ALGLAVE

La *Bibliothèque scientifique internationale* est une œuvre dirigée par les auteurs mêmes, en vue des intérêts de la science, pour la populariser sous toutes ses formes, et faire connaître immédiatement dans le monde entier les idées originales, les directions nouvelles, les découvertes importantes qui se font chaque jour dans tous les pays. Chaque savant expose les idées qu'il a introduites dans la science, et condense pour ainsi dire ses doctrines les plus originales.

On peut ainsi, sans quitter la France, assister et participer au mouvement des esprits en Angleterre, en Allemagne, en Amérique, en Italie, tout aussi bien que les savants mêmes de chacun de ces pays.

La *Bibliothèque scientifique internationale* ne comprend pas seulement des ouvrages consacrés aux sciences physiques et naturelles, elle aborde aussi les sciences morales, comme la philosophie, l'histoire, la politique et l'économie sociale, la haute législation, etc.; mais les livres traitant des sujets de ce genre se rattachent encore aux sciences naturelles, en leur empruntant les méthodes d'observation et d'expérience qui les ont rendues si fécondes depuis deux siècles.

Cette collection paraît à la fois en français, en anglais, en allemand et en italien : à Paris, chez Félix Alcan ; à Londres, chez C. Kegan, Paul et Cie ; à New-York, chez Appleton ; à Leipzig, chez Brockhaus ; et à Milan, chez Dumolard frères.

LISTE DES OUVRAGES PAR ORDRE D'APPARITION

VOLUMES IN-8, CARTONNÉS A L'ANGLAISE, A 6 FRANCS.

Les mêmes en demi-reliure veau avec coins, tranche supér. dorée, non rogné...................... 10 francs.

Les titres précédés d'un ' *astérisque* sont recommandés par le Ministère de l'Instruction publique pour les Bibliothèques et pour les distributions de prix des lycées et des collèges.

* 1. J. TYNDALL. **Les glaciers et les transformations de l'eau**, avec figures. 1 vol. in-8. 4e édition. 6 fr.

* 2. MAREY. **La machine animale**, locomotion terrestre et aérienne, avec de nombreuses fig. 1 vol. in-8. 2e édition. 6 fr.

3. BAGEHOT. **Lois scientifiques du développement des nations** dans leurs rapports avec les principes de la sélection naturelle et de l'hérédité. 1 vol. in-8. 4e édition. 6 fr.

4. BAIN. **L'esprit et le corps.** 1 vol. in-8. 4e édition. 6 fr.

* 5. PETTIGREW. **La locomotion chez les animaux**, marche, natation. 1 vol. in-8, avec figures. 6 fr.

* 6. HERBERT SPENCER. **La science sociale.** In-8. 6e édit. 6 fr.

* 7. SCHMIDT (O.). **La descendance de l'homme et le darwinisme.** 1 vol. in-8, avec fig. 4e édition. 6 fr.

* 8. MAUDSLEY. **Le crime et la folie.** 1 vol. in-8. 5e édit. 6 fr.

* 9. VAN BENEDEN. **Les commensaux et les parasites dans le règne animal.** 1 vol. in-8, avec figures. 2e édit.   6 fr.

10. BALFOUR STEWART. **La conservation de l'énergie,** suivi d'une étude sur la *nature de la force*, par *M. P. de Saint-Robert*, avec figures. 1 vol. in-8. 3e édition.   6 fr.

11. DRAPER. **Les conflits de la science et de la religion.** 1 vol. in-8. 7e édition.   6 fr.

12. SCHUTZENBERGER. **Les fermentations.** 1 vol. in-8, avec fig. 4e édition.   6 fr.

* 13. L. DUMONT. **Théorie scientifique de la sensibilité.** 1 vol. in-8. 3e édition.   6 fr.

* 14. WHITNEY. **La vie du langage.** 1 vol. in-8. 3e édit.   6 fr.

15. COOKE et BERKELEY. **Les champignons.** 1 vol. in-8, avec figures. 3e édition.   6 fr.

* 16. BERNSTEIN. **Les sens.** 1 vol. in-8, avec 91 fig. 3e édit. 6 fr.

* 17. BERTHELOT. **La synthèse chimique.** 1 vol. in-8. 4e édition.   6 fr.

* 18. VOGEL. **La photographie et la chimie de la lumière,** avec 95 figures. 1 vol. in-8. 3e édition.   6 fr.

* 19. LUYS. **Le cerveau et ses fonctions,** avec figures. 1 vol. in-8. 4o édition.   6 fr.

* 20. STANLEY JEVONS. **La monnaie et le mécanisme de l'échange.** 1 vol. in-8. 3e édition.   6 fr.

* 21. FUCHS. **Les volcans et les tremblements de terre.** 1 vol. in-8, avec figures et une carte en couleur. 4e éd.   6 fr.

* 22. GÉNÉRAL BRIALMONT. **Les camps retranchés et leur rôle dans la défense des États,** avec fig. dans le texte et 2 planches hors texte. 3e édit.   6 fr.

* 23. DE QUATREFAGES. **L'espèce humaine.** 1 vol. in-8. 7e édition.   6 fr.

* 24. BLASERNA et HELMHOLTZ. **Le son et la musique.** 1 vol. in-8, avec figures. 2e édit.   6 fr.

* 25. ROSENTHAL. **Les nerfs et les muscles.** 1 vol. in-8, avec 75 figures. 3e édition.   6 fr.

* 26. BRUCKE et HELMHOLTZ. **Principes scientifiques des beaux-arts,** avec 39 figures. 3e édit.   6 fr.

* 27. WURTZ. **La théorie atomique.** 1 vol. in-8. 3e édition. 6 fr.

* 28-29. SECCHI (le Père). **Les étoiles.** 2 vol. in-8, avec 63 fig. dans le texte et 17 pl. en noir et en coul. hors texte. 2e édit.   12 fr.

30. JOLY. **L'homme avant les métaux.** In-8 avec fig. 4e éd. 6 fr.

* 31. A. BAIN. **La science de l'éducation.** 1 v. in-8. 4e édit. 6 fr.

* 32-33. THURSTON (R.). **Histoire des machines à vapeur,** précédé d'une Introduction par M. HIRSCH. 2 vol. in-8, avec 140 fig. dans le texte et 16 pl. hors texte. 2e édit.   12 fr.

* 34. HARTMANN (R.). **Les peuples de l'Afrique.** 1 vol. in-8, avec figures. 2e édit.   6 fr.

* 35. HERBERT SPENCER. **Les bases de la morale évolutionniste.** 1 vol. in-8. 3e édit.   6 fr.

36. HUXLEY. **L'écrevisse,** introduction à l'étude de la zoologie. 1 vol. in-8, avec figures.   6 fr.

37. DE ROBERTY. **De la sociologie.** 1 vol. in-8.   6 fr.

* 38. ROOD. **Théorie scientifique des couleurs.** 1 vol. in-8 avec figures et une planche en couleurs hors texte.   6 fr.

39. DE SAPORTA et MARION. **L'évolution du règne végétal** (les Cryptogames). 1 vol. in-8 avec figures.   6 fr.

40-41. CHARLTON BASTIAN. **Le cerveau, organe de la pensée chez l'homme et chez les animaux.** 2 vol. in-8, avec figures.   12 fr.

42. JAMES SULLY. **Les illusions des sens et de l'esprit.** 1 vol. in-8 avec figures.

43. YOUNG. **Le Soleil.** 1 vol. in-8, avec figures.   6 fr.

44. DE CANDOLLE. **L'origine des plantes cultivées.** 2e édition. 1 vol. in-8.   6 fr.

45-46. SIR JOHN LUBBOCK. **Fourmis, Abeilles et Guêpes.** Études expérimentales sur l'organisation et les mœurs des sociétés d'insectes hyménoptères. 2 vol. in-8 avec 65 figures dans le texte, et 13 planches hors texte, dont 5 coloriées.   12 fr.

47. PERRIER (Ed.). **La philosophie zoologique avant Darwin.** 1 vol. in-8 avec fig. 2e édit.   6 fr.

48. STALLO. **La matière et la physique moderne.** 1 vol. in-8, précédé d'une introduction par FRIEDEL.   6 fr.

49. MANTEGAZZA. **La physionomie et l'expression des sentiments.** 1 vol. in-8 avec figures et 8 planches hors texte.   6 fr.

50. DE MEYER. **Les organes de la parole et leur emploi pour la formation des sons du langage.** 1 vol. in-8 avec 51 figures, traduit de l'allemand et précédé d'une Introduction par O. CLAVEAU.   6 fr.

51. DE LANESSAN. **Introduction à l'étude de la botanique** (le Sapin). 1 vol. in-8 avec figures.   6 fr.

52-53. DE SAPORTA et MARION. **L'évolution du règne végétal** (les Phanérogames). 2 vol. in-8 avec figures.   12 fr.

OUVRAGES SUR LE POINT DE PARAITRE :

POUCHET (G.). **Le sang.** 1 vol. in-8, avec figures.
ROMANES. **L'intelligence des animaux.** 1 vol. in-8.
SEMPER. **Les conditions d'existence des animaux.** 1 vol. in-8, avec figures.

LISTE DES OUVRAGES

DE LA

BIBLIOTHÈQUE SCIENTIFIQUE INTERNATIONALE

PAR ORDRE DE MATIÈRES

Chaque volume in-8, cartonné à l'anglaise.... 6 francs.

En demi-reliure veau avec coins, tranche supérieure dorée, non rogné........................ 10 fr.

SCIENCES SOCIALES

Introduction à la science sociale, par HERBERT SPENCER. 1 vol.

Les Bases de la morale évolutionniste, par HERBERT SPENCER. 1 vol.

Les Conflits de la science et de la religion, par DRAPER, professeur à l'Université de New-York. 1 vol.

Le Crime et la Folie, par H. Maudsley, professeur de médecine légale à l'Université de Londres. 1 vol.

La Défense des États et des camps retranchés, par le général A. Brialmont, inspecteur général des fortifications et du corps du génie de Belgique. 1 vol. avec nombreuses figures dans le texte et 2 planches hors texte.

La Monnaie et le mécanisme de l'échange, par W. Stanley Jevons, prof. d'économie politique à l'Université de Londres. 1 vol.

La Sociologie, par de Roberty. 1 vol.

La Science de l'éducation, par Alex. Bain, professeur à l'Université d'Aberdeen (Écosse) 1 vol.

Lois scientifiques *et développement des nations* dans leurs rapports avec les principes de l'hérédité et de la sélection naturelle, par W. Bagehot. 1 vol.

La Vie du Langage, par D. Whitney, professeur de philologie comparée à Yale-College de Boston (États-Unis). 1 vol.

PHYSIOLOGIE

Les Illusions des Sens et de l'Esprit, par James Sully. 1 vol in-8.

La Locomotion chez les animaux (marche, natation et vol), suivie d'une étude sur l'*Histoire de la Navigation aérienne*, par J.-B. Pettigrew, professeur au Collège royal de chirurgie d'Édimbourg (Écosse). 1 vol. avec 140 figures dans le texte.

Les Nerfs et les Muscles, par J. Rosenthal, professeur de physiologie à l'Université d'Erlangen (Bavière). 1 vol. avec 75 figures dans le texte.

La Machine animale, par E.-J. Marey, membre de l'Institut, professeur au Collège de France. 1 vol. avec 117 figures dans le texte.

Les Sens, par Bernstein, professeur de physiologie à l'Université de Halle (Prusse). 1 vol. avec 91 figures dans le texte.

Les organes de la parole, par H. de Meyer, professeur à l'Université de Zurich, traduit de l'allemand et précédé d'une Introduction sur l'*Enseignement de la parole aux sourds-muets*, par O. Claveau, inspecteur général des établissements de bienfaisance. 1 vol. avec 51 figures dans le texte.

La physionomie et l'expression des sentiments, par P. Mantegazza, professeur au Muséum d'histoire naturelle de Florence. 1 vol. avec figures et 8 planches hors texte, d'après les dessins originaux d'Édouard Ximenès.

PHILOSOPHIE SCIENTIFIQUE

Le Cerveau et ses fonctions, par J. Luys, membre de l'Académie de médecine, médecin de la Salpêtrière. 1 vol. avec figures.

Le Cerveau et la Pensée chez l'homme et les animaux, par Charlton Bastian, professeur à l'Université de Londres. 2 vol. avec 184 figures dans le texte.

Le Crime et la Folie, par H. Maudsley, professeur à l'Université de Londres. 1 vol.

L'Esprit et le Corps, considérés au point de vue de leurs relations, suivi d'études sur les *Erreurs généralement répandues au sujet de l'Esprit*, par Alex. BAIN, prof. à l'Université d'Aberdeen (Écosse). 1 vol.

Théorie scientifique de la sensibilité : *le Plaisir et la Peine*, par Léon DUMONT. 1 vol.

La matière et la physique moderne, par STALLO; précédé d'une préface par C. FRIEDEL, de l'Institut.

ANTHROPOLOGIE

L'Espèce humaine, par A. DE QUATREFAGES, membre de l'Institut, professeur d'anthropologie au Muséum d'histoire naturelle de Paris. 1 vol.

L'Homme avant les métaux, par N. JOLY, correspondant de l'Institut, professeur à la Faculté des sciences de Toulouse. 1 vol. avec 150 figures dans le texte et un frontispice.

Les peuples de l'Afrique, par R. HARTMANN, professeur à l'Université de Berlin. 1 vol. avec 93 figures dans le texte.

ZOOLOGIE

Descendance et Darwinisme, par O. SCHMIDT, professeur à l'Université de Strasbourg. 1 vol. avec figures.

Fourmis, Abeilles, Guêpes, par sir JOHN LUBBOCK. 2 vol. in-8, avec figures dans le texte et 13 planches hors texte dont 5 coloriées.

L'Écrevisse, introduction à l'étude de la zoologie, par Th.-H. HUXLEY, membre de la Société royale de Londres et de l'Institut de France, professeur d'histoire naturelle à l'École royale des mines de Londres. 1 vol. avec 82 figures.

Les Commensaux et les Parasites dans le règne animal, par P.-J. VAN BENEDEN, professeur à l'Université de Louvain (Belgique). 1 vol. avec 83 figures dans le texte.

La philosophie zoologique avant Darwin, par EDMOND PERRIER, professeur au Muséum d'histoire naturelle de Paris. 1 vol.

BOTANIQUE — GÉOLOGIE

Les Champignons, par COOKE et BERKELEY. 1 vol. avec 110 figures.

L'Évolution du règne végétal, *les Cryptogames,* par G. DE SAPORTA, correspondant de l'Institut, et MARION, professeur à la Faculté des sciences de Marseille. 1 vol. avec 85 figures dans le texte.

Les Volcans et les Tremblements de terre, par FUCHS, professeur à l'Université de Heidelberg. 1 vol. avec 36 figures et une carte en couleur.

Origine des Plantes cultivées, par A. DE CANDOLLE, correspondant de l'Institut. 1 vol.

Introduction à l'étude de la botanique (le Sapin), par J. DE LANESSAN, professeur agrégé à la Faculté de médecine de Paris. 1 vol. in-8 avec figures dans le texte.

CHIMIE

Les Fermentations, par P. Schutzenberger, membre de l'Académie de médecine, professeur de chimie au Collège de France. 1 vol.

La Synthèse chimique, par M. Berthelot, membre de l'Institut, professeur de chimie organique au Collège de France. 1 vol.

La Théorie atomique, par Ad. Wurtz, membre de l'Institut, professeur à la Faculté des sciences et à la Faculté de médecine de Paris. 1 vol.

ASTRONOMIE — MÉCANIQUE

Histoire de la Machine à vapeur, de la Locomotive et des Bateaux à vapeur, par R. Thurston, professeur de mécanique à l'Institut technique de Hoboken, près New-York, revue, annotée et augmentée d'une introduction par Hirsch, professeur de machines à vapeur à l'École des ponts et chaussées de Paris. 2 vol. avec 160 figures dans le texte et 16 planches tirées à part.

Les Étoiles, notions d'astronomie sidérale, par le P. A. Secchi, directeur de l'Observatoire du Collège Romain. 2 vol. avec 63 figures dans le texte et 16 planches en noir et en couleur.

Le Soleil, par C.-A. Young, professeur d'astronomie au collège de New-Jersey. 1 vol. in-8 avec 87 figures.

PHYSIQUE

La Conservation de l'énergie, par Balfour Stewart, professeur de physique au collège Owens de Manchester (Angleterre), suivi d'une étude sur *la Nature de la force*, par P. de Saint-Robert (de Turin). 1 vol. avec figures.

Les Glaciers et les Transformations de l'eau, par J. Tyndall, professeur de chimie à l'Institution royale de Londres, suivi d'une étude sur le même sujet par Helmholtz, professeur à l'Université de Berlin. 1 vol. avec nombreuses figures dans le texte et 8 planches tirées à part sur papier teinté.

La Photographie et la Chimie de la Lumière, par Vogel, professeur à l'Académie polytechnique de Berlin. 1 vol. avec 95 figures dans le texte et une planche en photoglyptie.

La matière et la physique moderne, par Stallo. 1 vol.

THÉORIE DES BEAUX-ARTS

Le Son et la Musique, par P. Blaserna, professeur à l'Université de Rome, suivi des *Causes physiologiques de l'harmonie musicale*, par H. Helmholtz, professeur à l'Université de Berlin. 1 vol. avec 41 figures.

Principes scientifiques des Beaux-Arts, par E. Brucke, professeur à l'Université de Vienne, suivi de *l'Optique et les Arts*, par Helmholtz, professeur à l'Université de Berlin. 1 vol. avec figures.

Théorie scientifique des Couleurs et leurs applications aux arts et à l'industrie, par O.-N. Rood, professeur de physique à Colombia-College de New-York (États-Unis). 1 vol. avec 130 figures dans le texte et une planche en couleurs.

PUBLICATIONS

ALAUX. **La religion progressive.** 1 vol. in-18. 3 fr. 50

ALGLAVE. **Des Juridictions civiles chez les Romains.** 1 vol. in-8. 2 fr. 50

ARRÉAT. **Une éducation intellectuelle.** 1 vol. in-18. 2 fr. 50

ARRÉAT. **La morale dans le drame, l'épopée et le roman.** 1 vol. in-18. 1883. 2 fr. 50

AUDIFFRET-PASQUIER. **Discours devant les commissions de réorganisation de l'armée et des marchés.** 2 fr. 50

BALFOUR STEWART et TAIT. **L'univers invisible.** 1 vol. in-8, traduit de l'anglais. 7 fr.

BARNI. Voy. KANT, pages 4, 7, 11, 12 et 31.

BARNI. **Les martyrs de la libre pensée.** In-18. 2ᵉ éd. 3 fr. 50

BARNI (Jules). **Napoléon Iᵉʳ.** 1 vol. in-8, édition populaire. 1 fr.

BARTHÉLEMY SAINT-HILAIRE. Voy. ARISTOTE, pages 3 et 6.

BAUTAIN. **La philosophie morale.** 2 vol. in-8. 12 fr.

BÉNARD (Ch.). **De la philosophie dans l'éducation classique.** 1862. 1 fort vol. in-8. 6 fr.

BERTAUT. **J. Saurin**, et la prédication protestante jusqu'à la fin du règne de Louis XIV. 1 vol. in-8. 5 fr.

BERTAULD (P.-A.). **Introduction à la recherche des causes premières. — De la méthode.** 3 vol. in-18. Chaque volume 3 fr. 50

BLACKWELL (Dʳ Elisabeth). **Conseils aux parents**, sur l'éducation de leurs enfants au point de vue sexuel. In-18. 2 fr.

BLANQUI. **L'éternité par les astres.** 1872. In-8. 2 fr.

BOUCHARDAT. **Le travail**, son influence sur la santé (conférences faites aux ouvriers). 1863. 1 vol. in-18. 2 fr. 50

BOUILLET (Ad.). **Les Bourgeois gentilshommes. — L'armée d'Henri V.** 1 vol. in-18. 3 fr. 50

BOUILLET (Ad.). **Types nouveaux.** 1 vol. in-18. 1 fr. 50

BOUILLET (Ad.). **L'arrière-ban de l'ordre moral.** 1 vol. in-18. 3 fr. 50

BOURBON DEL MONTE. **L'homme et les animaux.** In-8. 5 fr.

BOURDEAU (Louis). **Théorie des sciences**, plan de science intégrale. 2 vol. in-8. 1882. 20 fr.

BOURDEAU (Louis). **Les forces de l'industrie**, progrès de la puissance humaine. 1 vol. in-8. 1884. 5 fr.

BOURDET (Eug.). **Principes d'éducation positive**, précédé d'une préface de ʋ. Ch. ROBIN. 1 vol. in-18. 3 fr. 50

BOURLOTON (Edg.) et ROBERT (Edmond). **La Commune et ses idées à travers l'histoire.** 1 vol. in-18 3 fr. 50

BROCHARD (V.). **De l'Erreur.** 1 vol. in-8. 1879. 3 fr. 50

BUCHNER. **Essai biographique sur Léon Dumont.** 1 vol. in-18 (1884). 2 fr.

BUSQUET. **Représailles**, poésies. 1 vol. in-18. 3 fr.

CADET. **Hygiène, inhumation, crémation.** In-18. 2 fr.

CHASSERIAU (Jean). **Du principe autoritaire et du principe rationnel.** 1873. 1 vol. in-18. 3 fr. 50

CLAMAGERAN. **L'Algérie,** impressions de voyage. 3ᵉ édition.
1 vol. in-18. 1884. 3 fr. 50

CLOOD. **L'enfance du monde,** simple histoire de l'homme des
premiers temps. In-12. 1 fr.

CONTA.. **Théorie du fatalisme.** 1 vol. in-18. 1877. 4 fr.

CONTA. **Introduction à la métaphysique.** 1 vol. in-18. 3 fr.

COQUEREL (Charles). **Lettres d'un marin à sa famille.** 1870.
1 vol. in-18. 3 fr. 50

COQUEREL fils (Athanase). **Libres études** (religion, critique,
histoire, beaux-arts). 1867. 1 vol. in-8. 5 fr.

COQUEREL fils (Athanase). **Pourquoi la France n'est-elle
pas protestante ?** 2ᵉ édition. In-8. 1 fr.

COQUEREL fils (Athanase). **La charité sans peur.** In-8. 75 c.

COQUEREL fils (Athanase). **Évangile et liberté.** In-8. 50 c.

COQUEREL fils (Athanase). **De l'éducation des filles,** réponse à
Mᵍʳ l'évêque d'Orléans. In-8. 1 fr.

CORLIEU (le docteur). **La mort des rois de France,** depuis
François Iᵉʳ jusqu'à la Révolution française, études médicales
et historiques. 1 vol. in-18. 3 fr. 50

**Conférences de la Porte-Saint-Martin pendant le siège
de Paris.** Discours de MM. *Desmarets* et *de Pressensé.* —
Coquerel : sur les moyens de faire durer la République. — *Le
Berquier :* sur la Commune. — *E. Bersier :* sur la Commune.
— *H. Cernuschi :* sur la Légion d'honneur. In-8. 1 fr. 25

CORTAMBERT (Louis). **La religion du progrès.** In-18. 3 fr. 50

COSTE (Adolphe). **Hygiène sociale contre le paupérisme**
(prix de 5000 fr. au concours Péreire). 1 vol. in-8. 1882. 6 fr.

DANICOURT (Léon). **La patrie et la république.** In-18. 2 fr. 50

DANOVER. **De l'esprit moderne.** 1 vol. in-18. 1 fr. 50

DAURIAC (Lionel). **Des notions de force et de matière
dans les sciences de la nature.** 1 vol. in-8. 1878. 5 fr.

DAURIAC. **Psychologie et pédagogie.** 1 br. in-8 1884. 1 fr.

DAVY. **Les conventionnels de l'Eure.** 2 forts vol. in-8. 18 fr.

DELBŒUF. **La psychologie comme science naturelle.** 1 vol.
in-8. 1876. 2 fr. 50

DELBŒUF. **Psychophysique,** mesure des sensations de lumière et
de fatigue; théorie générale de la sensibilité. In-18. 1883. 3 fr. 50

DELBŒUF. **Examen critique de la loi psychophysique,** sa
base et sa signification. 1 vol. in-18. 1883. 3 fr. 50

DESTREM (J.). **Les déportations du Consulat.** 1 br. in-8. 1 fr. 50

DOLLFUS (Ch.). **De la nature humaine.** 1868. 1 v. in-8. 5 fr.

DOLLFUS (Ch.). **Lettres philosophiques.** In-18. 3 fr.

DOLLFUS (Ch.). **Considérations sur l'histoire.** Le monde
antique. 1872. 1 vol. in-8. 7 fr. 50

DOLLFUS (Ch.). **L'âme dans les phénomènes de conscience.**
1 vol. in-18. 1876. 3 fr.

DUBOST (Antonin). **Des conditions de gouvernement en
France.** 1 vol. in-8. 1875. 7 fr. 50

DUCROS. **Schopenhauer et les origines de sa métaphysique,** ou les Origines de la transformation de la chose en
soi de Kant à Schopenhauer. 1 vol. in-8. 1883. 3 fr. 50

DUFAY. **Etudes sur la Destinée.** 1 vol. in-18, 1876. 3 fr.

DUMONT (Léon). **Le sentiment du gracieux.** 1 vol. in-8. 3 fr.

DUMONT (Léon). **Des causes du rire.** 1 vol. in-8. 2 fr.

DUNAN. **Essai sur les formes à priori de la sensibilité.**
1 vol. in-8. 1884. 5 fr.

DUNAN. **Les arguments de Zénon d'Elée contre le mouvement.** 1 br. in-8. 1884. 1 fr. 50

DU POTET. **Manuel de l'étudiant magnétiseur.** Nouvelle édition. 1868. 1 vol. in-18. 3 fr. 50

DU POTET. **Traité complet de magnétisme,** cours en douze leçons. 1879, 4e édition. 1 vol. in-8 de 634 pages. 8 fr.

DUPUY (Paul). **Études politiques,** 1874. 1 v. in-8. 3 fr. 50

DURAND-DÉSORMEAUX. **Réflexions et pensées,** précédées d'une notice sur la vie, le caractère et les écrits de l'auteur, par Ch. YRIARTE. 1 vol. in-8. 1884. 2 fr..50

DURAND-DÉSORMEAUX. **Études philosophiques,** théorie de l'action, théorie de la connaissance. 2 vol. in-8. 1884. 15 fr.

DUTASTA. **Le Capitaine Vallé,** ou l'Armée sous la Restauration. 1 vol. in-18. 1883. 3 fr. 50

DUVAL-JOUVE. **Traité de Logique,** 1855. 1 vol. in-8. 6 fr.

DUVERGIER DE HAURANNE (Mme E.). **Histoire populaire de la Révolution française.** 1 vol. in-18. 3e édit. 3 fr. 50

Éléments de science sociale. Religion physique, sexuelle et naturelle. 1 vol. in-18. 4e édit. 1885. 3 fr 50

ÉLIPHAS LÉVI. **Dogme et rituel de la haute magie.** 1861. 2e édit., 2 vol. in-8, avec 24 fig. 18 fr.

ÉLIPHAS LÉVI. **Histoire de la magie.** In-8, avec fig. 12 fr.

ÉLIPHAS LÉVI. **Clef des grands mystères.** In-8. 12 fr.,

ÉLIPHAS LÉVI. **La science des esprits.** In-8. 7 fr.

ESPINAS. **Idée générale de la pédagogie.** 1 br. in-8. 1884. 1 fr.

ÉVELLIN. **Infini et quantité.** Étude sur le concept de l'infini dans la philosophie et dans les sciences. In-8. 2e édit. *(Sous presse.)*

FABRE (Joseph). **Histoire de la philosophie.** Première partie : Antiquité et moyen âge. 1 vol. in-12, 1877. 3 fr. 50

FAU. **Anatomie des formes du corps humain,** à l'usage des peintres et des sculpteurs. 1 atlas de 25 planches avec texte. 2e édition. Prix, fig. noires. 15 fr. ; fig. coloriées. 30 fr.

FAUCONNIER. **Protection et libre échange.** In-8. 2 fr.

FAUCONNIER. **La morale et la religion dans l'enseignement.** 1 vol. in-8. 1881. 75 c.

FAUCONNIER. **L'or et l'argent.** 1 brochure in-8. 2 fr. 50

FERBUS (N.). **La science positive du bonheur.** 1 v. in-18. 3 fr.

FERRIÈRE (Em.). **Les apôtres,** essai d'histoire religieuse, d'après la méthode des sciences naturelles. 1 vol. in-12. 4 fr. 50

FERRIÈRE. **L'âme est la fonction du cerveau.** 2 vol. in-18. 1883. 7 fr.

FERRIÈRE. **Le paganisme des Hébreux jusqu'à la captivité de Babylone.** 1 vol. in-18. 1884. 3 fr. 50

FERRON (de). **Institutions municipales et provinciales** dans les différents États de l'Europe. Comparaison. Réformes. 1 vol. in-8. 1883. 8 fr.

FERRON (de). **Théorie du progrès.** 2 vol. in-18. 7 fr.

FIAUX. **La femme, le mariage et le divorce,** étude de sociologie et de physiologie. 1 vol. in-18. 3 fr.

FOX (W.-J.). **Des idées religieuses.** In-8. 1876. 3 fr.

FRIBOURG (E.). **Le paupérisme parisien.** 1 vol. in-12. 1 fr. 25

GALTIER-BOISSIÈRE. **Sématotechnie,** ou Nouveaux signes phonographiques. 1 vol. in-8 avec figures. 3 fr. 50

GASTINEAU. **Voltaire en exil.** 1 vol. in-18. 3 fr.

GAYTE (Claude). **Essai sur la croyance.** 1 vol. in-8. 3 fr.

GILLIOT (Alph.). **Études sur les religions et institutions comparées.** 2 vol. in-12, tome Ier. 3 fr. — Tome II. 5 fr.

GOBLET D'ALVIELLA. **L'évolution religieuse** chez les Anglais, les Américains, les Indous, etc. 1 vol. in-8. 1883. 8 fr.

GRESLAND. **Le génie de l'homme**, libre philosophie. 1 fort vol. grand in-8. 1883. 7 fr.

GUICHARD (V.). **La liberté de penser.** In-18. 3 fr. 50

GUILLAUME (de Moissey). **Nouveau traité des sensations.** 2 vol. in-8. 1876. 15 fr.

GUILLY. **La nature et la morale.** 1 vol. in-18. 2e éd. 2 fr. 50

GUYAU. **Vers d'un philosophe.** 1 vol. in-18. 3 fr. 50

HAYEM (Armand). **L'être social.** 1 vol. in-18. 1881. 3 fr. 50

HERZEN. **Récits et Nouvelles.** 1 vol. in-18. 3 fr. 50

HERZEN. **De l'autre rive.** 1 vol. in-18. 3 fr. 50

HERZEN. **Lettres de France et d'Italie.** 1871. In-18. 3 fr. 50

HUXLEY. **La physiographie,** introduction à l'étude de la nature, traduit et adapté par M. G. Lamy. 1 vol. in-8 avec figures dans le texte et 2 planches en couleurs, broché, 8 fr. — En demi-reliure, tranches dorées. 11 fr.

ISSAURAT. **Moments perdus de Pierre-Jean.** In-18. 3 fr.

ISSAURAT. **Les alarmes d'un père de famille.** In-8. 1 fr.

JACOBY. **Études sur la sélection dans ses rapports avec l'hérédité chez l'homme.** 1 vol. gr. in-8. 1881. 14 fr.

JANET (Paul). **Le médiateur plastique de Cudworth.** 1 vol. in-8. 1 fr.

JEANMAIRE. **L'idée de la personnalité dans la psychologie moderne.** 1 vol. in-8. 1883. 5 fr.

JOZON (Paul). **De l'écriture phonétique.** In-18. 3 fr. 50

JOYAU. **De l'invention dans les arts et dans les sciences.** 1 vol. in-8. 5 fr.

KRANTZ (Emile). **Essai sur l'esthétique de Descartes,** rapports de la doctrine cartésienne avec la littérature classique du XVIe siècle. 1 vol. in-8. 1882. 6 fr.

LABORDE. **Les hommes et les actes de l'insurrection de Paris** devant la psychologie morbide. 1 vol. in-18. 2 fr. 50

LACHELIER. **Le fondement de l'induction.** 1 vol. in-8. 3 fr. 50

LACOMBE. **Mes droits.** 1869. 1 vol. in-12. 2 fr. 50

LAGGROND. **L'Univers, la force et la vie.** 1 vol. in-8. 1884. 2 fr. 50

LA LANDELLE (de). **Alphabet phonétique.** In-18. 2 fr. 50

LANGLOIS. **L'homme et la Révolution.** 2 vol. in-18. 7 fr.

LA PERRE DE ROO. **La consanguinité et les effets de l'hérédité.** 1 vol. in-8. 5 fr.

LAUSSEDAT. **La Suisse.** Études méd. et sociales. In-18. 3 fr. 50

LAVELEYE (Em. de). **De l'avenir des peuples catholiques.** 1 brochure in-8. 21e édit. 1876. 25 c.

LAVELEYE (Em. de). **Lettres sur l'Italie** (1878-1879). 1 vol. in-18. 3 fr. 50

LAVELEYE. **Nouvelles lettres d'Italie.** 1 vol. in-8. 1884. 3 fr.

LAVELEYE (Em. de). **L'Afrique centrale.** 1 vol. in-12. 3 fr.

LAVERGNE (Bernard). **L'ultramontanisme et l'État.** 1 vol. in-8. 1875. 1 fr. 50

LEDRU-ROLLIN. **Discours politiques et écrits divers.** 2 vol. in-8 cavalier. 1879. 12 fr.

LEGOYT. **Le suicide.** 1 vol. in-8. 8 fr.

LELORRAIN. **De l'aliéné au point de vue de la responsabilité pénale.** 1 brochure in-8. 2 fr.

LEMER (Julien). **Dossier des Jésuites et des libertés de l'Église gallicane.** 1 vol. in-18. 1877. 3 fr. 50

LITTRÉ. **Conservation, révolution et positivisme.** 1 vol. in-12. 2ᵉ édition. 1879. 5 fr.

LITTRÉ. **De l'établissement de la troisième république.** 1 vol. gr. in-8. 1881. 9 fr.

LOURDEAU. **Le Sénat et la magistrature dans la démocratie française.** 1 vol. in-18. 1879. 3 fr. 50

MACY. **De la science et de la nature.** In-8. 6 fr.

MARAIS. **Garibaldi et l'armée des Vosges.** In-18. 1 fr. 50

MASSERON (I.). **Danger et nécessité du socialisme.** 1 vol. in-18. 1883. 3 fr. 50

MAURICE (Fernand). **La politique extérieure de la République française.** 1 vol. in-12. 3 fr. 50

MAX MULLER. **Amour allemand.** 1 vol. in-18. 3 fr. 50

MAZZINI. **Lettres de Joseph Mazzini** à Daniel Stern (1864-1872), avec une lettre autographiée. 3 fr. 50

MENIÈRE. **Cicéron médecin.** 1 vol. in-18. 4 fr. 50

MENIÈRE. **Les consultations de M**ᵐᵉ **de Sévigné,** étude médico-littéraire. 1884. 1 vol. in-8. 3 fr.

MESMER. **Mémoires et aphorismes,** suivis des procédés de d'Eslon. 1846. In-18. 2 fr. 50

MICHAUT (N.). **De l'imagination.** 1 vol. in-8. 5 fr.

MILSAND. **Les études classiques** et l'enseignement public. 1873. 1 vol. in-18. 3 fr. 50

MILSAND. **Le code et la liberté.** 1865. In-8. 2 fr.

MORIN (Miron). **De la séparation du temporel et du spirituel.** 1866. In-8. 3 fr. 50

MORIN (Miron). **Essais de critique religieuse.** 1 fort vol. in-8. 1885. 5 fr.

MORIN. **Magnétisme et sciences occultes.** In-8. 6 fr.

MORIN (Frédéric). **Politique et philosophie.** In-18. 3 fr. 50

MUNARET. **Le médecin des villes et des campagnes.** 4ᵉ édition. 1862. 1 vol. grand in-18. 4 fr. 50

NOEL (E.). **Mémoires d'un imbécile,** précédé d'une préface de *M. Littré*. 1 vol. in-18. 3ᵉ édition. 1879. 3 fr. 50

OGER. **Les Bonaparte** et les frontières de la France. In-18. 50 c.

OGER. **La République.** 1871, brochure in-8. 50 c.

OLECHNOWICZ. **Histoire de la civilisation de l'humanité,** d'après la méthode brahmanique. 1 vol. in-12. 3 fr. 50

OLLÉ-LAPRUNE. **La philosophie de Malebranche.** 2 vol. in-8. 16 fr.

PARIS (le colonel). **Le feu à Paris et en Amérique.** 1 vol. in-18. 3 fr. 50

PARIS (comte de). **Les associations ouvrières en Angle-terre** (trades-unions). 1 vol. in-18. 7ᵉ édit. 1884.   1 fr.
  Édition sur papier fort, 2 fr. 50. — Sur papier de Chine :
  broché, 12 fr. — Rel. de luxe.   20 fr.

PELLETAN (Eugène). **La naissance d'une ville** (Royan).
  1 vol. in-18.   2 fr.

PELLETAN (Eug.). **Jarousseau, le pasteur du désert.** 1 vol.
  in-18. 1877. Couronné par l'Académie française. 6ᵉ édition.
                                                               3 fr. 50

PELLETAN (Eug.). **Élisée, voyage d'un homme à la recherche de lui-même.** 1 vol. in-18. 1867.   3 fr. 50

PELLETAN (Eug.). **Un roi philosophe, Frédéric le Grand.**
  1 vol. in-18. 1878.   3 fr. 50

PELLETAN (Eug.). **Le monde marche** (la loi du progrès).
  In-18.   3 fr. 50

PENJON. **Berkeley,** sa vie et ses œuvres. In-8. 1878.   7 fr. 50

PEREZ (Bernard). **L'éducation dès le berceau.** In-8.   5 fr.

PEREZ (Bernard). **La psychologie de l'enfant** (les trois pre-mières années). 2ᵉ édition entièrement refondue. 1 vol. in-12.
                                                               3 fr. 50

PEREZ (Bernard). **Thiery Tiedmann. — Mes deux chats.**
  1 brochure in-12.   2 fr.

PEREZ (Bernard). **Jacotot et sa méthode d'émancipation intellectuelle.** 1 vol. in-18.   3 fr.

PETROZ (P.). **L'art et la critique en France** depuis 1822.
  1 vol. in-18. 1875.   3 fr. 50

PETROZ. **Un critique d'art au XIXᵉ siècle.** 1 vol. in-18.
  1884.   1 fr. 50

PHILBERT (Louis). **Le rire,** essai littéraire, moral et psycholo-gique. 1 vol. in-8. 1883. (Ouvrage couronné par l'Académie française.)   7 fr. 50

POEY. **Le positivisme.** 1 fort vol. in-12. 1876.   4 fr. 50

POEY. **M. Littré et Auguste Comte.** 1 vol. in-18.   3 fr. 50

POULLET. **La campagne de l'Est** (1870-1871). 1 vol. in-8
  avec 2 cartes, et pièces justificatives. 1879.   7 fr.

QUINET (Edgar). **Œuvres complètes.** 28 volumes in-18.
  Chaque volume. . . . . 3 fr. 50
      Chaque ouvrage se vend séparément :

* I. — Génie des Religions. — De l'Origine des Dieux (nou
    velle édition).

* II. — Les Jésuites. — L'Ultramontanisme. — Introduction à la
    Philosophie de l'Humanité (nouvelle édition) avec Préface
    inédite. — Essai sur les Œuvres de Herder.

* III. — Le Christianisme et la Révolution française. Examen de
    la vie de Jésus-Christ, par STRAUSS.

* IV. — Les Révolutions d'Italie.

* V. — Marnix de Sainte-Aldegonde.

* VI. — Les Roumains. — Allemagne et Italie. — Mélanges.

VII. — Ahasverus.

VIII. — Prométhée. — Les Esclaves.

IX. — Mes Vacances en Espagne.

Suite des Œuvres de EDGAR QUINET.

. — Histoire de mes idées.

XI. — L'Enseignement du Peuple. — La Croisade romaine. — L'État de siège. — Œuvres politiques, *avant l'exil.*

* XII-XIII-XIV. — La Révolution, 3 vol.

* XV. — Histoire de la Campagne de 1815.

XVI. — Napoléon (poème), *épuisé.*

XVII-XVIII. — Merlin l'Enchanteur, 2 vol.

* XIX-XX. — Correspondance, *lettres à sa mère,* 2 vol.

* XXI-XXII. — La Création, 2 vol.

XXIII. — Le Livre de l'Exilé. — Œuvres politiques, *pendant l'exil.* — Le Panthéon. — Révolution religieuse au XIXe siècle.

XXIV. — Le Siège de Paris et la Défense nationale. — Œuvres politiques, *après l'exil.*

XXV. — La République, conditions de régénération de la France.

* XXVI. — L'esprit nouveau.

* XXVII. — La Grèce moderne. — Histoire de la poésie. — Épopées françaises du XXe siècle.

XXVIII. — Vie et Mort du Génie grec.

Les tomes XI, XVII, XVIII, XIX et XX peuvent être fournis en format in-8. 6 fr. le volume.

RAMBERT (E.) et P. ROBERT. **Les oiseaux dans la nature,** description pittoresque des oiseaux utiles. 3 vol. in-folio contenant chacun 20 chromolithographies, 10 gravures sur bois hors texte, et de nombreuses gravures dans le texte. Chaque volume, dans un carton, 40 fr. ; relié, avec fers spéciaux.   50 fr.

RÉGAMEY (Guillaume). **Anatomie des formes du cheval,** à l'usage des peintres et des sculpteurs. 6 planches en chromolithographie, publiées sous la direction de FÉLIX RÉGAMEY, avec texte par le Dr KUHFF.   8 fr.

RIBERT (Léonce). **Esprit de la Constitution** du 25 février 1875. 1 vol. in-18.   3 fr. 50

ROBERT (Edmond). **Les domestiques.** In-18. 1875.   3 fr. 50

SECRÉTAN. **Philosophie de la liberté.** 2 vol. in-8.   10 fr.

SIEGFRIED (Jules). **La misère, son histoire, ses causes, ses remèdes.** 1 vol. grand in-18. 3e édition. 1879.   2 fr. 50

SIÈREBOIS. **Autopsie de l'âme.** Identité du matérialisme et du vrai spiritualisme. 2e édit. 1873. 1 vol. in-18.   2 fr. 50

SMEE (A.). **Mon jardin,** géologie, botanique, histoire naturelle. 1 magnifique vol. gr. in-8, orné de 1300 fig. et 52 pl. hors texte. Broché, 15 fr —Demi-rel., tranches dorées.   18 fr.

SOREL (Albert). **Le traité de Paris du 20 novembre 1815.** 1873. 1 vol. in-8.   4 fr. 50

SOREL (Albert). **Recueil des instructions données aux ambassadeurs et ministres de France, en Autriche,** depuis les traités de Westphalie jusqu'à la Révolution française, publié sous les auspices de la Commission des archives diplo·matiques. 1 fort vol. gr. in-8, sur papier de Hollande.   20 fr.

STUART MILL (J.). **La République de 1848,** traduit de l'anglais, avec préface par Sadi Carnot. 1 vol in-18.   3 fr. 50

TÉNOT (Eugène). **Paris et ses fortifications** (1870-1880 . 1 vol. in-8.   5 fr.

TÉNOT (Eugène). **La frontière** (1870-1881). 1 fort vol. grand in-8. 1882.   8 fr.

THIERS (Édouard). **La puissance de l'armée par la réduction du service.** 1 vol. in-8.   1 fr. 50

THULIÉ. **La folie et la loi.** 1867. 2ᵉ édit. 1 vol. in-8. 3 fr. 50

THULIÉ. **La manie raisonnante du docteur Campagne.** 1870. Broch. in-8 de 132 pages.   2 fr.

TIBERGHIEN. **Les commandements de l'humanité.** In-18.   3 fr.

TIBERGHIEN. **Enseignement et philosophie.** In-18.   4 fr.

TIBERGHIEN. **Introduction à la philosophie.** In-8.   8 fr.

TIBERGHIEN. **La science de l'âme.** 1 v. in-12. 3ᵉ édit. 1879. 6 fr.

TIBERGHIEN. **Éléments de morale univ.** 1 v. in-12. 1879. 2 fr.

TISSANDIER. **Études de Théodicée.** 1869. In-8 de 270 p. 4 fr.

TISSOT. **Principes de morale.** In-8.   6 fr.

TISSOT. Voy. Kant, page 7.

TISSOT (J.). **Essai de philosophie naturelle.** Tome Iᵉʳ. 1 vol. in-8.   12 fr.

VACHEROT. **La science et la métaphysique.** 3 vol. in-18.   10 fr. 50

VACHEROT. Voyez pages 3 et 5.

VALLIER. **De l'intention morale.** 1 vol. in-8.   4 fr. 50

VAN DER REST. **Platon et Aristote.** In-8. 1876.   10 fr.

VALMONT (V.). **L'espion prussien,** roman anglais. In-18. 3 fr. 50

VÉRA. **Introduction à la philosophie de Hegel.** 1 vol. in-8, 2ᵉ édition.   6 fr. 50

VERNIAL. **Origine de l'homme,** d'après les lois de l'évolution naturelle. 1 vol. in-8.   3 fr.

VIDAL. **La croyance philosophique en Dieu.** 1 vol. in-18. 2ᵉ édition.   1 fr. 50

VILLIAUMÉ. **La politique moderne.** 1873. In-8.   6 fr.

VOITURON (P.). **Le libéralisme et les idées religieuses.** 1 vol. in-12.   4 fr.

X***. **La France par rapport à l'Allemagne.** Étude de géographie militaire. 1 vol. in-8 (1884).   6 fr.

YUNG (Eugène). **Henri IV, écrivain.** 1 vol. in-8. 1855. 5 fr.

ENSEIGNEMENT SECONDAIRE

I. — HISTOIRE, GÉOGRAPHIE

COURS COMPLET D'HISTOIRE

Publié sous la direction de

M. GABRIEL MONOD

Maître de conférences à l'École normale supérieure,
Directeur à l'École des Hautes-Études.

CLASSE DE NEUVIÈME. — **Récits et biographies historiques**, par
MM. G. Dhombres, professeur agrégé d'histoire au lycée Henri IV, et
G. Monod. 1 vol. in-12, cart. 3 fr.

    On vend séparément :

Première partie : *Histoire ancienne, grecque et moderne.* 1 vol. in-12,
cartonné. 1 fr.

Deuxième partie : *Histoire du moyen âge et histoire moderne.* 1 vol.
in-12, cart. 2 fr.

CLASSE DE HUITIÈME. — **Histoire de France jusqu'à Henri IV**,
par P. Bondois, professeur agrégé d'histoire au lycée de Ver-
sailles. (*Sous presse.*)

CLASSE DE SEPTIÈME. — **Histoire de France depuis Henri IV
jusqu'à nos jours**, par Bougier, professeur agrégé d'histoire au
collège Rollin. (*Sous presse.*)

CLASSE DE SIXIÈME. — **Histoire de l'Orient**, par MM. Basset, professeur à l'École supérieure des lettres d'Alger; et Le Monnier,
professeur agrégé d'histoire au lycée Louis-le-Grand. (*Sous presse.*)

CLASSE DE CINQUIÈME. — **Histoire de la Grèce ancienne**, par
M. Normand, agrégé de l'Université. (*Sous presse.*)

CLASSE DE QUATRIÈME. — **Histoire romaine**, par MM. P. Guiraud,
professeur à la Faculté des lettres de Toulouse, et Lacour-Gayet, professeur agrégé d'histoire au lycée Saint-Louis. 1 vol. in-18 avec
26 figures dans le texte, et 4 cartes coloriées hors texte. 4 fr. 50

CLASSE DE TROISIÈME. — **Histoire de l'Europe de 395 à 1270**,
par MM. Perroud, recteur de l'Académie de Toulouse, et G. Monod.
(*Sous presse.*)

CLASSE DE SECONDE. — **Histoire de l'Europe de 1270 à 1610**,
par MM. Rod, Reuss, professeur d'histoire au gymnase de Strasbourg, et G. Monod. (*Sous presse.*)

CLASSE DE RHÉTORIQUE. — **Histoire de l'Europe de 1610 à 1789**,
par MM. Ammann, professeur agrégé d'histoire au lycée Louis-le-
Grand, et C. Monod. (*Sous presse.*)

CLASSE DE PHILOSOPHIE. — **Histoire contemporaine de 1789 à
1875**, par MM. Bougier, professeur agrégé d'histoire au collège
Rollin, et Francis de Pressensé, secrétaire d'ambassade. (*S. pressé.*)

Précis d'histoire des temps modernes, à l'usage des candidats à
l'École spéciale militaire de Saint-Cyr et aux deux baccalauréats, par
M. G. Dhombres, ancien élève de l'École normale supérieure, professeur agrégé d'histoire au collège Rollin. 1 vol. in-12 de 500 pages,
broché. 4 fr. 50

Géographie de la France et de ses possessions coloniales, par Louis
Bougier, ancien élève de l'École normale supérieure, professeur agrégé
d'histoire au collège Rollin. (*Classe de rhétorique.*) 3 fr. 50

Précis de géographie physique, politique et militaire, à
l'usage des candidats aux écoles militaires et aux deux baccalauréats,
par Louis Bougier. 1 vol. in-12, broché, de 820 pages. 7 fr.

II. — PHILOSOPHIE

DESCARTES. **Discours sur la méthode et première méditation,** avec notes, introduction et commentaires, par M. V. Brochard, professeur agrégé de philosophie au lycée Fontanes. 1 vol. in-12.   2 fr.

LEIBNIZ. **Monadologie,** avec notes, introduction et commentaires, par M. D. Nolen, recteur de l'Académie de Douai. 1 vol. in-12. 2 fr.

CICÉRON. **De legibus,** livre I, avec notes, introduction et commentaires, par M. G. Compayré, professeur de philosophie à la Faculté des lettres de Toulouse. 1 vol. in-12.   1 fr.

SÉNÈQUE. **De vita beata,** avec notes, introduction et commentaires, par M. L. Dauriac, professeur de philosophie à la Faculté des lettres de Montpellier. 1 vol in-12.   1 fr.

PLATON. **République,** livre VIII, avec introduction, notes et commentaires, par M. A. Espinas, professeur de philosophie à la Faculté des lettres de Bordeaux. 1 vol. in-12.   2 fr.

ARISTOTE. **Morale à Nicomaque,** livre VIII, avec introduction, notes et commentaires, par M. L. Carrau, maître de conférences de philosophie à la Faculté des lettres de Paris. 1 vol. in-18.   1 fr. 50

Traduction française des auteurs latins, expliqués dans la classe de philosophie, par MM. Compayré et Espinas. 1 vol. in-12.   1 fr

Traduction française des auteurs grecs, expliqués dans la classe de philosophie, par MM. Carrau et Espinas. 1 vol. in-18.   1 fr.

Morceaux choisis des philosophes allemands, avec notices, par M. Antoine Lévy, professeur agrégé au lycée Charlemagne. 1 vol. in-18.   2 fr. 50

Résumé de philosophie et analyse des auteurs, à l'usage des candidats au baccalauréat ès sciences, par MM. Thomas, professeur agrégé de philosophie au lycée de Tours, et Reynier, professeur agrégé de rhétorique au lycée de Toulon. 1 vol. in-18.   2 fr.

ENSEIGNEMENT PRIMAIRE ET POPULAIRE

GRAMMAIRE, LITTÉRATURE, HISTOIRE

Éléments de grammaire française de Lhomond, revus, corrigés et augmentés d'exercices, de questionnaires et de modèles d'analyse grammaticale, par M. Taratte, ancien directeur de l'École primaire supérieure de Metz, chevalier de la Légion d'honneur. 1 vol. in-12, cart. 97e édit.   70 cent.

Corrigé des exercices, contenus dans la *grammaire.* 1 vol. in-12, broché   60 cent.

Dictées grammaticales, ou complément des exercices contenus dans la *grammaire,* par M. Taratte. 1 vol. in-12, 4e édit.   1 fr. 25

Premiers éléments de littérature, par M. Taratte. 1 vol. in-12, 5e édition.   1 fr. 25

Traité d'analyse logique, suivi des principaux homonymes français, avec exercices, par M. Taratte. 1 vol. in-12, cart.   60 cent.

Lectures choisies pour les classes supérieures des écoles primaires, par Mme Colin, inspectrice des écoles de la Ville de Paris. 1 vol. in-12, cart.   1 fr. 50

Récits et biographies historiques, par MM. Dhombres, professeur agrégé d'histoire au lycée Henri IV, et G. Monod, maître de conférences à l'École normale supérieure.

Première partie : *Histoire ancienne, grecque et romaine.* 1 vol. in-12, cartonné.   1 fr.

Deuxième partie : *Histoire du moyen âge et histoire moderne.* 1 vol. in-12, cart.   1 fr. 50

BIBLIOTHÈQUE UTILE

86 VOLUMES PARUS

Le volume de 190 pages, broché, 60 centimes

Cartonné à l'anglaise ou cartonnage toile dorée, 1 fr.

Le titre de cette collection est justifié par les services qu'elle rend et la part pour laquelle elle contribue à l'instruction populaire.

Les noms dont ses volumes sont signés lui donnent d'ailleurs une autorité suffisante pour que personne ne dédaigne ses enseignements. Elle embrasse *l'histoire, la philosophie, le droit, les sciences, l'économie politique* et *les arts,* c'est-à-dire qu'elle traite toutes les questions qu'il est aujourd'hui indispensable de connaître. Son esprit est essentiellement démocratique; le langage qu'elle parle est simple et à la portée de tous, mais il est aussi à la hauteur des sujets traités. La plupart de ces volumes sont adoptés pour les Bibliothèques par le *Ministère de l'Instruction publique, le Ministère de la guerre, la Ville de Paris, la Ligue de l'enseignement,* etc.

HISTOIRE DE FRANCE.

* **Les Mérovingiens,** par BUCHEZ, ancien président de l'Assemblée constituante.

* **Les Carlovingiens,** par BUCHEZ, ancien président de l'Assemblée constituante.

Les luttes religieuses des premiers siècles, par J. BASTIDE, ancien ministre des affaires étrangères. 4e édition.

Les guerres de la Réforme, par J. BASTIDE, ancien ministre des affaires étrangères. 4e édition.

La France au moyen âge, par F. MORIN, ancien professeur de l'Université.

* **Jeanne d'Arc,** par Fréd. LOCK.

Décadence de la monarchie française, par Eug. PELLETAN, sénateur. 4e édition.

* **La Révolution française,** par CARNOT, sénateur (2 volumes).

La défense nationale en 1792, par P. GAFFAREL, professeur à la Faculté des lettres de Dijon.

* **Napoléon Ier,** par Jules BARNI, membre de l'Assemblée nationale.

* **Histoire de la Restauration,** par Fréd. LOCK. 3e édition.

* **Histoire de la marine française,** par Alfr. DONEAUD, professeur à l'Ecole navale. 2e édition.

* **Histoire de Louis-Philippe,** par Edgar ZEVORT, inspecteur de l'Académie de Paris. 2e édition.

Mœurs et Institutions de la France, par P. BONDOIS, professeur au lycée d'Orléans. 2 volumes.

Léon Gambetta, par Joseph REINACH (avec 2 gravures).

PAYS ÉTRANGERS.

* **L'Espagne et le Portugal,** par E. RAYMOND. 2e édition.

Histoire de l'empire ottoman, par L. COLLAS. 2e édition.

La Grèce ancienne, par L. COMBES, conseiller municipal de Paris. 2e édition.

L'Asie occidentale et l'Égypte, par A. OTT. 2e édition.

* **L'Inde et la Chine,** par A. OTT. 2e édition.

* **Les révolutions d'Angleterre,** par Eug. DESPOIS, ancien professeur de l'Université. 3e édition.

Histoire de la maison d'Autriche, par Ch. ROLLAND. 2e édition.

L'Europe contemporaine (1789-1879), par P. BONDOIS, professeur d'histoire au lycée d'Orléans.

Histoire contemporaine de la Prusse, par Alfr. DONEAUD. 1 vol.

Histoire contemporaine de l'Italie, par Félix HENNEGUY. 1 vol.

Histoire contemporaine de l'Angleterre, par A. REGNARD.

Histoire romaine, par CREIGHTON.

L'Antiquité romaine, par WILKINS.

GÉOGRAPHIE. — COSMOGRAPHIE.

Torrents, fleuves et canaux de la France, par H. BLERZY, ancien élève de l'Ecole polytechnique.

* **Les colonies anglaises,** par le même.

Les îles du Pacifique, par le capitaine de vaisseau JOUAN (avec 1 carte).

Les peuples de l'Afrique et de l'Amérique, par GIRARD DE RIALLE.

Les peuples de l'Asie et de l'Europe, par le même.

* **Notions d'astronomie,** par L. CATALAN, professeur à l'Université de Liège. 4e édition.

Géographie physique, par GEIKIE, professeur à l'Université d'Edimbourg (avec figures).

Continents et océans, par GROVE, membre de la Société royale de géographie de Londres (avec figures).

* **Les entretiens de Fontenelle**

sur la pluralité des mondes, mis au courant de la science par BOILLOT.

* **Le soleil et les étoiles,** par le P. SECCHI, BRIOT, WOLF et DELAUNAY. 2e édition.

* **Les phénomènes célestes,** par ZURCHER et MARGOLLÉ.

PHILOSOPHIE.

La vie éternelle, par ENFANTIN. 2e édition.

Voltaire et Rousseau, par Eug. NOEL. 3e édition.

Histoire populaire de la philosophie, par L. BROTHIER. 3e édition.

* **La philosophie zoologique,** par Victor MEUNIER. 2e édition.

* **L'origine du langage,** par L. ZABOROWSKI.

Physiologie de l'esprit, par PAULHAN (avec figures).

L'Homme est-il libre? par RENARD.

La philosophie positive, par le docteur ROBINET. 2e édition.

SCIENCES.

* **Le génie de la science et de l'industrie,** par B. GASTINEAU.

* **Télescope et Microscope,** par ZURCHER et MARGOLLÉ.

* **Les phénomènes de l'atmosphère,** par ZURCHER, ancien élève de l'Ecole polytechnique. 4e édition.

* **Histoire de l'air,** par Albert LÉVY, ancien élève de l'Ecole polytechnique, physicien titulaire à l'observatoire de Montsouris (avec figures).

* **Hygiène générale,** par le docteur L. CRUVEILHIER. 6e édition.

* **Causeries sur la mécanique,** par BROTHIER. 2e édition.

* **Histoire de la terre,** par le même. 5e édition.

* **Principaux faits de la chimie,** par SAMSON, professeur à l'Ecole vétérinaire d'Alfort. 5e édition.

* **Médecine populaire,** par le docteur TURCK. 4e édition.

* **Les phénomènes de la mer,** par E. MARGOLLÉ. 5e édition.

Origines et fin des mondes, par Ch. RICHARD. 3e édition.

L'homme préhistorique, par L. ZABOROWSKI. 2e édition.

Histoire de l'eau, par BOUANT, agrégé de l'Université (avec figures).

* **Introduction à l'étude des sciences physiques,** par MORAND. 5e édition.

* **Les grands singes,** par le même.

* **Le darwinisme,** par E. FERRIÈRE. 3e édition.

* **Géologie,** par GEIKIE; traduit de l'anglais par H. Gravez, avec 47 figures dans le texte.

Les migrations des animaux et le pigeon voyageur, par ZABOROWSKI.

Premières notions sur les sciences, par Th. HUXLEY, membre de la Société royale de Londres.

Petit Dictionnaire des falsifications, avec moyens faciles pour les reconnaître, par DUFOUR.

La chasse et la pêche des animaux marins, par le capitaine de vaisseau JOUAN.

Les mondes disparus, par L. ZABOROWSKI.

Zoologie générale, par H. BEAUREGARD, aide naturaliste au Muséum d'histoire naturelle, avec figures dans le texte.

ENSEIGNEMENT. — ÉCONOMIE DOMESTIQUE.

De l'éducation, par HERBERT SPENCER.

La statistique humaine de la France, par Jacques BERTILLON.

Le Journal, par HATIN.

De l'enseignement professionnel, par CORBON, sénateur. 3e édition.

Les délassements du travail, par Maurice CRISTAL. 2e édition.

Le budget du foyer, par H. LENEVEUX, anc. conseiller municipal de Paris.

Paris municipal, ses services publics et ses ressources financières, par le même.

Histoire du travail manuel en France, par le même.

L'art et les artistes en France, par Laurent PICHAT, sénateur. 4e édit.

Économie politique, par STANLEY JEVONS, professeur à l'University College de Londres; traduit de l'anglais par H. Gravez, ingénieur. 3e édition.

Le patriotisme à l'école. Guide populaire d'instruction patriotique et militaire, par JOURDY, capitaine d'artillerie.

Histoire du libre échange en Angleterre, par MONGREDIEN.

DROIT.

La loi civile en France, par MORIN. 3e édition.

La justice criminelle en France, par G. JOURDAN. 3e édition.

BOURLOTON. — Imprimeries réunies, **A,** rue Mignon, 2, Paris.